教育部高等学校软件工程教学指导委员会
软件工程专业系列教材

慕课版

"十三五"江苏省高等学校重点教材
（编号：2019-2-246）

编译技术原理及方法

Principles and Methods of Compilers Technology

黄海平 蒋凌云 沙超 徐康 ◉ 主编

人民邮电出版社
北京

图书在版编目（CIP）数据

编译技术原理及方法 : 慕课版 / 黄海平等主编. --
北京 : 人民邮电出版社, 2022.2（2024.6重印）
ISBN 978-7-115-47385-1

Ⅰ. ①编… Ⅱ. ①黄… Ⅲ. ①编译程序－程序设计
Ⅳ. ①TP314

中国版本图书馆CIP数据核字(2021)第268805号

内 容 提 要

本书介绍编译程序构造的一般原理和基本方法，内容包括文法和语言、词法分析、语法分析、语法制导翻译、中间代码生成、存储管理、代码优化和目标代码生成等。“编译原理”是计算机专业的一门重要的专业课程。本书对编译技术原理及方法进行了系统的阐释，并着重介绍了实践训练内容，旨在提高软件从业人员的素质和能力。

本书系统性强，概念清晰，内容简明扼要，前9章配有习题，第10章给出了编译程序实例分析。

本书可作为高等院校计算机专业本科生的教材，也可供成人教育本科、专升本学生和计算机从业人员参考。

◆ 主　　编　黄海平　蒋凌云　沙　超　徐　康
责任编辑　李　召
责任印制　王　郁　马振武
◆ 人民邮电出版社出版发行　　北京市丰台区成寿寺路 11 号
邮编　100164　　电子邮件　315@ptpress.com.cn
网址　https://www.ptpress.com.cn
北京隆昌伟业印刷有限公司印刷
◆ 开本：787×1092　1/16
印张：14.25　　2022 年 2 月第 1 版
字数：407 千字　　2024 年 6 月北京第 7 次印刷

定价：56.00 元

读者服务热线：(010) 81055256　印装质量热线：(010) 81055316
反盗版热线：(010) 81055315
广告经营许可证：京东市监广登字 20170147 号

序

“编译原理”课程是计算机相关专业非常重要的一门专业课程，理论深刻，方法抽象，难学难懂。南京邮电大学黄海平老师带领的教学团队有着十几年的教学经验，在积淀中不断完善课程教学内容，锐意改革教育教学模式，坚持立德树人，传承工匠精神，受到了同行和学生的一致好评。

该教学团队编撰了由人民邮电出版社出版的新教材《编译技术原理及方法（慕课版）》。教材以通俗易懂的语言描绘编译世界中的高深理论，通过具体程序设计案例将理论和实践相结合，将编译技术原理向工程应用领域拓展；教材将“抽象、自动化、形式化、转化、约简、递归、嵌入、分解、仿真和容错”等计算思维与“词法分析、语法分析、语义分析及中间代码生成、代码优化、目标代码生成”等程序编译阶段进行对应，帮助学生更好地从计算思维的角度去理解和分析编译的理论和技术。

该教材问题设置循序渐进，讲解释义深刻精辟，方法流程清晰明确，化繁为简、深入浅出；同时教材提供了类 C 语言的程序设计实例和编译程序自动生成器，旨在培养学生分析和解决复杂工程问题的能力。

在此鼓励作者再接再厉，担本科人才培养之重任，使素质教育薪火相传。

中国科学院院士、国家级教学名师

陈国良

前言

当今世界，计算机技术在国民生产生活的方方面面起着很重要的作用，因此，对计算机人才的需求也与日俱增。为了培养更多、更优秀的计算机人才，适应当前计算机教育的发展趋势，编者根据多年来教授“编译原理”的教学经验，编写了适合高校计算机专业本科生的编译原理教材。

“编译原理”是研究“如何设计和构造编译程序”的课程，是计算机专业的一门重要基础课程。“编译原理”课程内容包含计算机学科乃至其他学科解决问题的思维和方法，具体而言就是如何形式化地描述问题，以及如何通过演绎和归纳来设计解决方案。这些思维和方法对于应用软件、系统软件以及人工智能的设计与开发具有重要的启示意义。本书主要介绍编译程序构造的一般原理、基本方法和主要实现技术，也会结合即时编译、自然语言处理和逆向工程等先进技术案例进行阐释。通过本书的学习，读者可以掌握一般编译系统的结构、编译程序中各个组成部分的设计原理和常见的编译技术、方法，为从事计算机相关行业打下基本的理论和工程实践基础。

本书在编写过程中充分考虑课程特点与读者的实际情况，将基本概念、基本原理和实现方法以简明扼要、通俗易懂的方式呈现，方便读者自学。为了让读者充分掌握每章的重点，本书附有习题，方便测试学习效果。本书还配有 MOOC 教学视频，以进一步拓展教学方式和教学对象。

本书包含 10 章。第 1 章为引论，主要总体介绍编译系统的组成部分及其之间的逻辑关系。第 2 章为形式语言的基本知识，介绍本课程所需的基础知识、基本方法和工具。第 3 章为词法分析，介绍有穷自动机、正规文法以及词法分析工具。第 4 章为语法分析，介绍上下文无关文法以及用它实现的各类语法分析方法。第 5 章为语义分析及中间代码生成，介绍以语法分析为主导的语义处理。第 6 章为符号表，介绍编译过程中需要存储和查询信息的符号表。第 7 章为存储组织与分配，介绍编译程序在工作过程中如何为源程序中的一些量分配运行时的存储空间。第 8 章为代码优化，介绍编译过程中如何通过代码优化来减少目标代码所占用的存储空间和执行的时间。第 9 章为目标代码生成，介绍如何将语法分析后或优化后的中间代码变换成依赖于具体机器的目标代码。考虑到“编译原理”是一门实践性较强的课程，本书第 10 章讲解了 C--语言的词法、语法和语义分析的过程，并基于 Parser Generator 设计了相应的编译实验程序。

本书由黄海平、蒋凌云、沙超、徐康主编共同执笔完成。在稿件的撰写过程中，南京邮电大学的徐佳、王睿和吴鹏飞老师提出了许多宝贵的意见。博士研究生薛凌妍、高汉成、常舒予完成了书稿中部分图片的绘制和习题答案的核对工作，硕士研究生康泽锐、吉浩宇、李逸轩、成新宇、徐润泽、杨静和周奕飞在书稿校对中付出了辛勤劳动。在此一并表示衷心的感谢！

此外，还要特别感谢南京邮电大学王汝传教授对全书编撰的督促和指导。

编译技术重在理论与实践结合。随着物联网、5G 移动通信、嵌入式系统等技术的发展，各种计算、存储和通信设备的微型化及异构性必将对嵌入式软件和编译系统提出新的挑战。“立足基础理论、应对实践创新”是本书编写的宗旨。由于编者能力所限，书中难免存在不足之处，恳请广大读者海涵。

编者

2021 年 9 月

目录

CONTENTS

第1章

引论

人类世界存在着各种各样的语言。语言是人类交流的重要工具，它是以语音为“外壳”，以词汇为“材料”，以语法为“结构”而构成的。不同的语言之间需要翻译，翻译行业因此产生。

自 1946 年 2 月 14 日，世界上第一台通用电子计算机 ENIAC 在美国宾夕法尼亚大学诞生以来，计算机世界的语言已经超过了 1000 种。在不久的将来，计算机世界的语言总量就会超过人类世界语言的总量。虽然计算机世界的语言也是由不同种类的单词和语法构成的，但人类能理解的语言和计算机能理解的语言是不同的，人和计算机之间的交流也需要“翻译”，编译器因此产生。编译技术就是讨论如何把符合人类思维方式的某种程序设计语言翻译成计算机能够理解和执行的语言的技术。

本章首先通过介绍程序设计语言的发展历程来回顾编译程序的发展历程，然后介绍程序设计语言的翻译机制，接着介绍编译程序的基本结构、编译程序的构造方法，最后介绍编译技术的主要应用。本章内容是学习编译原理的基础。

1.1 程序设计语言的发展历程

编译技术的发展历程就是程序设计语言的发展历程。

ENIAC 被公认为世界上第一台通用电子计算机。它用电子管做计算，因此，尽管它能执行复杂的操作序列（如循环、分支和子程序），但它没有存储器，只能理解机器语言（二进制）。现在许多程序员自嘲是“码农”、做体力活的，但第一代程序员可真是干体力活，如图 1.1 所示。程序员通常要花好几周的时间才能把一个数学计算问题变成 ENIAC 能够理解和执行的一个输入操作序列；然后，程序员又要花好几天时间操作各种开关，连接各种电缆，通过打孔卡片完成输入；最后，程序员还要通过计算机的单步执行来协助测试和验证。

图 1.1　在 ENIAC 前工作的程序员

1946 年，“现代计算机之父”冯·诺依曼（Von Neumann）在论文中阐述了“存储程序原理”。从此，人们把程序本身也当作数据来对待，将程序和该程序处理的数据以同样的方式进行存储。1949 年 5 月，世界上第一台“存储程序”式计算机 EDSAC 在英国剑桥大学数学实验室成功运行，为程序设计语言的发展提供了硬件支持。在 EDSAC 成功运行的同时，莫里斯·威尔克斯（Maurice Wilkes）还主持完成了世界上第一个汇编器，这标志着汇编语言的诞生。此后，陆续出现了许多其他汇编器。但汇编语言在计算机发展史上并不是一个非常重大的发明，因为汇编语言和机器语言很像，都是直接面向机器的，同样难以读写。因此，汇编语言被称为低级语言。如果以人类进化史来类比，编译技术此时如同开始学着使用自然工具的类人猿，还没有任何理论基础。

与汇编语言不同，面向电子计算机的高级程序设计语言的出现则是计算机发展史上的里程碑。1951 年，当时还在 IBM 公司任职的约翰·巴克斯（John Backus）开始针对汇编语言的缺点着手开发脱离机器的高级语言。1954 年，约翰·巴克斯正式将这种脱离机器、用于公式计算的语言命名为“FORTRAN”。FORTRAN 的编译程序使用汇编语言编写，虽然其功能简单，但它的开创性在当时引起了极大的反响。1957 年，第一个 FORTRAN 编译器在 IBM 704 计算机上实现，并首次成功编译了 FORTRAN 程序。FORTRAN 的出现使得当时以科学计算为主要目的的软件生产提高了一个数量级，奠定了高级语言的地位。

“编译器”这一术语是由“计算机软件工程第一夫人”格蕾丝·霍珀（Grace Hopper）提出来的。1950年，格蕾丝·霍珀开发了一个程序，将数学符号翻译成机器语言。她将这个程序称为“编译器”，并给这个“编译器”取了一个简单的名字“A-0”。之后的两年，格蕾丝·霍珀进一步完善了“A-0”编译器的功能，并于1952年在公开发表的论文中介绍了“A-2”编译器。1956年，格蕾丝·霍珀开发出了一套完整的程序设计语言“FLOW-MATIC”。考虑到如果各地开发者将编译器稍微修改一小部分，就会出现A地的程序在B地无法执行的问题，于是格蕾丝·霍珀写了另一套程序“Validation”，来检查程序是否采用同样的编译方式。在此基础上，渐渐发展出一套偏重于商业使用的新语言——著名的COBOL（Common Business Oriented Language，面向商业的通用语言）。

1955年，德国的应用数学和力学学会着手设计通用的、与计算机无关的算法语言。1957年年末，该学会邀请美国计算机协会的专家（约翰·巴克斯位列其中）加入开发计划。1958年5月，两国专家在苏黎世起草了一份名为“国际代数语言”的报告，随后，新语言被定名为ALGOL。1958年12月，ALGOL小组发表了ALGOL 58报告，引起广泛的反响。在这份报告中，专家们首次使用了一种形式化的语言描述体系对ALGOL的语法体系结构进行描述。1960年1月，第二次ALGOL会议在巴黎召开，来自丹麦的彼得·诺尔（Peter Naur）对约翰·巴克斯提出的语言语法描述方案进行了仔细审阅和修改，并使用这种新的方案对ALGOL 60的语法体系结构进行描述。后来，人们把这种语言语法描述方案称为巴克斯-诺尔范式（Backus-Naur Form，BNF）。

ALGOL在欧洲得到了广大计算机工作者的认可，但IBM公司一心要推行FORTRAN，不支持ALGOL，以致ALGOL 60始终没有发展起来。尽管如此，ALGOL 60在程序设计语言发展史上仍是一个重要的里程碑，因为采用BNF可以用简洁的公式把各种语法规则严格而清晰地描述出来。从此，编译器的开发有了理论支撑，编译技术蓬勃发展，为我们打造了流派众多、异彩纷呈的程序语言世界。

20世纪60年代是软件发展史上极其重要的十年。一方面，1962年美国金星探测器“水手2号”发射失败，引发了所谓的“软件危机”。另一方面，由于计算机硬件成本不断下降，人们对大型系统软件的需求越来越强烈。1962年，哈佛大学的肯尼斯·艾弗森（Kenneth Iverson）支持开发了APL语言，首次提出动态数据（向量）的概念。1963年到1964年，IBM公司组织了一个委员会，试图开发一种功能齐全的大型语言，希望它兼有FORTRAN和COBOL的功能，以及类似ALGOL 60的完善的定义及控制结构，并将这个语言命名为“程序设计语言 PL/1”。这是人们对大型通用语言的第一次尝试，提出了许多有益的新概念、新特征。然而，由于过于复杂，数据类型自动转换太灵活，可靠性差，低效，它没能普及。为了普及程序设计语言教学，美国达特茅斯学院的约翰·凯梅尼（John G. Kemeny）和托马斯·卡茨（Thomas E. Kurtz）于1967年开发出了交互式、解释型语言BASIC。由于BASIC的解释程序小（仅8KB），又正逢20世纪70年代微机大普及，因此BASIC取得了众所周知的成就。同年，挪威计算机科学家奥尔-约翰·戴尔（Ole-Johan Dahl）等人研发出通用模拟语言SIMULA 67。它以ALGOL 60为基础，首次提出了类（Class）的概念，将数据和其上的操作集为一体。这是抽象数据类型及对象的鼻祖。1964年，瑞士苏黎世理工学院的尼古拉斯·沃斯（Niklaus Wirth）在ALGOL 60的基础上提出了近于结构化语言的ALGOL W。由于简洁、完美和结构化，ALGOL W成为软件教程中的示例语言，是后来著称于世的Pascal的雏形。

1971年，Pascal正式问世。由于Pascal在设计之初就本着“简单、有效、可靠”的原则，在人们为摆脱“软件危机”而对结构化程序设计寄予厚望时，Pascal很快得到了普及。在尼古拉斯·沃斯的主持下，研究者用Pascal编写了一个用于Pascal自身的编译程序，以此拉开了使用高级程序设计语言编写编译程序的大幕。1972年，AT&T公司贝尔实验室的丹尼斯·里奇（Dennis Ritchie）在肯尼斯·汤普逊（Kenneth Thompson）的系统程序设计语言BCPL的基础上开发了C语言。因为C语言有大量环境工具支持，而且用C语言编写的程序短小精悍、调试速度快，所以C语言很快取代了Pascal，一跃成为通用的系统程序设计语言。除了用C语言编写各种应用程序，研究者开始使用

C 语言编写其他语言的编译程序。

1978 年，约翰·巴克斯在图灵奖的颁奖典礼上发表了题为“程序设计能从冯·诺依曼风格中解放出来吗？”的获奖演说，指出了传统过程式语言的不足，激励研究者转向多范型语言的研究，之后涌现了大量的非过程式语言。LISP、APL 和 ML 是典型的函数式语言，纯函数式语言不使用赋值语句，其语法形式与数学中的函数类似；PROLOG 是逻辑式语言的典型代表，这种语言以逻辑程序设计思想为理论基础，其核心是事实、规则和推理机制；Smalltalk、C++和 Java 等语言是面向对象式语言的典型代表，这类语言的主要特征是把数据以及处理数据的操作一起作为对象封装进行处理。

随着计算机性能的快速提高，计算机程序越来越复杂，程序的开发已经远比程序的运行时间紧迫。作为系统程序设计语言的补充，各种不同用途的脚本语言（如 Perl、Python、Ruby、JavaScript）如雨后春笋般涌现，编程语言面临的问题已经由执行效率需求与性能低下的硬件之间的矛盾，转变为快速变化的市场需求与低效的开发工具之间的矛盾。适应市场需求的语言的快速开发对编译技术提出了更大的挑战。

1.2 程序设计语言的翻译机制

由于目前计算机只懂得机器语言编写的程序，因此，用汇编语言或高级程序设计语言（简称高级语言）编写的程序都必须翻译成机器语言才能被计算机识别。完成这一过程的程序称为翻译程序。

翻译程序也被称为语言处理程序，它可以对 A 语言编写的程序（称为源程序）进行等价分析处理。源程序经过处理后，可能被改造成等价的 B 语言程序（称为目标程序），也可能需要将源程序与用户提供的初始数据结合在一起直接产生程序的结果。

编写源程序的语言称为源语言，编写目标程序的语言称为目标语言。每种汇编语言或高级语言都有自己的翻译程序。汇编程序、编译程序和解释程序都是翻译程序。

1. 汇编程序

如果一个翻译程序的源语言是某种汇编语言，其目标语言是某种型号的计算机的机器语言，那么这种翻译程序被称为**汇编程序**。汇编程序一般对源程序进行两遍扫描来完成翻译。第一遍进行存储分配，构造出第二遍扫描时用的各种表格；第二遍用机器操作码代替源程序中的符号。在两遍扫描过程中，汇编程序会对各种错误进行检查和分析，以便编程人员对错误进行修改。

图 1.2 给出了汇编程序的执行过程。源程序经过汇编程序翻译后产生目标程序，利用输入的初始数据就可以运行产生结果数据。

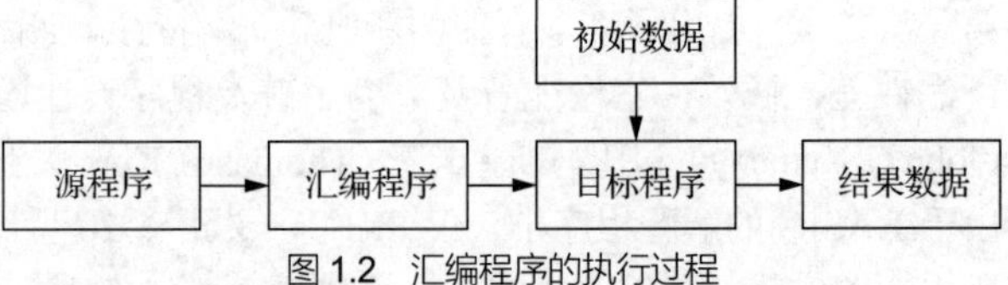

图 1.2 汇编程序的执行过程

2. 编译程序

如果源语言是高级语言，目标语言是汇编语言或低级语言，那么称这种翻译程序为**编译程序**（或**编译器**）。

图 1.3（a）和图 1.3（b）描述了编译程序的执行过程，其区别在于编译程序的目标语言不同，图 1.3（a）中产生了机器语言编写的目标程序，而图 1.3（b）中产生了汇编语言编写的目标程序。如果编译生成的目标程序采用的是汇编语言，就需要增加一个汇编程序将其转换为采用机器语言的目标程序。

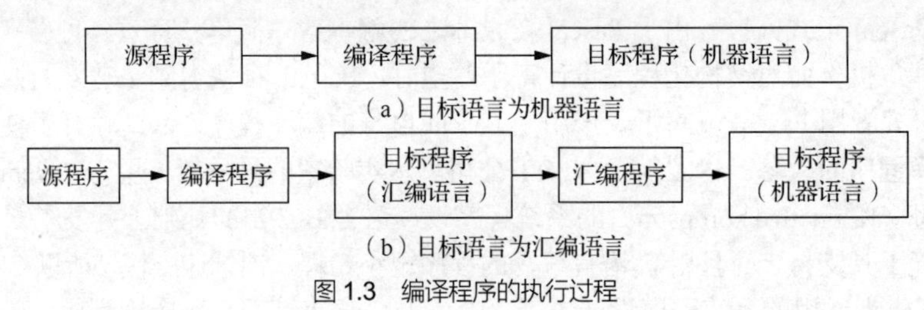

图 1.3 编译程序的执行过程

一个高级语言编写的源程序在机器上的执行过程可分为以下两个阶段。

（1）编译阶段：将源程序翻译成等价的目标程序。

（2）运行阶段：在机器上执行目标程序，以获得结果数据。

现代编译器只负责编译阶段的工作，运行阶段的工作由操作系统完成。将编译得到的目标程序加上运行系统（如服务子程序、动态分配程序、装配程序等）就可获得结果数据，如图 1.4 所示。

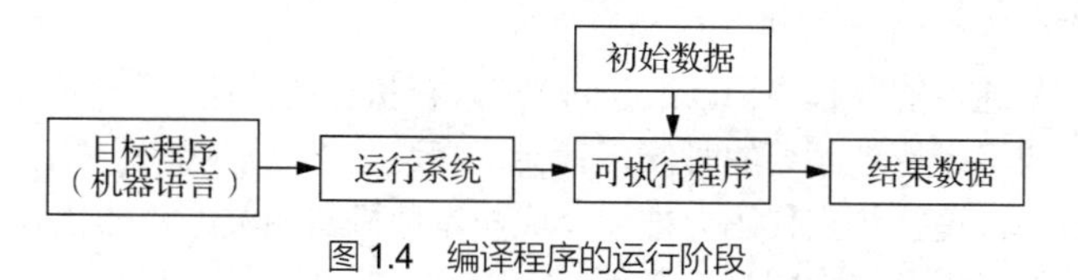

图 1.4　编译程序的运行阶段

3．解释程序

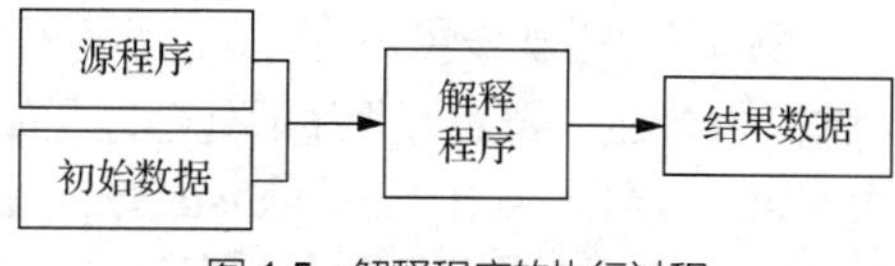

图 1.5　解释程序的执行过程

解释程序也是一种翻译程序，它将高级语言编写的源程序作为输入，但并不产生目标程序，而是边解释边执行源程序本身。如图 1.5 所示，源程序与初始数据一起输入解释程序，解释程序读入一条源程序语句即解释执行一条语句，下一条语句的执行依赖于上一条语句的执行结果，最终输出结果数据。

解释程序适合于会话型语言，如 Python。解释程序的主要优点是易于为用户提供调试功能，对源程序的语法分析和出错处理都很及时，但是解释程序执行速度较慢，运行效率低。

编译程序和汇编程序以一种静态的方式（并不执行程序）对程序员编写的源程序加以理解，并将其转换成另一种等价的代码，这种机制称为编译机制。解释程序是另一种形式的语言处理程序，它把翻译和运行结合在一起，边翻译源程序，边执行翻译的结果，这种机制称为解释机制。如果以翻译英文原著作为类比对象，原著相当于源程序，译著相当于目标程序，计算机的运行相当于阅读。编译程序和汇编程序对源程序的处理过程与笔译类似，产生了文本型的译著，也可以称为“离线方式（Offline）”；解释程序的工作相当于现场口译，翻译人员一边看原著，一边翻译给在场的读者听，也可以称为“在线方式（Online）”。

例 1.1　典型的 C 语言的翻译程序（如 GCC）采用了一次编译的机制。GCC（GNU Compiler Collection，GNU 编译器套件）对源程序的处理过程如图 1.6 所示。它先对以.c 或.h 为扩展名的 C 语言编写的源程序进行预处理，再编译、汇编得到以.o 为扩展名的机器代码，最后完成链接功能，生成以.exe 为扩展名的可执行程序。

例 1.2　Java 语言的翻译程序结合了编译和解释两种机制。Java 处理器对源程序的处理过程如图 1.7 所示。

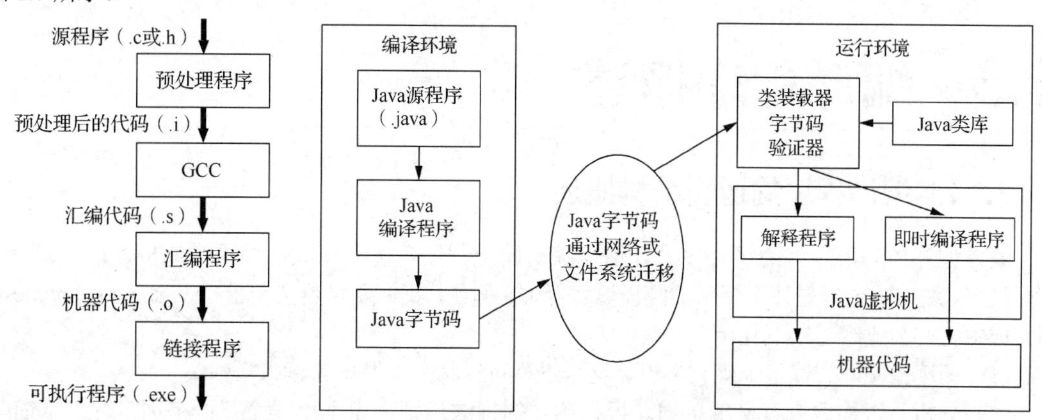

图 1.6　GCC 对源程序的处理过程

图 1.7　Java 处理器对源程序的处理过程

一个 Java 源程序首先被编译成一个被称为字节码（Bytecode）的中间表示形式。字节码的引入有效地保障了 Java 的可移植性和安全性。Java 的编译过程同 C/C++的编译略有不同。C/C++编译器编译生成一个对象的代码是为了在某一特定硬件平台运行，因此，在编译过程中，编译器通过查表将所有对符号的引用转换为特定的内存偏移量，以保证程序运行。Java 编译程序不将对变量和方法的引用编译为数值引用，也不确定程序执行过程中的内存布局，而是将这些符号引用信息保留在字节码中，后面的工作交给 Java 虚拟机（JVM）处理。

Java 字节码最初是通过解释程序（Interpreter）来解释执行的，但由于解释执行速度比较慢，JVM 发现某个方法或代码块运行特别频繁的时候，就会认为这是“热点代码”（Hot Spot Code）。为了提高热点代码的执行效率，这些热点代码会被编译成与本地机器相关的机器代码，进行各个层次的优化。完成这个任务的编译程序就是即时编译程序（Just In Time Compiler）。

例 1.3 微软公司为其旗下的所有高级程序设计语言（如 C#、VB 等）设计了二次编译的翻译机制。C#等处理器对源程序的处理过程如图 1.8 所示。处理器首先将 C#等源程序编译成通用的微软中间语言（Microsoft Intermediate Language，MSIL）字节码，然后通过 CLR（Common Language Runtime，公共语言运行时）运行环境将 MSIL 字节码编译成机器代码。

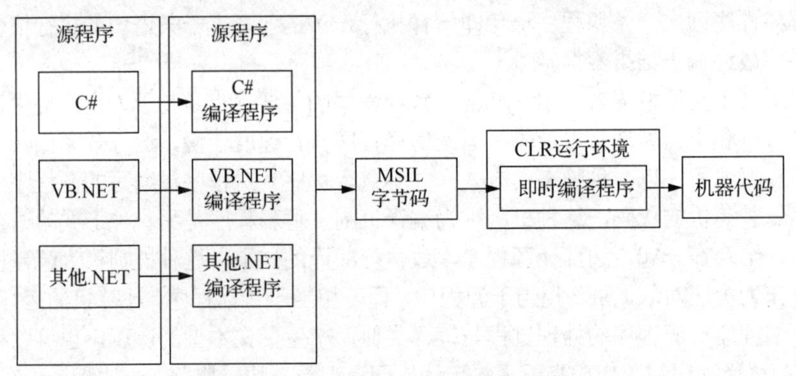

图 1.8　C#等处理器对源程序的处理过程

从上述对源程序的处理过程可以看出现代高级程序设计语言编译程序的发展趋势：从“一次编译”非托管到“编译+解释”或“编译+编译”的二次托管。目前很多新出现的程序设计语言采用二次托管方式对源程序进行处理。

在三种语言处理程序中，汇编程序最容易实现，其次是解释程序，编译程序最难。因此，只要掌握了编译程序的实现方法，汇编程序和解释程序的实现就迎刃而解了。下面我们主要讨论编译程序的实现方法和原理。在后文中，我们将对“编译器”和“编译程序”这两个术语不加区分。

1.3　编译程序概述

1.3.1　编译程序的逻辑结构概述

编译程序的功能是将高级程序设计语言编写的源程序等价翻译成汇编语言或机器语言编写的目标程序。编译的过程与外文资料的翻译过程类似。例如，我们要将英文句子“I wish you happiness”翻译成中文，大致经过以下几步。

（1）阅读原文。阅读每个英文字母，这个过程可以称为“源语言读入”。

（2）分析是否构成有意义的单词。根据英文的词法规则，识别出 4 个英语单词：“I”“wish”“you”“happiness”。这个过程可以称为“词法分析”。

（3）根据英文的语法规则，对这些单词进行语法关系分析，检查这些单词是否能够组成一个符合英文语法的句子。其中，“I”是代词，可以做主语；“wish”是动词，可以做谓语；“you”是代词，可以做间接宾语；“happiness”是名词，可以做直接宾语。因此这些单词可以组成一个符合英文语法的句子。这个过程可以称为“语法分析”。

（4）对句子进行语义分析，初步译成中文。“I”的中文意思是“我”，“wish”的中文意思是“希望”或“祝福”等，“you”的中文意思是“你”或“你们”等，“happiness”的中文意思是“高兴”或“幸福”等。因此可以将此句子初步翻译成“我希望你（们）幸福”。这个过程可以称为“语义分析及中间代码生成”。

（5）对初步译文进行润色。根据上下文的关系及中文语法的相关规则进行综合考虑，对“我希望你（们）幸福”进行必要的润色。这个过程可以称为“代码优化”。

（6）最后译文为“祝你幸福”。这个过程可以称为“目标代码生成”。

与上述英文翻译成中文的过程类似，编译过程大致可以划分为词法分析、语法分析、语义分析及中间代码生成、代码优化、目标代码生成 5 个阶段（源程序读入作为初始化过程不列入编译过程）。

下面我们通过一个简单的 C 程序来说明编译的基本过程。

```
float a,b;
a=3*a+b;
```

（1）词法分析

词法分析（Lexical Analysis）的主要任务是将有独立意义的单词识别出来。进行词法分析的程序被称为词法分析器（Lexical Analyzer）或词法扫描器（Scanner）。词法分析器将源程序看成由一个个符号组成的符号流，根据语言的词法规则识别出具有独立意义的最小语法单位，即单词(Token)，如关键字、标识符、运算符等。上面的 C 程序通过词法分析可识别出如下单词。

① 关键字：float。

② 标识符：a、b。

③ 常数：3。

④ 运算符：=、*、+。

⑤ 界限符：,、;。

将单词识别出来后，为了便于编译程序处理（主要是便于构造符号表和存储管理），需要将这些长度不统一的单词转换成长度统一、格式规范的内部编码。通常情况下，一个单词的内部编码由两部分组成：一部分是类别编码，用于区别单词种类，如关键字、标识符、运算符等；另一部分是单词的值，即单词本身的编码。单词的内部编码如图 1.9 所示。

类别编码	单词的值

图 1.9 单词的内部编码

除了识别出单词并进行编码之外，词法分析还包括剔除无用字符（空白符、回车符、注释等）。如果在单词识别过程中发现不符合词法规则的单词，词法分析器应报告发现的错误。

由于词法分析器接收的是符号流，输出的是经过内部编码的单词流，因此词法分析也被称为线性分析（Linear Analysis）。具体的词法分析方法将在第 3 章介绍。

（2）语法分析

语法分析（Syntax Analysis 或 Parsing）的主要任务是根据语法规则从单词流中识别出各种语法成分，如表达式、说明、语句、过程和函数等，并检查各种语法成分在语法结构上是否正确。通常将语法分析的结果表示为语法树，例如，语句 a=3*a+b;经过分析后可以表示成图 1.10 所示的语法树。图 1.11 所示为这种语法树更简单的一种形式，运算符不再以叶结点的形式出现，而是作为运算对象的父结点（这种语法树被称为抽象语法树）。

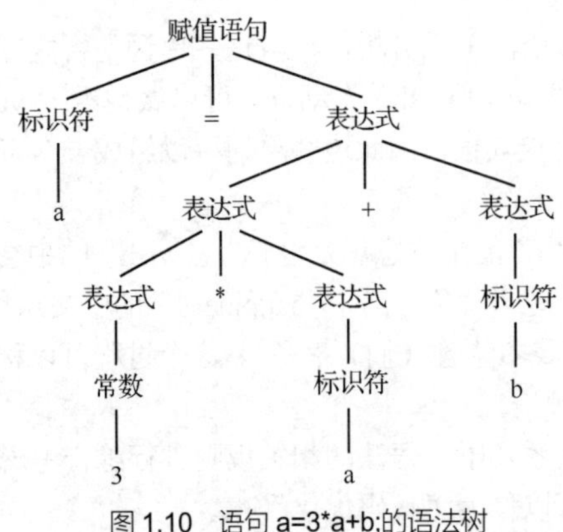

图 1.10　语句 a=3*a+b;的语法树

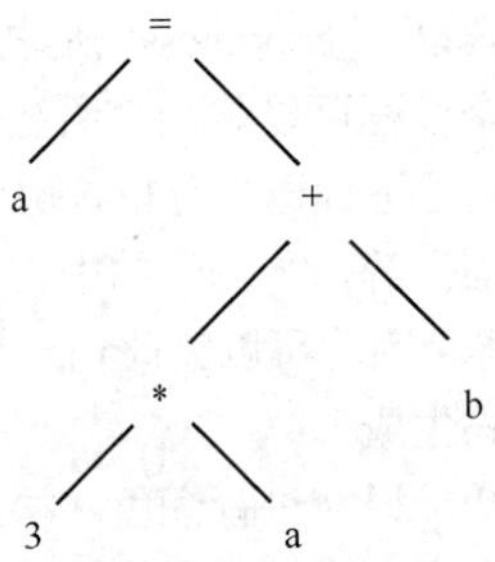

图 1.11　语句 a=3*a+b;的抽象语法树

进行语法分析的程序被称为语法分析器（Syntax Analyzer 或 Parser）。如果发现不符合语法规则的地方，应该指出错误，以便用户修改。具体的语法分析方法将在第 4 章介绍。

（3）语义分析及中间代码生成

语义是指语言的各种语法成分的具体含义。语义分析（Semantic Analysis）的主要任务是根据语法规则分析已经识别出来的各种语法成分的含义。因此，语义分析与语法分析密切相关。通常语法分析器在分析语法成分的同时会对该语法成分进行语义分析，这种翻译的方式被称为语法制导翻译（Syntax-Directed Translation）。

在语义分析时，语法分析器还会进行相应的语义检查，以保证源程序在语义上的正确性。例如，要检查表达式中赋值符号两边的数据类型是否一致；对于语句 a=3*a+b;中的整数 3，在语义分析阶段应该将其转换为实数，再与 a 进行乘法运算。

语义分析是整个编译程序中最有实质意义的翻译任务，识别出来的各种语法成分经过语义分析被翻译成中间代码（或目标代码）。中间代码是介于源语言和目标语言之间的一种中间语言形式。生成中间代码主要是为了便于代码优化和目标代码的移植。目前常见的中间语言形式有三元式、四元式、逆波兰表示等。中间语言至少应该具有两个性质：容易产生和容易翻译成目标语言。编译程序设计者也可以自己设计中间语言，如 Java 字节码、微软中间语言等。

例如，可以将语句 a=3*a+b;翻译成如下四元式序列（四元式将在第 5 章介绍）。

```
(1) (itf, 3, ,t1)        //itf 表示将 int 类型（简称整型）变量转换成浮点型变量
(2) (*,t1,a,t2)
(3) (+,t2,b,t3)
(4) (=,t3, ,a)
```

（4）代码优化

代码优化（Optimization）的主要任务是对中间代码进行等价的加工处理，以得到更高质量的目标代码。空间复杂度和时间复杂度是衡量目标代码质量的两大指标，即目标代码所占用的空间要少，运行时间要短。常用的代码优化方法将在第 8 章介绍。

对上述四元式序列进行代码优化，可以将四元式（1）直接放在编译时处理，将整型变量 3 转换成浮点型变量 3.0，以免在运行时再进行整型变量到浮点型变量的转换。优化后的四元式序列如下。

```
(1) (*,3.0,a,t1)
(2) (+,t1,b,t2)
(3) (=,t2, ,a)
```

由于 t2 在四元式（3）中是单目运算，因此可以用 a 代替 t2。这样再次优化后得到的四元式序列如下。

```
(1) (*,3.0,a,t1)
(2) (+,t1,b,a)
```

（5）目标代码生成

目标代码生成（Code Generator）的主要任务是把经过优化的中间代码变成期望的目标代码（特定机器的机器语言或汇编语言）。由于目标程序十分依赖硬件系统，因此，如何充分利用寄存器、合理选择指令、生成尽可能短且有效的目标代码，取决于具体的计算机体系结构。

以汇编语言为例，利用寄存器 R_1 和 R_2，经过优化的中间代码可生成如下目标代码：

```
MOV  a,   R1
MUL  3.0,  R1
MOV  b,   R2
ADD  R1,  R2
MOV  R2,  R1
```

从概念上讲，可以把以上 5 个阶段划分成两部分：编译前端和编译后端。

与源语言相关的部分被称为编译前端，包括词法分析、语法分析、语义分析及中间代码生成 3 个阶段；与目标语言相关的部分被称为编译后端，包括代码优化和目标代码生成 2 个阶段。将编译程序划分为编译前端和编译后端，不仅有利于代码优化，而且对目标代码的生成和移植更有利。

一方面，可以给同一个编译前端配不同的编译后端，这样就能在不同的计算机上构造出同一语言的编译程序。例如，Java 处理器就采用了这种思想，对不同的计算机，Java 处理器的编译前端是相同的，产生同一种类型的中间代码——字节码，而不同的计算机上配置了能够解释执行这种中间代码的编译后端。

另一方面，也可以给不同的编译前端配同一编译后端，这样就可以在同一计算机上生成多种语言的编译程序。例如，源语言升级后，只需要对编译程序的编译前端进行相应的修改即可。一个典型的实例就是被广泛使用的 GCC，其编译前端是多种程序设计语言的不同分析器，支持 C、C++、Objective-C++、Java、FORTRAN、Pascal、COBOL、Ada、Go 等语言。GCC 以这些语言的源程序文件作为输入，经过词法分析、语法分析和语义分析，产生一种抽象语法树（Abstract Syntax Tree，AST）形式的中间代码；GCC 的编译后端对 AST 形式的中间代码进行分析处理，最终产生目标代码。

因此，从理论上说，如果引入中间语言，将编译程序划分为编译前端和编译后端，那么 M 个源语言和 N 个目标语言之间只需要 $M+N$ 个编译程序；否则，需要 $M\times N$ 个编译程序。但实际上，很难找到一种通用的中间语言，适合 M 个源语言和 N 个目标语言。

尽管编译过程与英文翻译过程类似，但是编译对象毕竟不是自然语言，计算机处理器也不是人类大脑，因此编译过程中必然有一些特定的问题。例如，编译过程中涉及的各种符号存储在什么地方，如何构造和查询各种符号表，运行时如何分配存储空间，发现不符合词法规则和语法规则的符号串时应如何处理。

因此，编译的各个阶段都涉及符号表管理和错误处理。

（1）符号表管理

符号表管理（Symbol Table Management）也被称为表格管理，即管理编译过程中产生的各种表格。其主要功能是，按照编译过程中的信息需求，生成不同用途的符号表（如常数表、名字特征表、循环层次表等），并提供合适的方式查询、修改和维护这些表格。完成造表并对表格进行增、删、查、改的程序被称为符号表管理程序。

例如，对于 float a,b;这条说明语句，词法分析器识别出标识符 a 和 b 后，将其插入名字特征表，但 a 和 b 的各种属性在后续阶段才能填入：标识符的数据类型要在语义分析阶段确认；标识符的地址可能要在目标代码生成阶段确定。

（2）错误处理

由不同用户编写的程序难免会包含各种类型的错误。编译程序不仅要能及时地发现这些错误，而且还要将错误信息（如错误类型、出错位置等）以恰当的形式及时地通知用户。为了尽可能地多发现错误，编译程序要设法将错误的影响限制在尽可能小的范围内（这种处理方式称为错误的局部化），以保证编译程序在发现错误以后还能继续完成剩余部分的分析处理（这种处理方式称为续编译）。更高级的错误处理程序还能够纠正某些错误。

在编译的不同阶段，通常会发现不同的错误。

在词法分析阶段通常会发现拼写方面的错误，例如，将半角的分号输入成全角的分号，标识符的拼写不符合要求，等等。

在语法分析阶段，通常会发现更多的语法错误，例如，嵌套的 for 循环少写了一个“}”。

在语义分析阶段，通常会发现类型不匹配、参数不匹配等问题。

综上所述，一个典型的编译程序的逻辑结构如图 1.12 所示。对于具体的编译程序而言，逻辑关系是多种多样的，有些阶段的工作可以组合和交叉进行，有的可以省略。例如，一个小型的编译程序可以在进行语义分析之后直接生成目标代码，省略中间代码生成和代码优化阶段，但是其他部分的工作基本是不能省略的。

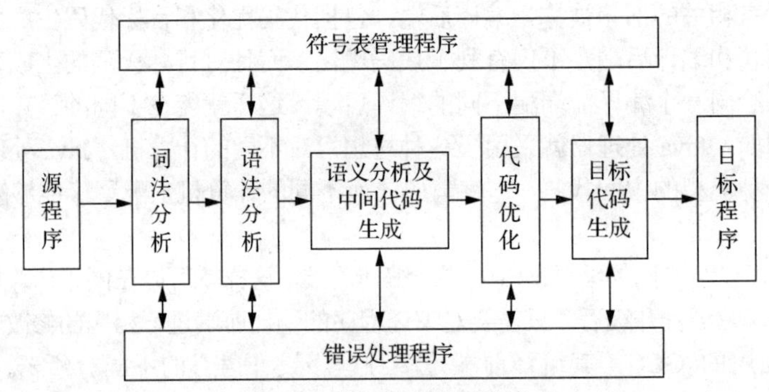

图 1.12　编译程序的逻辑结构

1.3.2　编译程序的分遍

在编译程序的工作过程中，词法分析、语法分析、语义分析及中间代码生成、代码优化、目标代码生成这 5 个阶段的工作可以只对源程序进行一次扫描，也可以对源程序或等价源程序进行若干次扫描。对源程序或等价源程序进行相关的加工处理工作，称为遍（Pass）。

每扫描一遍源程序或等价源程序，都要进行等价变换使其更接近目标程序。如果只对源程序进行一遍扫描直接生成目标程序，则称编译程序是单遍的，如图 1.13 所示。把源程序分为几遍来编译，每遍只完成编译程序中的一部分或几部分工作，称为多遍的编译程序，如图 1.14 所示。例如，第一遍进行词法分析、语法分析，检查语法错误；第二遍生成中间语言，进行存储分配；第三遍生成可运行的目标程序。

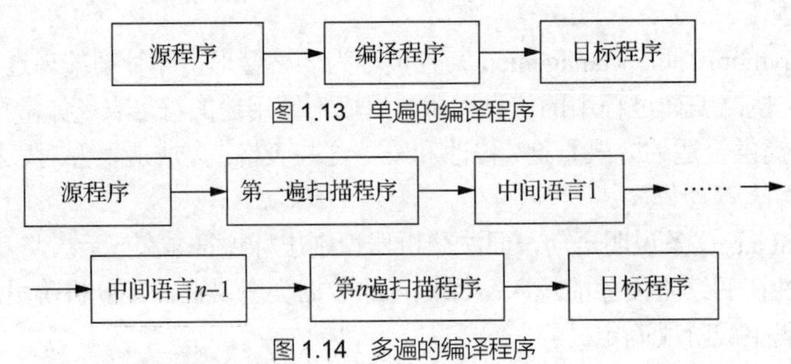

图 1.13　单遍的编译程序

图 1.14　多遍的编译程序

决定编译程序分遍数目的因素有以下几个。

（1）计算机存储容量大小。

（2）编译程序功能的强弱。

（3）源语言的繁简。

（4）目标程序的优化程度。

（5）设计和实现编译程序时所用工具的先进性。

（6）参加人员的数量和素质等。

一般来说，当计算机存储容量较小、源语言较烦琐、编译程序功能很强、目标程序优化程度较高、设计和实现编译程序时所用工具较先进、参加人员较多且素质较高时，适合采用多遍扫描方式。多遍扫描每遍功能相对独立、单纯，逻辑结构清晰，优化准备工作充分，并有利于多人分工合作，因此多遍的编译程序加工充分，出错处理细致，目标程序质量高；不足之处是不可避免地要进行一些重复工作，多遍之间有一定的交接工作，因此增加了编译开销。目前大多数高级程序设计语言的编译程序都是多遍的。

1.4 编译程序的构造方法

编译程序是一个非常复杂的系统软件，虽然编译理论和编译技术不断发展，已使编译程序的生产周期不断缩短，但目前开发一个编译程序仍需要相当长时间，而且工作相当艰巨。因此，高效地开发高质量的编译程序一直是人们追求的目标。

1.4.1 编写编译程序的一般方法

编译程序虽然是一个非常复杂的系统软件，但本质上也是运行在计算机上的程序，所以它也是用程序设计语言编写的。根据语言类型，编写编译程序的一般方法分为下面3种。

（1）用机器语言编写编译程序

机器语言是早期编写编译程序的唯一语言，但由于机器语言难读难写，现在几乎没有人再用它编写编译程序。

（2）用汇编语言编写编译程序

由于汇编语言太依赖硬件环境，且程序过于冗长，因此现在也不常用。不过，通过汇编程序产生目标代码效率比较高，所以编译程序的核心部分常用它编写。

（3）用系统程序设计语言编写

无论从可读性、可靠性、可维护性，还是从编写效率来说，机器语言和汇编语言这些低级程序设计语言都不能满足编译程序的开发需求。从20世纪80年代以后，几乎所有的编译程序都用高级语言编写，从而避开了许多与计算机有关的烦琐细节，大大减少了编写编译程序的工作量。

并非所有高级语言都适合编写编译程序。能够编写编译程序或其他系统软件的高级语言称为系统程序设计语言。例如，Pascal、C、C++、Java等高级程序设计语言不仅可以用来编写其他高级程序设计语言的编译程序，还可以编写其自身的编译程序。ALGOL和FORTRAN等语言主要用于科学计算，并不适合编写编译程序。

除了手动编写编译程序来对源程序进行形式化描述，还可以构建一些自动生成系统，通过输入语言的规范说明，自动生成编译程序的某些部分，如Lex、YACC、Parser Generator、ANTLR等。另外，研究者也在努力提供一些开发工具来帮助构造编译程序，这些工具能够在一定程度上降低编译程序的构造难度，提高构造效率，如make、Ant等。

1.4.2 编译程序的开发技术

从第一个FORTRAN编译程序出现开始，人们就在不断探索如何利用新的方法和技术提高编译程序的开发效率。为了方便讨论，下面首先介绍T型图，然后分别介绍这些开发技术。

（1）T型图

一个编译程序通常会涉及3种语言：源语言、目标语言和书写语言。源语言和目标语言体现了编译程序的功能，书写语言描述了编译程序所需的运行环境。三者之间的关系可用T型图来表示，如图1.15所示。图1.15左上角是源语言S，右上角是目标语言D，底部是书写语言W。该T型图代表源语言S的编译程序，意思是“书写语言W编写的源语言S的编译程序，其目标语言是D”。

假设A机器上有一个能够直接运行产生A机器语言的Pascal的编译程序，该编译程序用T型图表示如图1.16所示。

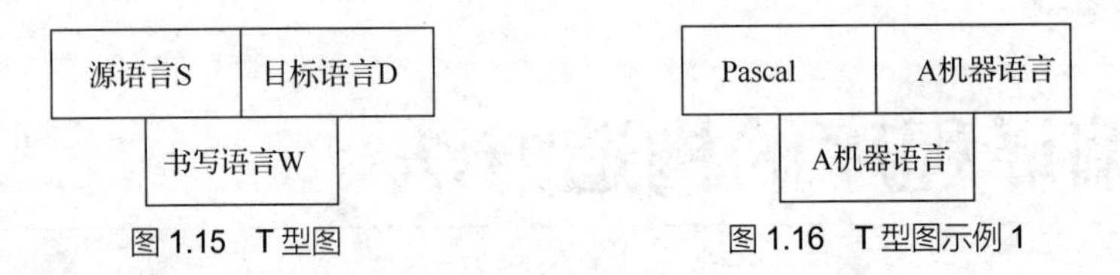

图1.15　T型图　　图1.16　T型图示例1

（2）自编译技术

自编译技术是由瑞士苏黎世理工学院的尼古拉斯·沃斯教授提出来的，他主持利用该技术成功地构造了Pascal的编译程序。

如果一种高级语言的编译程序也能直接用该语言写出来，那么这种语言被称为自编译语言。利用自编译语言开发自身或其他语言的编译程序的技术称为自编译技术。

假设A机器上已经有了图1.16所示的编译器，那么我们可以在该机器上开发任何用Pascal书写的程序——包括Pascal的编译程序，如图1.17所示。类似地，我们也可以用Pascal编写Java的编译程序，如图1.18所示。

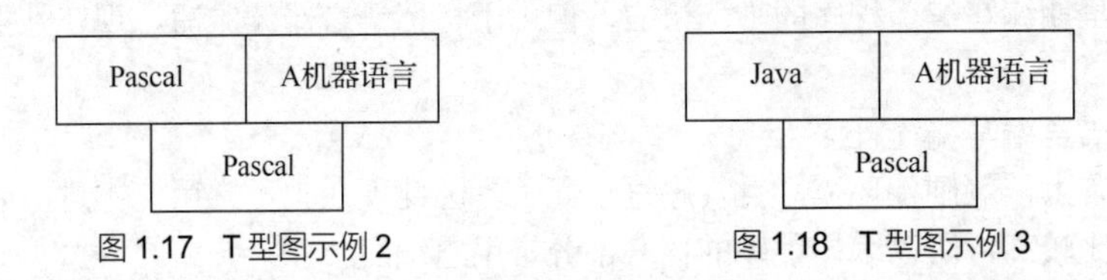

图1.17　T型图示例2　　图1.18　T型图示例3

用Pascal编写的编译程序不能直接在A机器上运行，因此需要利用原来的编译器进行编译处理，其处理过程和结果如图1.19所示。这就是利用Pascal开发自身编译程序的自编译过程。图1.20所示为利用Pascal开发Java的编译程序的自编译过程。

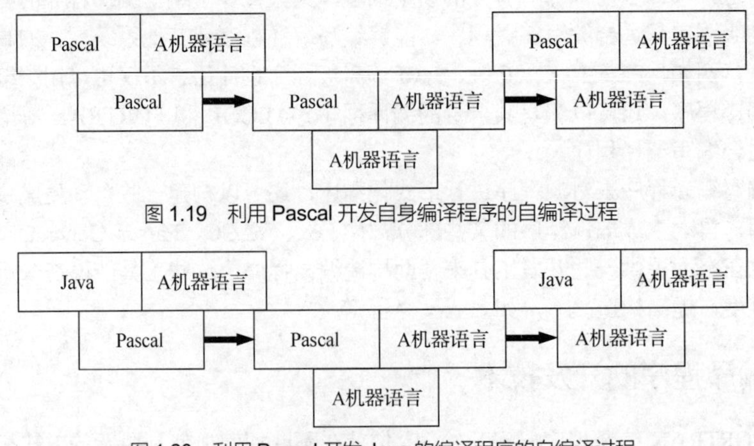

图1.19　利用Pascal开发自身编译程序的自编译过程

图1.20　利用Pascal开发Java的编译程序的自编译过程

（3）自展技术

自展技术是利用自编译技术将一个功能较弱的编译程序一级一级扩展成一个功能较强的编译程序的技术。假设为一个高级语言 L 在 A 机器上编写一个编译程序，则自展过程如下。

① 选取 L 的一个子集 L_1（语言核心部分），选取原则是尽量简单、刚够书写其自身的编译程序。首先用 A 机器语言来建立 L_1 的编译程序，如图 1.21 所示。

② 为了检验 L_1 是否取得适当，以及构建的 L_1 的编译程序是否正确，可用 L_1 重写一次 L_1 的编译程序，如图 1.22 所示。

图 1.21　T 型图示例 4　　图 1.22　T 型图示例 5

③ 利用编译器进行自编译处理，如图 1.23 所示。

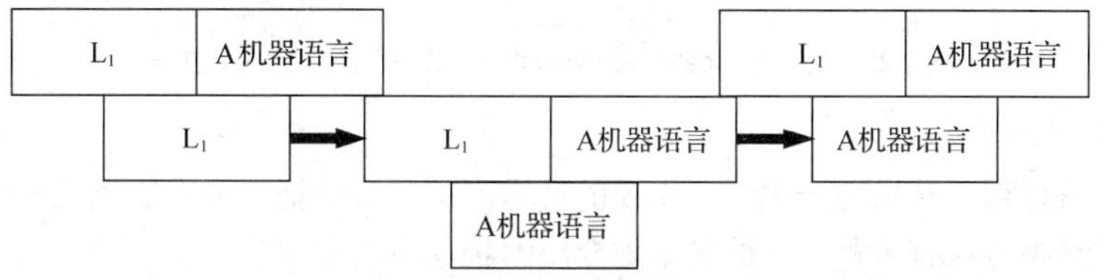

图 1.23　利用 L_1 开发 L_1 的编译程序的自编译过程

④ 把语言功能由 L_1 扩展到 L_2（L_2 包含 L_1），开发 L_2 的编译程序的自编译过程如图 1.24 所示。

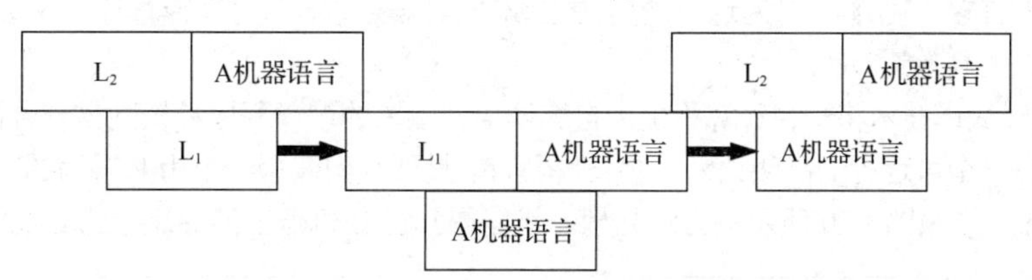

图 1.24　利用 L_1 开发 L_2 的编译程序的自编译过程

⑤ 把语言功能由 L_2 扩展到 L_3（L_3 包含 L_2），开发 L_3 的编译程序的自编译过程如图 1.25 所示。

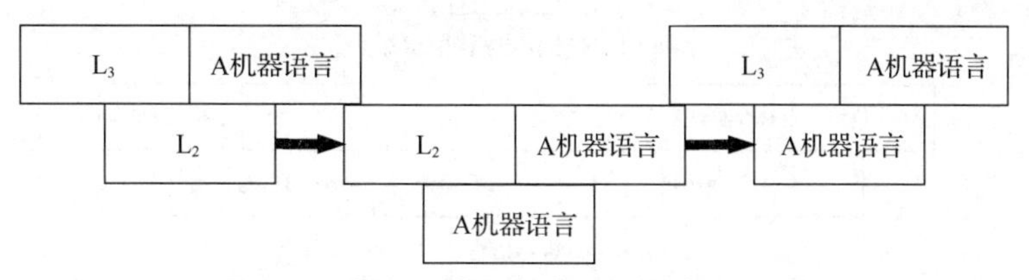

图 1.25　利用 L_2 开发 L_3 的编译程序的自编译过程

⑥ 类似地，对 $L_4,L_5,\cdots,L_i,\cdots$ 按上述过程进行多次编译，直到扩展到 L。这就是由语言核心部分 L_1 逐步扩展到 L 的自展过程。

由上述过程可以看出，使用自展技术，可以使手动编写编译程序的工作量大大减少，使得后一级编译程序建立在前一级编译程序的基础上，逐步丰富语言功能，直至获得所需语言的编译程序。

（4）交叉编译技术

如果 A 机器上的编译程序能产生 B 机器语言的目标代码，那么这种程序被称为交叉编译程序。

图 1.26 所示为一个能在 A 机器上直接运行产生 B 机器语言的 Pascal 的编译程序。如果 A 机器上已有 Pascal 语言的运行环境，如图 1.16 所示，则可在 A 机器上用 Pascal 编写一个编译程序，它的源语言是 Pascal，目标语言是 B 机器语言，如图 1.27 所示。将图 1.27 所示的编译程序输入图 1.16 所示的编译程序，即可得到图 1.26 所示的编译程序，其处理过程如图 1.28 所示。

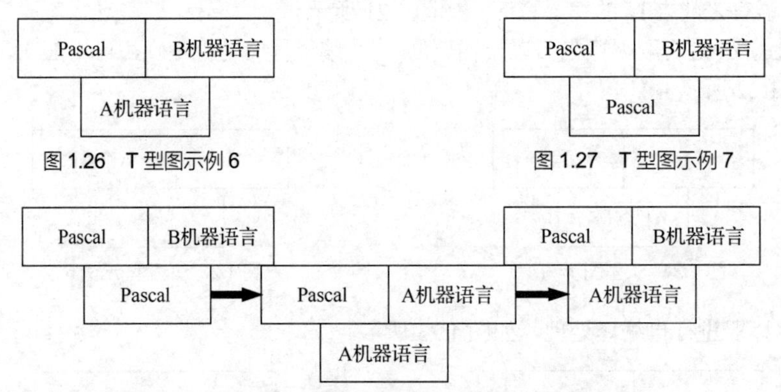

图 1.26　T 型图示例 6

图 1.27　T 型图示例 7

图 1.28　利用 Pascal 开发 Pascal 的编译程序的交叉编译过程

（5）移植技术

移植技术是编译程序开发中一项十分重要的技术。移植就是把一台计算机上的软件移植到另一台计算机上去。移植方法有多种，下面简单地介绍两种典型的方法。

① 综合几种型号的计算机硬件特性，抽象出一种通用的汇编语言。每种型号的计算机上配有一个简单的汇编程序，用来把通用的汇编语言书写的程序翻译成机器语言程序。采用这种方法抽象一种通用的汇编语言较为困难，因为这个通用的汇编语言既要便于书写编译程序，又要能够在各种不同型号的计算机上高效运行。

② 利用交叉编译技术将一台计算机上由自编译语言编写的编译程序移植到另一台计算机上。假设在 A 机器上已有一个可运行的高级语言 L 的编译程序，只要我们编写一个用 L 书写的产生 B 机器语言的 L 的编译程序，按照图 1.29 所示的方法处理，就能得到在 B 机器上能够运行的 L 的编译程序。

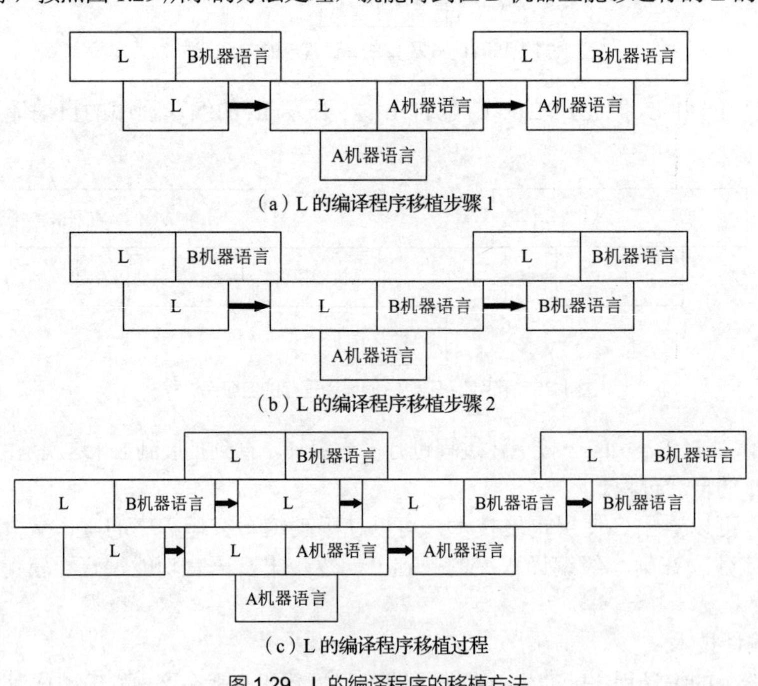

（a）L 的编译程序移植步骤 1

（b）L 的编译程序移植步骤 2

（c）L 的编译程序移植过程

图 1.29　L 的编译程序的移植方法

从上述讨论可以看出，利用自编译、自展、交叉编译和移植技术，使用系统程序设计语言书写编译程序，具有生产周期短、可靠性高、易修改、易扩充与维护、易移植等特点。

1.5　编译技术的主要应用

虽然并非人人都会从事构造或维护编译程序的工作，但是我们在大部分软件开发领域都会用到编译的原理和方法。下面介绍编译技术的主要应用。

（1）文本编辑器

EditPlus、UltraEdit、Notepad++等文本编辑器可以引导用户编辑出符合语法规范的程序文档。通过对输入文档进行分析，文本编辑器能够自动高亮显示关键字、完成语法检查（如左右括号配对等），以减少文档输入错误，提高开发效率。文本编辑器的开发利用了词法分析、语法分析、语法制导翻译等技术。

（2）文本格式化工具

FineReader、txtFormat 等文本格式化工具可以将源程序重新排版，输出易读且清晰的程序结构。例如，关键字以不同的颜色出现、注释用一种专门的字体、语句的嵌套层次结构采用缩进格式等。文本格式化工具的开发利用了词法分析、语法分析、语法制导翻译等技术。

（3）文本检索工具

Word 等文本检索工具支持基于正规表达式的文本检索，其功能实现利用了词法分析技术的串匹配技术。

（4）文本处理与加密工具

文本处理与加密工具首先把一个文本中满足特定特征的文本提取出来，然后对提取出来的文本进行加密处理。其本质是编写词法分析程序，对符合某种规则的单词进行提取、设计加密文法规则，并编写加密处理程序，对所提取的符号串进行加密处理。

（5）情感分析

情感分析（Sentiment Analysis）又称意见抽取（Opinion Extraction），是对带有情感色彩的主观性文本进行分析、处理、归纳和推理的过程。情感分析是特殊的文本分类问题，既有一般文本分类的共性，也有其特殊性（如情感信息表达的隐蔽性、多义性和极性不明显等），但其本质还是对自然语言进行词法分析、语法分析和语义分析。

（6）网页浏览器

网页浏览器本质上是 HTML 文档和 XML 文档的翻译器。上下文无关文法被用来描述 HTML 文档和 XML 文档的格式，网页浏览器获取了由 HTML 文档和 XML 文档提供的信息后对其进行分析（使用词法分析、语法分析和语义分析等技术），并根据分析的结果将网页内容以相应的形式显示出来。

1.6　本章小结

本章通过介绍程序设计语言的发展历程让读者了解了编译技术的历史，还分别介绍了编译和解释这两种翻译机制。随后，本章通过一个简单的 C 程序的翻译示例，介绍了编译的 5 个阶段——词法分析、语法分析、语义分析及中间代码生成、代码优化、目标代码生成，并将 5 个阶段分成了编译前端和编译后端。编译程序的逻辑结构除了以上 5 个阶段外，还涉及符号表管理和错误处理。根据编译程序在完成翻译过程中对源程序或等价源程序进行扫描的遍数，可将编译程序分为单遍的编译程序和多遍的编译程序。本章最后介绍了编写编译程序的一般方法和编译程序的开发技术，展示了编译技术的一些应用。

习题

1．画出编译程序的逻辑结构，简述各部分的主要功能。

2．遍是什么？编译程序的分遍由哪些因素决定?

3．系统程序设计语言是什么?

4．编译程序生成技术有哪几种？分别叙述各种技术的基本思想。

5．设A机器上有C语言的编译程序，现要用C语言编写C++语言的编译程序，试用T型图进行描述。

第2章

形式语言的基本知识

编译程序的核心功能就是把某一种高级程序设计语言书写的源程序翻译成目标程序，因此要构造一个编译程序，首先要解决的问题是如何确切地描述或定义一种高级程序设计语言。实践已经证明，形式语言理论是编译理论的重要基础。利用形式语言理论，用数学符号和规则就可以对语言进行形式化描述，例如，可以采用正规文法描述词法结构，采用上下文无关文法描述目前已经出现过的大多数程序设计语言的语法结构。

自1956年语言学家诺姆·乔姆斯基（Noam Chomsky）首次提出形式语言理论以来，形式语言与自动机理论迅速发展，成为计算机科学的重要分支。本章主要讨论与编译技术相关的形式语言的基本概念和知识，为后续内容的学习打下基础。

2.1 字母表和符号串的基本概念

在人类社会中，人们使用语言进行沟通和交流。例如，汉语、英语等都是语言，这些语言被称为“自然语言”。1946年通用电子计算机诞生后，出现了另一种类型的语言——“程序设计语言”。自然语言是人与人之间交流思想的工具，程序设计语言则是人与计算机之间“交流”的工具。无论是自然语言还是程序设计语言，都是由单词按照一定的语法规则构成的复杂的符号系统。下面我们首先介绍字母表和符号串的基本概念。

定义 2.1（字母表） 字母表是符号的有穷非空集合，通常记为Σ。字母表中的元素称为**符号**，符号是字母表中不能再分解的最小单位。

例 2.1 机器语言的字母表Σ={0,1}，该字母表中只有0和1两个符号。机器语言不能出现字母表以外的符号。

不同的语言有不同的字母表，例如，英语的字母表由26个字母和一些标点符号组成，C语言的字母表由ASCII码表中的字母、数字及一些特殊符号组成。

定义 2.2（符号串） 字母表Σ上的符号串是字母表中的符号组成的任何有穷序列，可以按照下述规则定义：

（1）ε是Σ上的符号串，称为**“空符号串”**，它不包含Σ中的任何符号；

（2）Σ中的每个符号都是Σ上的符号串；

（3）如果x是Σ上的符号串，y是Σ上的符号串，则xy也是Σ上的符号串（xy被称为符号串x和符号串y的**连接**）。

通常用x, y, z…这些小写字母表示符号串。符号串x包含的符号个数称为**x的长度**，记为|x|，显然|ε| = 0。

例 2.2 设Σ= {0,1}，则ε是Σ上的符号串，0,1是Σ上的符号串，00,01,10,11是Σ上的符号串，000,100,…也都是Σ上的符号串。其中|000| = 3。

从例2.2可以看出，01和10是两个不同的符号串。通常情况下xy与yx是两个不同的符号串（εx = xε = x是其中的特例）。

定义 2.3（符号串的头、尾、子串） 若符号串x, y, z都是Σ上的符号串（它们都可能是空符号串），那么x被称为xy的**头**（或**前缀**），y被称为xy的**尾**（或**后缀**），y被称为xyz的**子串**。当x是xy的前缀，且x≠xy，则x被称为xy的**真头**（或**真前缀**）；当y是xy的后缀，且y≠xy，则y被称为xy的真尾（或**真后缀**）；当y是xyz的**子串**，且y≠xyz，则y被称为xyz的真子串。

例 2.3 设Σ= {a, b}，有符号串x = abaa，则ε, a, ab, aba, abaa都是符号串x的头，其中真头有ε, a, ab, aba，而abaa, baa, aa, a, ε都是符号串x的尾，其中真尾有baa, aa, a, ε，而ε, a, b, ab, ba, aa, aba, baa, abaa是符号串x的子串，其中真子串有ε, a, b, ab, ba, aa, aba, baa。

定义 2.4（符号串的幂运算） 假设x自身进行n次连接运算得到符号串x^n，记为xx…x（n个

x)，称为符号串 x 的幂运算。特别指出，任何符号串的 0 次幂为 ε。

例 2.4　设Σ= {a, b}，有符号串 x = ab，则 $x^0 = ε$，$x^1 = ab$，$x^2 = abab$。

定义 2.5（符号串集合）　如果集合 A 中的所有元素都是字母表Σ上的符号串，则称 A 为字母表Σ上定义的符号串集合。

每个形式语言都是某个字母表上按照某种规则构成的所有符号串的集合，因此也可以把符号串集合 A 称为字母表Σ上定义的某种语言。

通常用大写字母 A, B, C…来表示字母表上的符号串集合。显然Σ本身也是字母表Σ上的符号串集合。

例 2.5　假设字母表Σ= {a, b}，则 A = {ε, a, b, ab}是Σ上定义的符号串集合，B = {ε, a, b, abc}不是Σ上定义的符号串集合。

也可以用集合中的符号串所满足的条件来刻画一个符号串集合，例如，C = {x|仅包含 a 的任意长度的符号串}，D = {y | |y|<5}，其中 y 是某个字母表中的符号串。

既然语言是符号串的集合，那么符号串集合的运算（并、交、差、补）对语言都适用。但语言又是特殊的集合，它的元素都是符号串，因此对这种集合还有特殊的运算，即集合的连接运算和闭包运算。

定义 2.6（符号串集合的连接）　假设 L_1 是定义在 $Σ_1$ 上的符号串集合，L_2 是定义在 $Σ_2$ 上的符号串集合，L_1 和 L_2 的连接运算由以下公式定义：

$$L_1L_2 = \{xy \mid x∈L_1, y∈L_2\}$$

从该公式可以看出，符号串集合的连接运算和集合的笛卡尔积运算非常相似，但只有两个符号串集合在同一个集合上定义，才能进行笛卡尔积运算，而连接运算对此没有要求。

由此，我们也可以定义符号串集合的幂运算，即$(L_1)^0 = \{ε\}$，$(L_1)^1 = L_1$，$(L_1)^2 = L_1L_1$，…，$(L_1)^n = (L_1)^{n-1}(L_1) = (L_1)(L_1)^{n-1}$（其中 n≥1）。

例 2.6　A = {a, b}，B = {cc, cd}，AB = {acc, acd, bcc, bcd}，$A^0 = \{ε\}$，$A^1 = \{a, b\}$，$A^2 = \{aa, ab, ba, bb\}$，$A^3 = \{aaa, aab, aba, abb, baa, bab, bba, bbb\}$。

定义 2.7（符号串集合的闭包）　符号串集合 L 是定义在Σ上的集合，L 的闭包记为 L^*，其定义如下：

（1）$L^0 = \{ε\}$；

（2）对于 n≥1，$L^n = LL^{n-1}$；

（3）$L^* = \cup L^n$，n∈{0, 1, 2,…}。

符号串集合 L 的正闭包记为 L^+，$L^+ = \cup L^n$　(n≥1)，显然 $L^* = L^+ \cup \{ε\}$。

例 2.7　A = {1, 01}是字母表Σ= {0, 1}上的符号串集合，$A^0 = \{ε\}$，$A^1=\{1, 01\}$，$A^2 = \{11, 101, 011, 0101\}$，…，A* = {ε, 1, 01, 11, 101, 011, 0101,…}。

定义 2.8（行集合）　因为Σ本身也是字母表Σ上的符号串集合，因此将闭包 $Σ^*$ 称为行集合，表示字母表Σ中的符号以任意次序、任意个数和任意长度组成的符号串集合（包括空符号串 ε）。显然，Σ上定义的任何符号串集合 L 都是行集合 $Σ^*$ 的子集，任何符号串集合的闭包 L^* 都是行集合 $Σ^*$ 的子集。

2.2　用文法产生法描述语言

无论自然语言还是程序设计语言，都是由许多句子组成的。当然，这些句子是由本语言字母表上的符号按照一定规则组成的符号串。对一个语言的描述，就是刻画哪些句子是属于该语言的句子，哪些句子是不属于该语言的句子。

通常可以用三种方法来描述语言。一种方法是枚举法。如果一个语言仅包含有限个句子，就可以采用枚举法来描述此语言，把语言中每个句子都列举出来即可。然而，绝大多数重要语言都有无穷多个语句，因此枚举法显然失效。第二种方法是自动机识别法。在这种方法中，每种语言对应一种自动机（即某种算法），由它判定一个符号串是否属于该语言。我们将在第 3 章重点介绍这种方法。第三种方法是文法产生法。这种方法是为每种语言定义一组文法规则，从而产生该语言中的每个句子。本节主要介绍利用巴克斯-诺尔范式的文法产生法来描述语言。

2.2.1 巴克斯-诺尔范式

巴克斯-诺尔范式（Backus-Naur Form，BNF）是由约翰·巴克斯和彼得·诺尔提出的一种采用形式化符号来描述语言的文法规则的方法，最早用于描述 ALGOL 语言的文法规则。它采用形式化方式定义语言的造词和造句规则，同时用简洁的公式严格清晰地定义各种语言。

BNF 引入“∷=”（读成“定义为”，简写为“→”）来描述文法规则：

<符号>∷=<符号串表达式>

这条规则的意思是左部的“符号”可以用右部的“符号串表达式”来表示。例如，在英语中，语句由主语、谓语、宾语组成，用 BNF 可以描述成：

<语句>∷=<主语><谓语><宾语>

如果同一个符号可以定义为多个不同的符号串表达式，则引入“|”，表示多种不同的选择：

<符号>∷=<符号串表达式 1>|<符号串表达式 2>

这条规则实际上是“<符号>∷=<符号串表达式 1>”和“<符号>∷=<符号串表达式 2>”这两条规则的合并缩写形式。<符号串表达式 1>和<符号串表达式 2>被称为<符号>的右部候选式。

例 2.8 采用 BNF 描述 C 语言的标识符：以字母或下画线开头，其后是任意个数的字母、下画线和数字的任意长度组合。

<标识符>∷=<字母>|<下画线>|<标识符><字母>|<标识符><下画线>|<标识符><数字>

<字母>∷=A|B|C|…|Z|a|b|c|…|z

<下画线>∷=_

<数字>∷=0|1|2|…|9

用“<”和“>”括起来的符号表示文法实体（或文法单位），在能够明确看出文法实体的情况下，“<”和“>”也可以省略不写。

例 2.9 采用 BNF 描述这种语言：以 0 开头，其后是任意个数的 1 所组成的符号串集合（1 的个数大于 0）。

$$S \rightarrow 0A \quad A \rightarrow 1A|1$$

可以对<符号>∷=<符号串表达式>的定义形式进行扩展和抽象，得到产生式的定义。

定义 2.9（产生式） 产生式是只有一个候选式的文法规则，是一个非空符号串和另一个符号串的有序偶（α, β），记为 $\alpha ::= \beta$ 或 $\alpha \rightarrow \beta$。α 称为产生式的左部，β 是产生式的右部。$\alpha \rightarrow \beta$ 表示左部 α 定义为右部 β。

产生式左部和右部所有符号的集合称为**字汇表**（Symbol Collection Set），记为 V。出现在左部并能派生出其他符号或符号串的那些符号称为**非终结符号**（Non-Terminal Symbol），也称为文法实体或文法单位，它们的全体构成一个非终结符号集合，记为 V_N。V 中不属于 V_N 的那些符号，被称为**终结符号**（Terminal Symbol），它们的全体组成了终结符号集合，记为 V_T。显然 $V = V_N \cup V_T$，$V_N \cap V_T = \varnothing$，$\alpha \in (V_N \cup V_T)^+$，$\beta \in (V_N \cup V_T)^*$，$V_N \cup V_T \cup \{\varepsilon\}$ 称为文法符号集合（此处把空符号串 ε 看成特殊的符号）。

特别指出，如前所述，如果非终结符号 α 有多个候选式（$\alpha ::= \beta_1$，$\alpha ::= \beta_2$，…，$\alpha ::= \beta_n$），那么可以写成合并规则 $\alpha ::= \beta_1 \mid \beta_2 \mid \cdots \mid \beta_n$。

例 2.10 有产生式

$$S \rightarrow aSb \quad S \rightarrow ab$$

则 $V_N = \{S\}$，$V_T = \{a, b\}$，$V = \{S, a, b\}$。这两条产生式也是两条规则，可以合并写成一条规则 $S \rightarrow aSb \mid ab$。

通常需要多条产生式（规则）才能完成某种语言的定义（例如，如果用文法产生法描述 C 语言，则大约需要 3000～5000 条产生式），从而进一步得到文法的形式化定义。

定义 2.10（文法） 文法 G 是规则的有穷集合，可以定义为四元组形式：

$$G = (V_N, V_T, P, S)$$

其中 V_N 是非终结符号集合，V_T 是终结符号集合，P 是产生式（规则）的集合，$S \in V_N$，是文法 G 产生句子的开始符号（S 也称为文法的识别符号，它至少要在一条产生式左部出现）。文法 G 也通常记为文法 G[S]。

例 2.11 标识符的文法定义如下：

$G[S] = (V_N, V_T, P, S)$

V_N = {<标识符>, <字母>, <数字>, <下画线>}

V_T = {A, B, …, Z, a, b, …, z, 0, 1, …, 9, _}

P 由下列规则组成：

<标识符>∷=<字母>|<下画线>|<标识符><字母>|<标识符><下画线>|<标识符><数字>

<字母>∷= A|B|C|…|Z|a|b|c|…|z

<下画线>∷= _

<数字>∷= 0|1|2|…|9

S = <标识符>

例 2.12 文法 $G = (V_N, V_T, P, S)$

$V_N = \{A, B\}$

$V_T = \{c, d\}$

$P = \{A \rightarrow Bc, B \rightarrow d\}$

$S = A$

通常情况下，在对文法进行描述时可以省略 V_N 和 V_T，文法的开始符号也可以不显式指定，将开始符号写在 G 后的方括号中即可。上述文法也可以简单描述为

$$G[A]: A \rightarrow Bc，B \rightarrow d$$

2.2.2　通过文法产生语言的方式

定义语言的目的是产生语言。下面讨论如何由文法产生语言。

定义 2.11（直接推导和直接归约） 文法 $G = (V_N, V_T, P, S)$有一条产生式 $\alpha \rightarrow \beta$，$\alpha \in (V_N \cup V_T)^+$，$\beta \in (V_N \cup V_T)^*$，假设存在符号串 $x, y \in (V_N \cup V_T)^*$，使得有符号串 v 和 w 满足 $v = x\alpha y$ 和 $w = x\beta y$，则称符号串 v **直接推导**出符号串 w，符号串 w **直接归约**到符号串 v，并把符号串 w 叫作符号串 v 的直接派生式，记为

$$v \Rightarrow w$$

显然，如果 $x = y = \varepsilon$，对于文法 G 的任何规则 $\alpha \rightarrow \beta$，一定有 $\alpha \Rightarrow \beta$，一次直接推导其实就是用产生式右部去替换左部的过程。

例 2.13 文法 G[S]：$S \rightarrow 0S \mid 01$

$S \Rightarrow 01$

$S \Rightarrow 0S \Rightarrow 001$

$S \Rightarrow 0S \Rightarrow 00S \Rightarrow 0001$

例 2.14 G[<标识符>]：

<标识符>∷=<字母>|<下画线>|<标识符><字母>|<标识符><下画线>|<标识符><数字>

<字母>∷=A|B|C|…|Z|a|b|c|…|z

<下画线>∷=_

<数字>∷=0|1|2|…|9

<标识符>⇒<字母>

<标识符>⇒<字母>⇒A

<标识符>⇒<标识符><数字>⇒<字母><数字>⇒A<数字>⇒A4

定义 2.12（推导和归约） 假设 $u_0 \in (V_N \cup V_T)^+$，$u_1, u_2, \cdots, u_n$ 都是 $(V_N \cup V_T)^*$ 上定义的符号串，如果存在直接推导序列 $v = u_0 \Rightarrow u_1 \Rightarrow u_2 \Rightarrow \cdots \Rightarrow u_n = w\ (n \geqslant 1)$，则称符号串 v **推导**出符号串 w，符号串 w **归约**到符号串 v，记为

$$v \Rightarrow +w$$

$v = u_0 \Rightarrow u_1 \Rightarrow u_2 \Rightarrow \cdots \Rightarrow u_n = w\ (n \geqslant 1)$ 也被称为长度为 n 的推导。

例 2.15 $S \Rightarrow 0S \Rightarrow 00S \Rightarrow 0001$ 称为长度为 3 的推导，记为 $S \Rightarrow +0001$。

<标识符>⇒<标识符><数字>⇒<字母><数字>⇒A<数字>⇒A4 称为长度为 4 的推导，记为<标识符>⇒+A4。

定义 2.13（广义推导和广义归约） 假设 $v \Rightarrow +w$，或者 $v = w$（表示 0 步推导），则记为

$$v \Rightarrow *w$$

称符号串 v **广义推导**出符号串 w，符号串 w **广义归约**到符号串 v。

显然，直接推导的长度为 1，推导的长度≥1，广义推导的长度≥0。

有了文法和直接推导、推导和广义推导的定义，就可以用形式化方式定义句型、句子和语言了。

定义 2.14（句型和句子） 设 G[S]是一文法，如果符号串 $x \in (V_N \cup V_T)^*$ 是由 S 广义推导而得的，即 $S \Rightarrow *x$，则称符号串 x 是文法 G[S]的一个**句型**。

如果句型 x 仅由终结符号组成，即 $S \Rightarrow *x$，$x \in V_T^*$，则称符号串 x 是文法 G[S]的一个**句子**。

一个正确的源程序是文法所定义的句子。

例 2.16 在推导序列 $S \Rightarrow 0S \Rightarrow 00S \Rightarrow 0001$ 中，S、0S、00S、0001 都是句型，其中 0001 是句子。在推导序列<标识符>⇒<标识符><数字>⇒<字母><数字>⇒A<数字>⇒A4 中，<标识符>、<标识符><数字>、<字母><数字>、A<数字>、A4 都是句型，其中 A4 是句子。

定义 2.15（语言） 假设 G[S]是一文法，由这个文法所产生的所有句子的集合称为"由该文法所定义的语言"，记为 L(G[S])（或简记为 L(G)），即

$$L(G) = \{x \mid S \Rightarrow *x, x \in V_T^*\}$$

由定义 2.15 可以看出，语言是 V_T^* 的一个子集，即所有终结符号以任意次序、任意个数和任意长度所组成的符号串集合（包含 ε）的一个子集，用形式化方式描述为 $L(G) \subseteq V_T^*$。

例 2.17 设有文法 G[A]：A→Bc，B→d。

因为从开始符号 A 出发，只能推导出唯一的句子 dc，有

$$A \Rightarrow Bc \Rightarrow dc$$

所以 L(G) = {dc}。

例 2.18 文法 G[S]：

S→ab（产生式 1）

S→0S（产生式 2）

首先应用产生式 1，得到 $S \Rightarrow ab$，则 ab 是文法 G[S]的一个句子。

然后应用产生式 2，得到 $S \Rightarrow 0S \Rightarrow 00S \Rightarrow \cdots \Rightarrow 0^nS$，其中 n≥1，显然 0^nS 是一个句型，不是句子，因此再应用产生式 1，得到 $S \Rightarrow 0S \Rightarrow 00S \Rightarrow \cdots \Rightarrow 0^nS \Rightarrow 0^nab$，n≥1。

综上所述，$L(G) = \{0^nab \mid n \geqslant 0\}$。

由例 2.17 和例 2.18 可以看出，已知文法，可以通过推导求其所定义的语言，即从文法的开始符

号出发，反复使用文法规则推导句子，按照一定的规律尝试找到所有的句子。

而已知语言构造其文法，目前还没有形式化方式，主要是凭经验。

例 2.19　构造如下语言的相应文法：$L(G) = \{0^n1^n \mid n \geqslant 0\}$。

$$G[S]: S \to 0S1 \quad S \to \varepsilon$$

给定语言 L(G)后，构造出能正确描述此语言的文法 G 是有一定难度的。若要使一个文法 G 能正确描述相应语言 L(G)，必须同时保证：由文法 G 所产生的每个句子在语言 L(G)中；在语言 L(G)中的每个符号串均能由文法 G 产生。

例 2.20　构造如下语言：$L(G) = \{0^m1^n \mid m, n \geqslant 1\}$的相应文法。

方法一：G[S]: S→AB　A→0A|0　B→1B|1

方法二：G[S]: S→0S　S→S1　S→01

从例 2.20 可以看出，两个文法不相同，但它们描述的语言完全相同。由此得到文法等价的定义。

定义 2.16（文法等价） 如果有两个文法 G_1 和 G_2，它们不完全相同，但所描述的语言完全相同，即 $L(G_1) = L(G_2)$，则称这两个文法是等价的。

等价文法的存在，使我们能在不改变文法所确定的语言的前提下，为了某种目的而对文法进行改写。

构成一个语言的句子集合可以是有穷的，也可以是无穷的。例 2.17 文法所描述的语言中仅有一个句子，例 2.18 文法所描述的语言中有无穷多个句子。不难发现，两个文法的根本区别在于例 2.18 文法中有形如 S→0S 的规则。在这个规则中，左部和右部皆出现了非终结符 S。这种借助于自己来定义自己的规则，即左部和右部具有相同的非终结符号的规则称为递归规则。

定义 2.17（直接递归文法） 对于任意文法 G，如果至少有一条形如 U→…U…的规则，则称该文法为直接递归文法。如果包含左递归规则 U→U…，则此文法为直接左递归文法；如果包含右递归规则 U→…U，则此文法为直接右递归文法。

定义 2.18（间接递归文法） 对于任意文法 G，如果至少有一个形如 U ⇒ +…U…的推导序列，则称该文法为间接递归文法。如果包含 U ⇒ +U…，则此文法为间接左递归文法；如果包含 U ⇒ +…U，则此文法为间接右递归文法。**显然，直接递归是间接递归的一种特殊情况。**

例 2.21　设有文法 G 的规则 P 为

S∷=Qc|c　Q∷=Rb|b　R∷=Sa|a

这 6 条规则中无直接递归规则，但有如下推导：

S ⇒ Qc ⇒ Rbc ⇒ Sabc

所以，S ⇒ +Sabc，存在间接左递归。

如果一个语言是无穷的，则描述该语言的文法一定是递归的。一般而言，程序设计语言是无穷的，因此描述它们的文法必定是递归的。应当指出，从语法定义的角度来看，递归是一种简明的方式，因为它不仅使文法的形式比较简练，而且给无限语言的有限表示提供了一种可用的方法。然而在后面我们将会看到，文法的左递归规则给某些语法分析方法的实现造成了较大的困扰。

2.3　句型的分析

所谓句型的分析，是指判断输入的符号串是否为某一文法的句型（或句子）的过程。对于一个编译程序来说，无论在词法分析阶段，还是在语法分析阶段，都存在句型分析，这是编译程序要解决的首要问题。

因为我们总是从左到右地输入要分析的符号串，所以句型分析算法通常都是从左到右进行分析：先分析符号串最左边的符号，如果识别成功，再识别右边的符号。当然，也可以设计从右到左的分析算法，但因为程序总是从左到右地书写与阅读，所以从左到右的分析更为自然。

这种分析算法可以分成两大类：自顶向下分析和自底向上分析。“自顶向下分析”就是从文法的开始符号出发，以待分析的输入串为目标，利用其中的产生式，逐步推导出要分析的符号串。这种分析过程本质上是一个试探过程，是反复使用不同规则谋求匹配输入串的过程。“自底向上分析”是从待分析的符号串开始，在其中寻找与文法规则右部相匹配的子串，并用该规则的左部取代此子串（即归约），重复此过程，步步向上归约，谋求将待分析的符号串归约到文法的开始符号。这两大类分析算法将在第 4 章详细讲解。

句型分析会涉及短语、简单短语和句柄的概念，下面分别给出其具体的定义。

定义 2.19（短语和简单短语） 设 G[Z]是一个文法，w = xuy 是其中某个句型，若有

$$Z \Rightarrow *xUy，U \in V_N \text{ 且 } U \Rightarrow +u，u \in V^+$$

则称 u 是一个相对于非终结符号 U、句型 w 的短语。若 $Z \Rightarrow *xUy$ 且 $U \Rightarrow u$，则称 u 是一个相对于非终结符号 U、句型 w 的简单短语。

例 2.22 设有文法 G[S] = ({S, A, B}, {a, b}, P, S)，其中 P 为

S∷=AB　　　　A∷=Aa|bB　　　　B∷=a|Sb

找出句型 baSb 的全部短语和简单短语。

根据句型推导过程有

$$S \Rightarrow AB \Rightarrow bBB \Rightarrow baB \Rightarrow baSb$$

可见下式成立：

$$S \Rightarrow *baB \text{ 且 } B \Rightarrow Sb$$

所以子串 Sb 是相对于非终结符号 B、句型 baSb 的简单短语。

同样有

$$S \Rightarrow AB \Rightarrow ASb \Rightarrow bBSb \Rightarrow baSb$$

即

$$S \Rightarrow *bBSb \text{ 且 } B \Rightarrow a$$

所以子串 a 是相对于非终结符号 B、句型 baSb 的简单短语。

还有

$$S \Rightarrow *ASb \text{ 且 } A \Rightarrow +ba$$

即子串 ba 是相对于非终结符号 A、句型 baSb 的短语。

对于句型 baSb，再没有其他推导能产生新的短语了，所以句型 baSb 有短语 ba，简单短语 a 和 Sb。

定义 2.20（句柄） 一个句型最左边的简单短语（最左简单短语）称为该句型的句柄（或柄短语），句柄最左边的符号称句柄的头，句柄最右边的符号称句柄的尾。

例 2.22 的句型 baSb 有简单短语 a 和 Sb，由于 a 是最左简单短语，因此 a 又是句柄。

利用语法树可以非常直观地求出句型的全部短语、简单短语和句柄。下面给出语法树的形式定义。

定义 2.21（语法树） 设有文法 $G =(V_N, V_T, P, Z)$，满足下列条件的树即为一棵语法树：

（1）树中每一个结点都有标记，且该标记是 $V_N \cup V_T \cup \{\varepsilon\}$ 中的某一符号；

（2）树根标记是开始符号；

（3）若有一个结点至少有一个后继结点，则该结点的标记一定为非终结符号；

（4）若一个标记为 U 的结点有标记依次为 $X_1,X_2,X_3,\cdots,X_n$ 的直接后继结点，则 $U∷=X_1X_2\cdots X_n$ 必定是 G 的一条规则。

从定义上看，语法树就是一种句型推导的图形化描述方式。

语法树中的术语如下。

末端结点：语法树中再没有分支从它射出的结点称为末端结点。

子树：语法树中的某结点连同从它向下射出的所有部分（如果有的话），称为该语法树的子树。

例 2.23　设有文法 G[S] = ({S, A, B}, {a, b}, P, S)，其中 P 为

S∷=AB　　　A∷=Aa|bB　　　B∷=a|Sb

有推导序列 S ⇒ AB ⇒ bBB ⇒ baB ⇒ baSb。

其语法树构造过程如图 2.1 所示。从文法开始符号 S 画出分支，表示第一个直接推导 S ⇒ AB，如图 2.1（a）所示。从分支结点 A 继续向下画分支，表示第二个直接推导 AB ⇒ bBB，如图 2.1（b）所示。再从分支结点 B 向下画分支，表示第三个直接推导 bBB ⇒ baB，如图 2.1（c）所示。最后由句型 baB 中标记为 B 的结点向下画分支，表示最后一个推导 baB ⇒ baSb，如图 2.1（d）所示。这时末端结点自左向右排列起来就是句型 baSb。

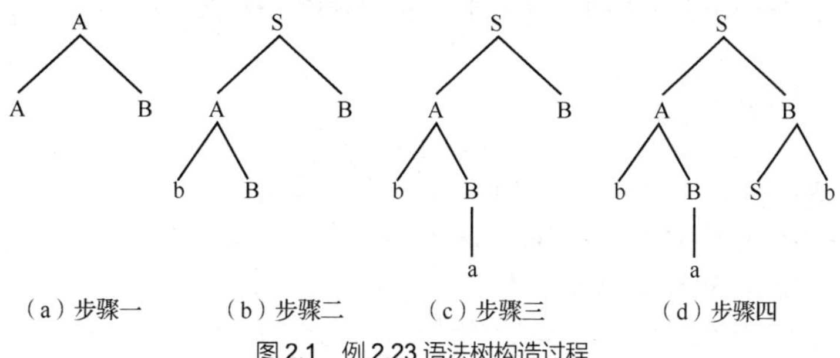

图 2.1　例 2.23 语法树构造过程

对于语法树中末端结点自左向右排列所得的句型而言，根据语法树确定短语、简单短语和句柄的方法如下。

（1）子树末端结点形成的符号串是相对于子树根的短语。

（2）只有两层的简单子树末端结点形成的符号串是相对于该子树根的简单短语。

（3）最左边的简单子树的末端结点形成的符号串是句柄。

图 2.2 所示为句型 baSb 的三棵子树，其中图 2.2（b）和图 2.2（c）是简单子树，可以直观地看出：ba 是相对于非终结符号 A、句型 baSb 的短语；a 是相对于非终结符号 B、句型 baSb 的简单短语，同时也是句柄（最左简单短语）；Sb 是相对于非终结符号 B、句型 baSb 的简单短语。

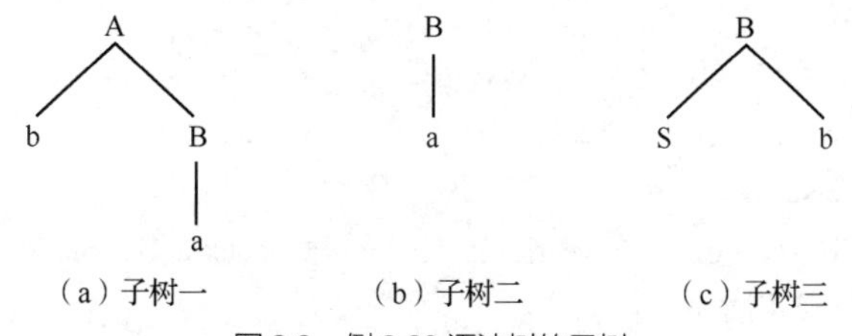

图 2.2　例 2.23 语法树的子树

对于给定的文法来说，从其开始符号到某一句型，或从某一句型到另一句型的推导序列可能不唯一。为了使句型或句子能按照确定的推导序列来产生，通常我们仅考虑最左推导或最右推导。

定义 2.22[最左（右）推导（归约）] 在任何一步推导 v⇒w 中，都是对符号串 v 的最左（右）边的非终结符号进行替换，我们称之为最左（右）推导。我们把最左推导的逆过程称为最右归约，把最右推导的逆过程称为最左归约。

定义 2.23[规范推导（归约）和规范句型] 最右推导叫作规范推导，即在该过程的每步直接推导 xUy⇒xuy 中，符号串 y 只含有终结符号。如果推导 v⇒+w 中每步直接推导是规范的，则称推导 v⇒+w 为规范推导。由规范推导所得的句型称为规范句型。最左归约也称为规范归约。

例 2.23 中的推导序列是最左推导。对于文法中的每个句子都必定有最左推导和最右推导，但对于句型来说则不一定。

例 2.24 文法 G[E]:

E∷=E+T|T

T∷=T*F|F

F∷=(E)|i

中句型 T*i+T 仅有唯一的推导：

$$E \Rightarrow E+T \Rightarrow T+T \Rightarrow T*F+T \Rightarrow T*i+T$$

显然，推导 E⇒+T*i+T 既非最左推导亦非最右推导。

定义 2.24（文法的二义性） 如果一个文法中某个句子对应两棵不同的语法树，则称这个文法是二义的。也就是说，若一个文法中的某句子对应两个不同的最左推导或最右推导，则这个文法是二义的。

例 2.25 文法 G[E]:

E∷=E+E|E*E|(E)|i

符号串 i+i*i 是 L(G)中一个句子，有两种不同的最右推导：

① E⇒E+E⇒E+E*E⇒E+E*i⇒E+i*i⇒i+i*i

② E⇒E*E⇒E*i⇒E+E*i⇒E+i*i⇒i+i*i

推导序列①和推导序列②分别对应两棵不同的语法树，如图 2.3 所示，所以文法 G[E]是二义的。

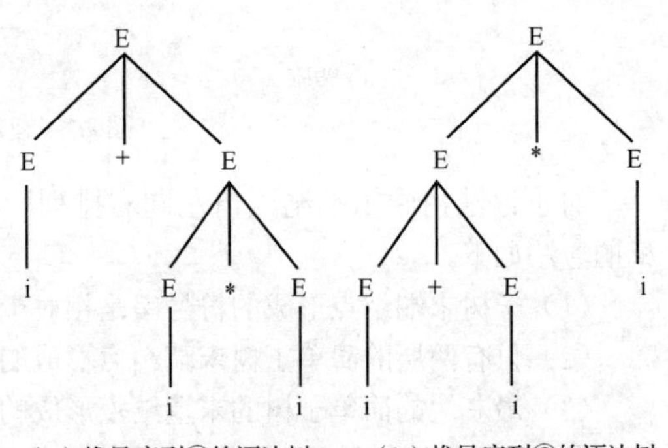

（a）推导序列①的语法树 （b）推导序列②的语法树

图 2.3 例 2.25 中两棵不同的语法树

例 2.26 在不少高级语言中，在描述条件语句（if 语句）时，使用文法 G[C]，其规则 P 为

C∷=if b C

C∷=if b C else C

C∷=S

其中 C 是开始符号，b 代表布尔表达式，S 代表语句。显然，句子

if b if b S else S

存在两种不同的最右推导：

① C⇒if b C⇒if b if b C else C

⇒if b if b C else S⇒if b if b S else S

② C⇒if b C else C⇒if b C else S

⇒if b if b C else S⇒if b if b S else S

其两棵不同的语法树如图 2.4 所示。

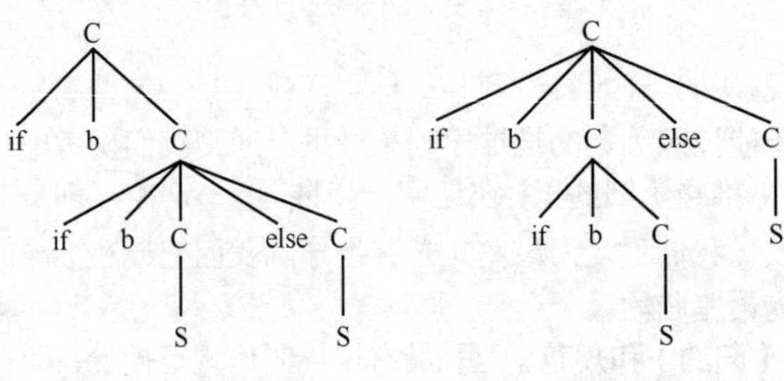

（a）推导序列①的语法树 （b）推导序列②的语法树

图 2.4 例 2.26 中两棵不同的语法树

二义性文法的存在，使得我们在语法分析时可能遇到麻烦。我们可以采用两种途径来解决文法二义性的问题。

（1）在语义上加些限制，或者说加一些非语法形式的规定。

例如，对于例 2.25 中的文法 G[E]，我们可以通过规定运算符优先级来避免文法的二义性；对于例 2.26 中的条件语句文法 G[C]，我们可以规定 else 永远与最靠近它的不带 else 的 if 配对，这样就避免了文法二义性。

（2）对原二义性文法加上一定条件，将其改造成一个等价的无二义性文法。例如，对于例 2.25 中的文法 G[E]，可以构造出一个无二义性文法 G'[E]：E∷=T|E+T　T∷=F|T*F　F∷=(E)|i。对于 i+i*i，G'[E]存在唯一的推导过程：E⇒E+T⇒T+T⇒F+T⇒i+T⇒i+T*F⇒i+F*F⇒i+i*F⇒i+i*i。

已经证明，不存在一种算法能在有限的步骤内确切地判定一个文法是否有二义性。

定义 2.25（语言的二义性） 若产生某语言的文法都是二义性文法，则称该语言为二义性语言，也称之为先天二义性。

对于由二义性文法描述的语言，有时可以找到等价的无二义性文法描述它，如上述文法 G[E] 和 G'[E]。

2.4　文法和语言的分类

1．文法的乔姆斯基分类

根据对文法 $G = (V_N,V_T, P, S)$的产生式集合 P 中的规则施加的不同限制条件，乔姆斯基（Chomsky）将文法分为 0 型、1 型、2 型和 3 型四种类型，通常称之为乔姆斯基体系。

定义 2.26（0 型文法） 文法 G 的产生式集合 P 中的每个产生式都满足$\alpha \to \beta$，其中$\alpha \in (V_N \cup V_T)^+$，且至少含有一个 V_N 中的非终结符号，$\beta \in (V_N \cup V_T)^*$，则文法 G 称为 0 型文法或短语结构文法（Phrase Structure Grammar，PSG）。

从定义 2.26 可以看出，0 型文法产生式对产生式左部和右部基本上没有加额外的限制条件，α和β都是由文法的终结符号和非终结符号组成的符号串，且β可能为空符号串，而α不允许为空，即允许$|\alpha|>|\beta|$。

由 0 型文法产生的语言称为 0 型语言或短语结构语言（Phrase Structure Language，PSL）。

下面给出一个 0 型文法的示例。

例 2.27　设文法 $G = (V_N, V_T, P, S)$，其中

V_N={S, A, B, C, D, E}

V_T={a}

P:　S∷=ACaB　　Ca∷=aaC

　　CB∷=DB　　CB∷=E

　　aD∷=Da　　AD∷=AC

　　aE∷=Ea　　AE∷=ε

这是一个 0 型文法，它所产生语言为 $L(G) = \{a^i | i$ 是 2 的正整数次方$\}$，即 L(G) = {aa, aaaa, aaaaaaaa,…}。

定义 2.27（1 型文法） 文法 G 的产生式集合 P 中的每个产生式都满足下列形式：

$$\alpha A\beta \to \alpha\omega\beta，其中\alpha, \beta \in (V_N \cup V_T)^*，A \in V_N，\omega \in (V_N \cup V_T)^+$$

则文法 G 称为 1 型文法或上下文有关文法（Context-Sensitive Grammar，CSG）。

之所以称其为上下文有关文法，是因为非终结符号 A 只有在α和β这样的上下文环境中才能替换成ω。从定义 2.27 可以看出，产生式右部不允许出现空符号串。通常可以将这种条件放宽，允许 1 型文法中有形如 $S \to \varepsilon$的产生式，但这种情况下就要求 S 不能再出现在任何产生式右部。

由 1 型文法产生的语言称为 1 型语言或上下文有关语言（Context-Sensitive Language，CSL）。

下面给出一个 1 型文法的示例。

例 2.28 设文法 $G=(V_N, V_T, P, S)$，其中

$V_N=\{S, B, C\}$ $V_T=\{a, b, c\}$

P: S∷=aSBC S∷=aBC CB∷=AB AB∷=AC AC∷=BC

aB∷=ab bB∷=bb bC∷=bc cC∷=cc

这是一个 1 型文法，它所产生的语言为 $L(G) = \{a^nb^nc^n|n\geqslant1\}$。

定义 2.28（2 型文法） 文法 G 的产生式集合 P 中的每个产生式都满足下列形式：

$$A\to\omega，其中\ A\in V_N，\omega\in(V_N\cup V_T)^*$$

则文法 G 称为 2 型文法或上下文无关文法（Context-Free Grammar，CFG）。

之所以称其为上下文无关文法，是因为利用规则将非终结符号 A 替换成ω时不需要考虑α和β这样的上下文环境。

由 2 型文法产生的语言称为 2 型语言或上下文无关语言（Context-Free Language，CFL）。大部分程序设计语言的文法近似于 2 型文法。

例 2.29 设文法 $G = (V_N, V_T, P, S)$，其中

$V_N=\{S\}$ $V_T=\{a, c\}$

P: S∷=aSc S∷=ac

这是一个 2 型文法，它所产生的语言为 $L(G) = \{a^nc^n|n\geqslant1\}$。

定义 2.29（3 型文法） 3 型文法有右线性文法和左线性文法两种形式。

右线性文法中，产生式集合 P 中的每个产生式都具有如下形式：$A\to a$ 或 $A\to bB$，其中 $A, B\in V_N$，$a\in V_T$，$b\in V_T$。

左线性文法中，产生式集合 P 中的每个产生式都具有如下形式：$A\to a$ 或 $A\to Bb$，其中 $A, B\in V_N$，$a\in V_T$，$b\in V_T$。

3 型文法也称为正规文法或正则文法（Regular Grammar，RG），这是因为凡是能用 3 型文法产生的语言一定能够用正规表达式描述。这部分内容将在第 3 章详细介绍。

由 3 型文法产生的语言称为 3 型语言或正规语言（Regular Language，RL）。

例 2.30 设文法 $G = (V_N, V_T, P, S)$，其中

$V_N= \{S\}$ $V_T= \{d\}$

P: S∷=d S∷=Sd

这是一个 3 型文法，它所产生的语言为 $L(G) = \{d^n|n\geqslant1\}$。如果 d 代表任一数字，则该文法将产生无符号整数。

0 型文法和 1 型文法在高级程序设计语言中很少使用，很多高级语言的语法结构都使用 2 型文法来描述，而词法结构使用 3 型文法来描述。因此，本书的后续章节涉及的几乎都是 2 型文法和 3 型文法。

乔姆斯基通过对文法的规则加更多的限制条件将文法分为四大类。最基本的是 0 型文法，读者可以将它理解为其他所有文法的基础。后面的三种文法分别对 0 型文法产生式的两边做了不同的限制。因此，每一种正规文法都是上下文无关文法，每一种上下文无关文法都是上下文有关文法，每一种上下文有关文法又都是 0 型文法。我们在判断一个文法时应该遵循什么准则呢？这个准则是 3→2→1→0。也就是说，我们的判断是从高到低来进行的。例如，一旦判断某文法属于正规文法，就没必要再判断其是否属于上下文无关文法了，因为它必定属于上下文无关文法。其他情况依此类推。只有当我们判断某文法不属于 3 型文法时，我们才向下判断其是不是属于 2 型文法，若不属于 2 型文法，则再向下判断。如果该文法不属于后三种文法，那它就是 0 型文法。

由于将文法分成四种类型是通过逐渐增加对规则的限制条件而完成的，因此，由四种文法定义的语言是依次缩小的。如果分别用 L_0、L_1、L_2 和 L_3 表示 0 型语言、1 型语言、2 型语言和 3 型语言，则有 $L_0\supset L_1\supset L_2\supset L_3$。

2．文法与自动机

语言是字母表上的符号串所组成集合的子集，即句子的集合。除了使用文法定义相应的语言外，还可以从识别句子的角度出发，设计一种模型。这种模型以字母表上的符号串为输入，判断该符号串是否为该语言的句子，如果是，则接受它，反之，则拒绝接受。我们将这种模型称为自动机。自动机给出了以有穷的方式来描述无穷的语言的另一种手段。理论上已经证明，L_0、L_1、L_2和L_3四种语言正好有一类自动机与之对应，如表 2.1 所示。

表 2.1　文法与自动机

文法类型	文法名称	自动机名称
0	短语结构文法	图灵机
1	上下文有关文法	线性界限自动机
2	上下文无关文法	下推自动机
3	正规文法	有穷状态自动机

本书主要讨论 2 型语言、3 型语言及相应的自动机，将在第 3 章、第 4 章分别阐述。读者如果对其他两类语言及相应的自动机感兴趣，可以参阅形式语言和自动机理论方面的书籍。

3．文法实用性限制

对于 2 型文法和 3 型文法，从实用的角度增加以下两条限制。

（1）文法中不能包含 A∷=A 这样的产生式。因为这样的规则显然是没有必要的，并且包含这种规则的文法一定是二义性文法，所以应该删除。

（2）每个非终结符号 A 必须在某个句型中出现，即 $S\Rightarrow^*\alpha A\beta$，其中$\alpha, \beta\in(V_N\cup V_T)^*$，即非终结符号 A 必须在其他任一规则右部出现（文法开始符号 S 除外），否则 A 是无法到达的；同时要求非终结符号 A 必须能够推导出终结符号串，即 $A\Rightarrow+t$，其中 $t\in V_T^*$，否则 A 是无法终止的。

如果非终结符号 A 不能满足上述条件，则以 A 为左部的那些规则不能在任何推导中使用，此时包含 A 的规则都是多余的规则，应该删除。

满足上述两个限制条件的文法称为压缩过文法。

例 2.31　设文法 G[S]：

S∷=Bd　　A∷=Sd|d　　B∷= Cd|Ae　　C∷=Ce　　D∷=e

在该文法中，因为非终结符号 D 不出现在任何规则右部，所以删除有关 D 的规则 D∷=e；又因为非终结符号 C 推导不出终结符号串，因此有关 C 的规则 B∷= Cd 和 C∷=Ce 也应该删除。

删除多余规则后的文法变为

S∷=Bd　　A∷=Sd|d　　B∷=Ae

2.5　文法的其他表示法

在前面我们介绍了文法的形式定义，对于形式定义中的规则，我们用 BNF 来表示。除了 BNF 外，还可以用其他方法来表示文法。

1．扩充的 BNF

文法的 BNF 表示使用了 4 个元语言符号：<，>，∷=，|。扩充的 BNF 除了使用上述 4 个元语言符号外，还引入了 6 个元语言符号：{，}，[，]，(，)。和普通括号一样，这 6 个符号在文法中是两两成对出现的。下面简单介绍这些符号的用法。

（1）花括号 { }

① $\{t\}^n_m$ 表示符号串 t 可出现 m 次、m+1 次、m+2 次，……，直到 n 次。

② $\{t\}^n$ 表示符号串 t 不出现或至多出现 n 次。

③ $\{t\}_m$ 表示符号串 t 至少出现 m 次。

④ {t}表示符号串 t 不出现或出现任意多次。

例 2.32 用扩充的 BNF 表示下列文法规则：

S∷=a　　S∷=Sd

引入花括号，用扩充的 BNF 表示上面的文法规则：

S∷=a{d}

采用花括号表示文法，除能方便地表示重复次数外，还能消除文法中的左递归，这在自顶向下语法分析时是十分奏效的。

（2）方括号 [ ]

方括号用来表示可供选择的符号串，即[t]= ε 或 t。

例 2.33 关于<语句>的 BNF 如下：

<语句>∷=<变量>=<表达式>|IF<布尔表达式> <语句>|IF<布尔表达式> <语句>ELSE<语句>

<变量>∷=i|i(<表达式>)

引入方括号以后，可用扩充的 BNF 表示如下：

<语句>∷=<变量>=<表达式>|IF<布尔表达式> <语句>[ELSE<语句>]

<变量>∷=i[(<表达式>)]

（3）圆括号 ( )

引入圆括号以后，可以在规则中提取因子，但是要注意，不要把元语言符号圆括号和规则中出现的“(”和“)”终结符号相混。

例 2.34 文法规则 Z∷=AB|AC 可以表示成 Z∷=A(B|C)，规则含义不变。

又如：

A∷=BYX|BYC|BD

可表示为

A∷=B(YX|YC|D)

还可表示为

A∷=B((Y(X|C))|D)

2．语法图

用图形表示的语言文法结构称为语法图。语法图比 BNF 更直观，更形象。

语法图一般由下面三种符号组成：

□：矩形，表示文法的非终结符号。

○：圆形，表示文法的终结符号。

⟶：流向线，表示文法规则的路径。

例 2.35 A∷=BC 对应的语法图如图 2.5 所示。

<标识符>∷=（<字母> |<下画线>）{<字母>|<数字> |<下画线>}对应的语法图如图 2.6 所示。

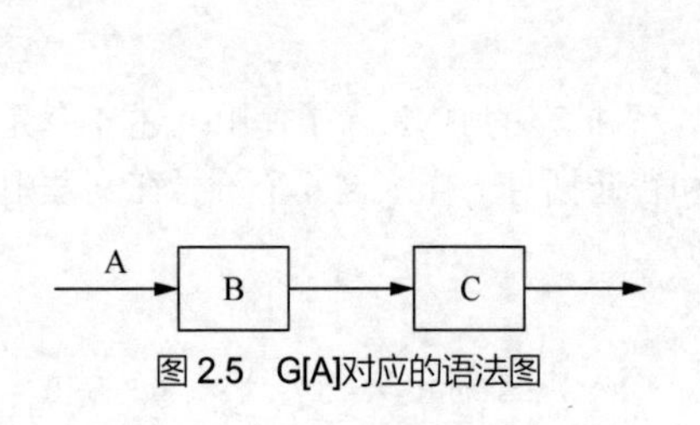

图 2.5　G[A]对应的语法图

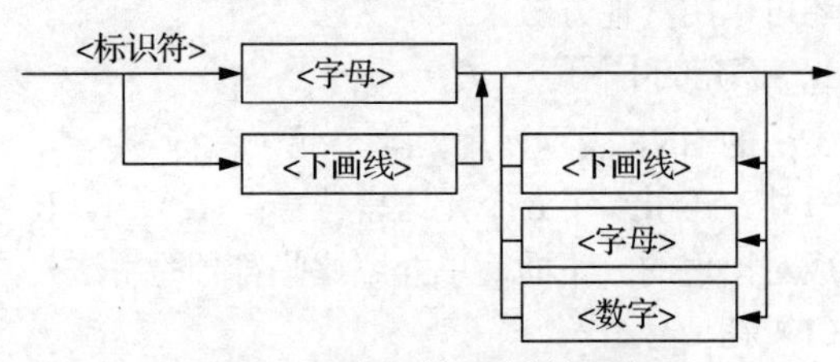

图 2.6　G[<标识符>]对应的语法图

2.6 C--语言的形式定义

为了弥补编译技术原理和编译程序具体实现之间的巨大鸿沟，将后续章节所介绍的编译原理和具体的编译程序开发有机地结合起来，此处选取 C++语言规范的子集，定义一个被称为 C--语言的小型语言。C--语言可以完成 C++语言的部分功能。

C--语言是 C++语言的一个非常简单的子集（输入和输出采用了简化方式），可以从键盘上输入整数串，进行整数的加法和乘法运算，并将计算结果输出。用文法 BNF 描述 C--语言的文法规则如下：

<程序>∷=void main() <语句块>

<语句块>∷={<语句串>}

<语句串>∷=<语句串><语句>|ε

<语句>∷=<赋值语句>|<输入语句>|<输出语句>

<赋值语句>∷=<标识符> = E;

<标识符>∷=<字母>|_|<标识符><字母>|<标识符>_|<标识符><数字>

<整数>∷=<整数串><数字>|<数字>

<整数串>∷=<整数串><数字>|<非 0 数字>

<非 0 数字>∷=1|2|3|…|9

<数字>∷=0|<非 0 数字>

<字母>∷= A|B|C|…|Z|a|b|c|…|z

E∷=T|E+T

T∷=F|T*F

F∷= (E)|<标识符>|<整数>

<输入语句>∷=cin>><标识符>;

<输出语句>∷=cout<<<标识符>;

<界限符>∷=;|{|}

<运算符>∷=*|+

下面给出三组合法的句子（其中省略了一些推导步骤）：

（1）

<程序>⇒void main() <语句块>⇒ void main(){<语句串>}⇒ void main(){}

（2）

<程序>⇒void main() <语句块>⇒ void main(){<语句串>}⇒ void main(){<输入语句>}
⇒ void main(){cin>><标识符>;}⇒ void main(){cin>><标识符><数字>;}⇒ void main(){cin>><字母><数字>;}⇒ void main(){ cin>>a3; }

（3）

<程序>⇒* void main(){<语句串><语句串><语句串><语句>} ⇒* void main(){<输入语句><输入语句><赋值语句><输出语句>}⇒*void main()

```
{
    cin>>a3;
    cin>>a4;
    a5=a4+a3*a4;
    cout<<a5;
}
```

2.7 应用案例

典型的程序设计语言中都使用括号，并且一般都是嵌套地、匹配地使用。换句话说，找到一个左括号和一个在它后面且紧跟着它的右括号，同时去掉它们，重复这个过程，最终应该能够去掉所有的括号。如果在这个过程中找不到一对匹配的括号了，那么这个串中的括号就是不匹配的。括号匹配的串如(())、()()、(()())和 ε，不匹配的如)(和(()。

可以用一个上下文无关文法 G[B] = ({B}, {(,)}, P, B)产生匹配的圆括号串（包括空串，即没有括号的情况），其中 P 包含如下产生式：

$$B \rightarrow BB|(B)|\varepsilon$$

第一个产生式 $B \rightarrow BB$ 的内涵：把两个括号匹配的串连接起来，得到的串仍然是括号匹配的。第二个产生式 $B \rightarrow (B)$的内涵：把一个括号匹配的串用一对括号括起来，得到的串仍然是括号匹配的。第三个产生式 $B \rightarrow \varepsilon$ 是基础，其内涵为空串是括号匹配的。因此，文法 G[B]所产生的语言恰好是一切匹配的圆括号串的集合。

常用的程序设计语言中有很多结构和圆括号匹配很相似。例如，一个代码块的开始和结束，像 Pascal 语言中的“begin”和“end”，C 语言中的花括号“{”和“}”，它们在整个程序中必须是匹配的。

2.8 本章小结

本章是“编译原理”课程的理论基础，介绍了形式语言的基本概念和理论：首先介绍了符号串的基本概念及有关运算（连接运算、幂运算和闭包运算等），这是理解形式语言的前提；其次引入了文法的概念，它可以形式化地表示为一个四元组 $G = (V_N, V_T, P, S)$，可以通过规则推导从而确定它所产生的语言；再次，由句型和句子的概念，引出了推导、归约、语法树等定义，通过构造语法树，可以很容易地辨别给定句型的短语、简单短语和句柄。本章的难点是乔姆斯基体系，即如何区分 0 型、1 型、2 型、3 型四类文法。本章最后给出了“C--”教学语言的语法规则的形式化描述和形式语言的应用案例。

习题

1．设 $T_1 = \{11, 010\}$，$T_2 = \{0, 01, 1001\}$，计算：T_2T_1，T_1^*，T_2^+。

2．令 $A = \{0, 1, 2\}$，写出集合 A^+和 A^*的 7 个最短符号串。

3．试证明：$A^+ = AA^* = A^*A$。

4．设有文法 G[S]:

S∷=A

A∷=B|i A t A e A

B∷=C|B+C|+C

C∷=D|C*D|*D

D∷=x|(A)|-D

试写出 V_N 和 V_T。

5．设有文法 G[S]：

S∷=aAb

A∷=BcA|B

B∷=idt|ε

试问下列符号串是否为该文法的句型或句子。

（1）aidtcBcAb

（2）ab

（3）adibt

（4）aidtcidtcidtb

6．给定文法：

S∷=aB|bA

A∷=aS|bAA|a

B∷=bS|aBB|b

该文法所描述的语言是什么？

7．试分别描述下列文法所产生的语言（文法开始符号为 S）。

（1）S∷=0S|01

（2）S∷=aaS|bc

（3）S∷=aSd|aAd

A∷=aAc|bc

（4）S∷=AB

A∷=aAb|ab

B∷=cBd|ε

8．试分别构造产生下列语言的文法。

（1）$\{ ab^na|n = 0,1,2,3,\cdots\}$

（2）$\{ a^nb^n|n = 1,2,3,4,\cdots\}$

（3）$\{ aba^n|n\geqslant 1\}$

（4）$\{ a^nba^m|n, m\geqslant 1\}$

（5）$\{ a^nb^mc^p|n,m,p\geqslant 0\}$

（6）$\{ a^mb^mc^p|m,p\geqslant 0\}$

9．设文法 G 规则为

S∷=AB

B∷=a|Sb

A∷=Aa|bB

对下列句型给出推导语法树，并求出其句型短语、简单短语和句柄。

（1）baabaab

（2）bBABb

10．分别对 i+i*i 和 i+i+i 中每一个句子构造两棵语法树，从而证明文法 G[<表达式>]是二义的。

<表达式>∷=i|(<表达式>)|<表达式><运算符><表达式>

<运算符>∷=+|−|*|/

11．证明下述文法是二义的。

（1）S∷=iSeS|iS|i

（2）S∷=A|B

A∷=aCbA|a

B∷=BCC|a

C∷=ba

12．令文法 N∷=D|ND

D∷=0|1|2|3|4|5|6|7|8|9

给出句子 0127、34、568 的最左推导和最右推导。

13．下述文法是短语结构文法，上下文有关文法，上下文无关文法，还是正规文法？

（1）S∷=aB　　B∷= cB　　B∷=b　　C∷=c

（2）S∷=aB　　B∷=bC　　C∷=c　　C∷=ε

（3）S∷=aAb　　aA∷=aB　　aA∷=aaA　　B∷=b　　A∷=a

（4）S∷=aCd　　aC∷=B　　aC∷=aaA　　B∷=b

（5）S∷=AB　　A∷=a　　B∷=bC　　B∷=b　　C∷=c

（6）S∷=AB　　A∷=a　　B∷=bC　　C∷=c　　C∷=ε

（7）S∷=aA　　S∷= ε　　A∷=aA　　A∷=aB　　A∷=a　　B∷=b

（8）S∷=aA　　S∷= ε　　A∷=bAb　　A∷=a

14．给出产生语言 L(G) = {W|W∈{0, 1}$^+$且 W 不含相邻 1}的正规文法。

15．给出一个产生语言 L(G) = {W|W∈{a, b}*且 W 中 a 的个数是 b 的个数两倍}的上下文无关文法。

16．用扩充的 BNF 表示以下文法规则。

（1）Z∷=AB|AC|A

（2）A∷=BC|BCD|AXZ|AXY

（3）S∷=aABb|ab

（4）A∷=Aab|ε

17．判断题

（1）由递归文法产生的语言集合一定是无限集合。　（　　）

（2）文法 G[S]:　S∷=aCd　aC∷=B a　C∷=aaC　B∷=b 是上下文有关文法。　（　　）

（3）直接推导"=>"的长度为 1，推导"=>+"的长度≥1，而广义推导"=>*"的长度≥0。（　　）

（4）如果一个文法是上下文无关文法，那么它一定不是上下文有关文法。　（　　）

（5）某文法是二义的，该文法对应的语言一定是二义的。　（　　）

（6）规范归约又称为最右归约。　（　　）

（7）一个语言可以用多个文法来描述。　（　　）

（8）句子也是句型。　（　　）

（9）字汇表中的某个符号不可能既是终结符号又是非终结符号。　（　　）

（10）每个简单短语都是某条产生式的右部。　（　　）

（11）设 A 是符号串集合，则 A^0={}。　（　　）

（12）正规文法所对应的自动机是图灵机。　（　　）

第3章

词法分析

单词是语言中具有独立含义的最小语法单位。正如我们阅读一篇英文文献是从理解每个单词的意思开始的，编译程序也是首先在单词的基础上对源程序进行分析处理。词法分析是编译过程的第一阶段，其主要任务是识别单词。

通常将编译程序中完成词法分析任务的程序段称为词法分析程序、词法分析器或词法扫描器。本章主要讨论词法分析器设计和实现的有关问题，包括手工方式实现所涉及的正规文法与状态转换图问题，以及自动构造过程所涉及的正规表达式和有穷自动机问题。

3.1 词法分析概述

3.1.1 词法分析的任务

第 1 章已经指出，词法分析程序的主要功能是从左到右地依次读入源程序的字符，根据所读入字符和该语言的词法规则识别出一个个单词。具体来说，词法分析程序的主要任务包括以下几个方面。

（1）消除无用字符。对源程序文本进行处理，消除源程序文本中的注释、空格、换行符及其他一切对语法分析和代码生成无用的信息。

（2）识别单词。扫描源程序的一个个字符，按照语言的词法规则，识别出各类有独立意义的单词。

（3）对识别出来的单词进行内部编码。将长度不一、种类不同的单词用长度统一、格式规整、分类清晰的内部编码表示。

（4）建立各种表格（如名字特征表、常数表等）。

例 3.1 分析以下 C 语言程序。

```
void main()
{
    float a, b;
    a=3.0;
    b=5.4;
    a=a+b;
}
```

词法分析程序将剔除那些不影响程序语义的注释、无用的空格和回车等符号，识别出这些单词：void、main、(、)、{、float、a、,、b、;、a、=、3.0、;、b、=、5.4、;、a、=、a、+、b、;}。

编译程序实现词法分析有两种方案。

（1）将词法分析放在单独的一遍扫描中完成。此时可将词法分析程序输出的单词流存放在一个中间文件上，将这个文件作为语法分析程序的输入，如图 3.1 所示。这种方案结构清晰，各遍功能单一，但由于要读写和保存中间文件，因此编译的效率较低。

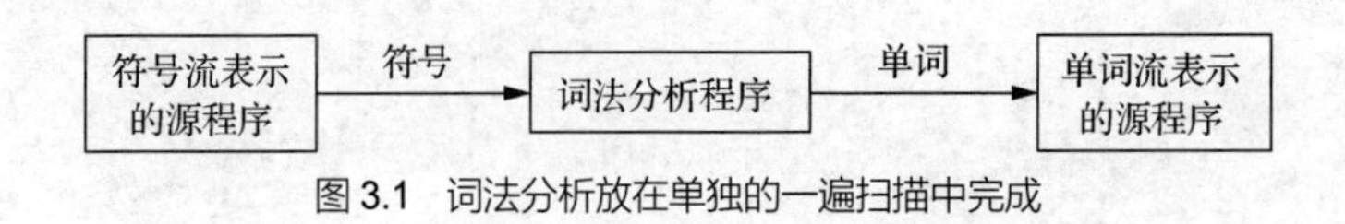

图 3.1 词法分析放在单独的一遍扫描中完成

（2）将词法分析和语法分析放在同一遍扫描中完成，如图 3.2 所示。通常将词法分析程序设计成一个子程序，供语法分析程序随时调用。每调用一次，从源程序字符串中读出一个具有独立意义的单词。采用这种结构避免了中间文件的读写，可以提高编译程序的工作效率。

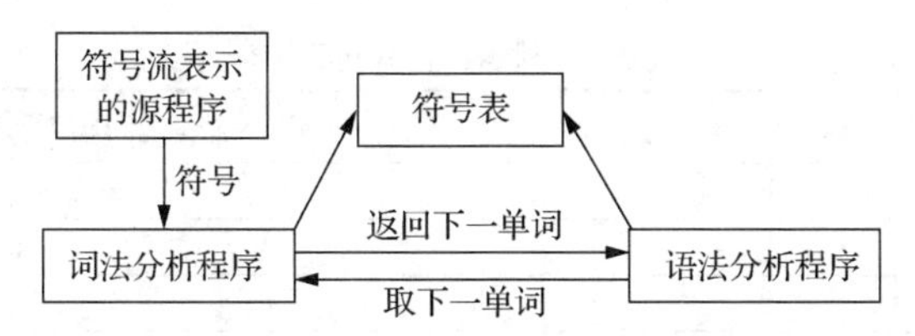

图 3.2　词法分析程序作为语法分析程序的子程序处理

词法分析程序完成“字符流”到“单词流”的等价转换。字符流与被编译的语言密切相关（例如，C 语言的字符流由 ASCII 码组成），“单词流”就是编译程序内部定义的数据结构。

3.1.2　单词的分类与表示

根据单词在程序设计语言中所起的作用不同，通常可以将单词分为如下几种类型。

（1）关键字（Key Word），也称为基本字（Basic Word），往往起到标识的作用。例如，Pascal 语言中标识一个程序开始的关键字是 program，标识一个复合语句开始的关键字是 begin；C 语言中标识 for 循环语句开始的关键字是 for，void 标识空值；等等。如果这些关键字在程序中只能作为某些规定的标志，而不可以有其他用途（例如，不可以做变量名，甚至不能做变量名的前缀等），则将它们称为保留字（Reserved Word）。

（2）界限符（Separator），也称为分界符，包括逗号、分号和各种括号等。

（3）运算符（Operator），可分为算数运算符（+、−、*、/等）、逻辑运算符（not、and、or 等）和关系运算符（==、<、>等）等。

（4）标识符（Identifier），用来表示各种名字，如变量名、函数名和数组名等。

（5）常数（Constant），分为整常数、实常数、符号串常量等，如 35、3.14 和"kid"等。

一个程序设计语言的单词如何分类，本身没有特别的规定，纯属技术问题。不同的语言可以有不同的分类方式，主要以具体处理时方便为准。

以上五种类型中的前三种（关键字、界限符和运算符）都是设计该语言之初就预先定义的，所以它们的数量是固定的，标识符和常数则由程序设计人员根据具体的需要自行定义，其数量虽然不是无穷的（基于形式语言的理论，很多程序设计语言支持产生无穷多个标识符和常数，但在实际中受机器字长的限制），但也是巨大的。

为了便于处理已经识别的单词，编译程序通常会按照一定的方式对单词进行分类和编码。如何对单词进行分类和编码，本身也没有特别的规定，但为了编译程序处理上方便，通常将单词内部编码分成两部分：类别编码和单词自身编码。这两部分被表示成二元组的形式：(类别编码,单词自身编码)。单词的类别编码通常用整数表示，可以采用以下两种编码原则。

（1）一类一种：根据单词的几大种类，为每一种类分配一个类别编码。例如，例 3.1 中，可以将关键字编码为 1，运算符编码为 2，界限符编码为 3，标识符编码为 4，常量编码为 5。

（2）一字一种：对于在设计语言之初就能确定下来具有特定含义的每个关键字、运算符和界限符，分别指定相应的编码。例如，将 Pascal 语言中的“and”编码为 1，“for”编码为 12，“(”编码为 50。

单词自身编码也被称为单词的属性值，用来刻画单词符号的特性或特征，将同一种类的单词区别开来。关键字、运算符、界限符等专用符号在语言设计之初就确定不会发生变化，因此其属性值可以采用固定的编码；而对于标识符、常量等变化的单词，可以采用其在相应的名字特征表、常量表中的相对地址码作为其单词的属性值。

按照一类一种的编码原则，例 3.1 中的单词经过内部编码得到二元组序列（关键字及运算符、界限符用自身值代替其编码），如表 3.1 所示。

表 3.1 例 3.1 中单词的编码结果

单词	类别编码	单词自身编码
void	1	void
main	1	main
(	3	(
)	3	)
{	3	{
float	1	float
a	4	名字特征表中的相对地址
,	3	,
b	4	名字特征表中的相对地址
;	3	;
=	2	=
3.0	5	常量表中的相对地址
5.4	5	常量表中的相对地址
+	2	+
}	3	}

3.2 手动编写词法分析程序

3.2.1 单词的描述——正规文法与状态转换图

第 2 章已经指出，许多程序设计语言的单词可以用乔姆斯基 3 型文法（正规文法）来描述。由形式语言和自动机理论可知，正规文法所描述的语言可以用有穷自动机来识别。为了简化问题，本节首先介绍有穷自动机的非形式化表示——状态转换图（3.3 节将引入有穷自动机的形式化描述），并讨论如何利用状态转换图识别和分析单词，构造词法分析程序。

1．状态转换图

状态转换图是设计词法分析程序的一种有效工具。状态转换图实际上是一个有限方向图：图中结点代表状态，用圆圈表示；状态之间由有向边连接，有向边上标记某个符号，其含义是某一状态下，如果当前的输入符号是有向边上标记的符号，则转换到另一状态或留在原状态。如图 3.3 所示，在 0 状态下，如果词法分析程序读入符号 a，则跳转到状态 1；如果读入的是符号 b，则跳转到状态 2。在状态 1 下，如果词法分析程序读入符号 d，则跳转到状态 3。在状态 2 下，如果词法分析程序读入符号 c，则跳转到状态 1。

一张状态转换图只能包含有限个状态，且其中至少有一个初始状态（简称初态）、一个终止状态（简称终态用双圆圈表示）。在图 3.3 中，状态 0 为初始状态，状态 3 为终止状态。

一个状态转换图可以用于识别（接受）某些字符串。例如，识别 C 语言标识符的状态转换图如图 3.4 所示（这里暂时不考虑标识符的长度限制）。其中，S 为初态，Z 为终态。这个状态转换图识别（接受）标识符的过程：从初态 S 开始，若编译器扫描到了一个字母或下画线，则读入该字母或下画线，并转入状态 1；在状态 1 下，若编译器又扫描到了一个字母或下画线或数字，则仍然读进它，并再次进入状态 1，重复这个过程，直到在状态 1 下发现编译器扫描到的符号不再是字母或下画线或数字时，进入状态 Z。状态 Z 是终态，它意味着到此已识别出一个 C 语言的标识符，识别过程宣告终止。终态 Z 的右上角有一个星号，这表示读进了一个不属于标识符的符号（如界限符、空格等），应把它退还给输入串，用于识别下一个单词。

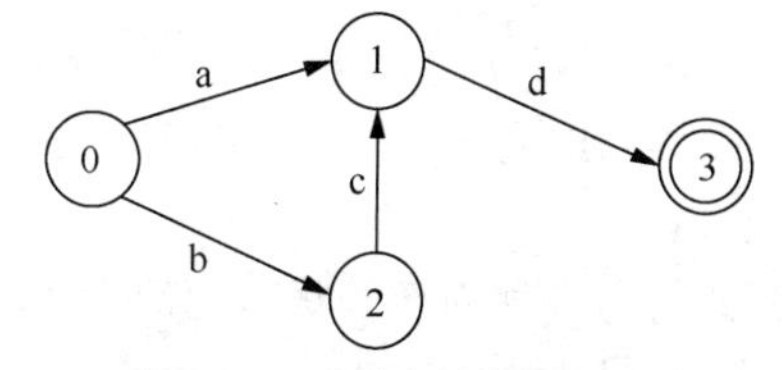

图 3.3　一个状态转换图的例子

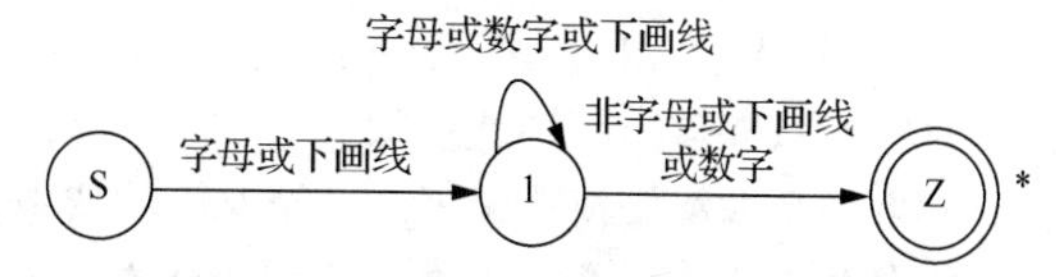

图 3.4　用以识别 C 语言标识符的状态转换图

我们在第 2 章中学习了正规文法，包含左线性文法和右线性文法。词法规则往往可以采用正规文法来构造，而状态转换图恰恰又可用于识别单词，因此它们之间实际存在“等价”关系。下面阐释如何将正规文法转换为状态转换图。

2．由左线性文法构造状态转换图

令文法 $G=(V_N,V_T,P,Z)$是一个左线性文法，并假设$|V_N|=n$，则构造出的状态转换图共有 n+1 个状态，其对应的状态转换图构造步骤如下（其中，$U,B\in V_N$，$a,c\in V_T$）。

（1）将每个非终结符号设置成一个对应的状态，文法的开始符号 Z 所对应的状态为终止状态。

（2）在图中增加一个结点 S 作为初始状态，S 并非文法中的符号。

（3）对于 G 中形如 $U\to a$ 的规则，从初始状态 S 向状态 U 引一条箭弧，并标记为 a。

（4）对于 G 中形如 $U\to Bc$ 的规则，从状态 B 向状态 U 引一条箭弧，并标记为 c。

例 3.2　设有左线性文法 $G=(V_N,V_T,P,Z)$，$V_N=\{Z,A,B\}$，$V_T=\{0,1\}$，其中 P：

$$Z\to A0|B1 \qquad A\to Z1|1 \qquad B\to Z0|0$$

根据上述规则，该文法对应的状态转换图如图 3.5 所示。

我们利用图 3.5 很容易识别出字符串 x 是否为该文法的句子（单词）。从初始状态 S 出发，按与 x 余留部分中最左字符相匹配的原则，游历状态转换图，直到 x 读入最后一个符号为止。如果这时恰好到达状态 Z（即文法的开始符号），则 x 是该文法所产生的句子（单词）之一，否则不是。

图 3.6 所示为识别字符串 101001 的过程。不难看出，这种识别过程采用了自底向上的归约分析方法。编译器每一步所读入的符号与读入该符号之前的状态编号所组成的串，恰好是当前句型的句柄，该句柄所归约的结果便是下一个状态（此归约对应了文法中的某一条产生式）。该归约过程对应的语法树如图 3.7 所示（语法树中标注的序号①到⑥分别对应了图 3.6 中的每个处理步骤）。

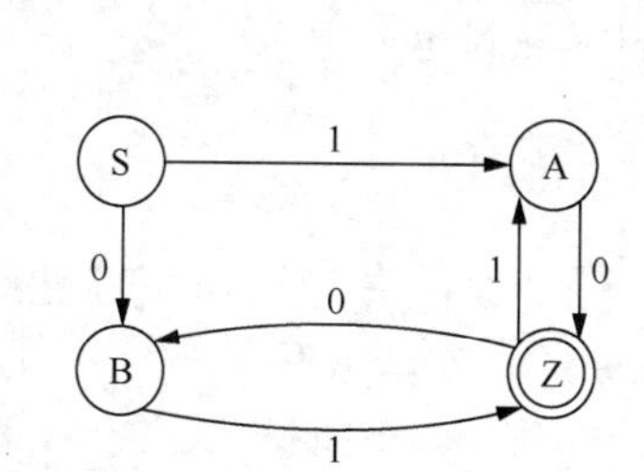

图 3.5　例 3.2 左线性文法对应的状态转换图

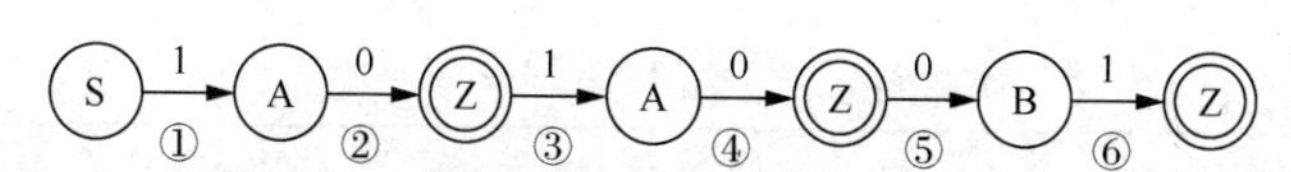

图 3.6　利用图 3.5 识别字符串 101001 的过程

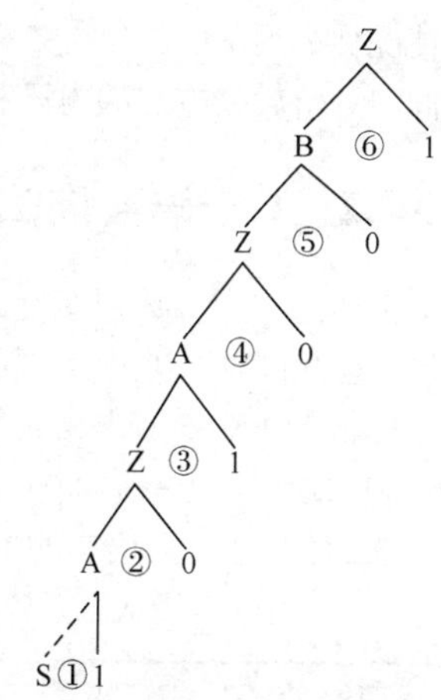

图 3.7　图 3.6 的识别过程所对应的语法树

实际上，图 3.5 所示的状态转换图所能接受的语言是$\{01,10\}^+$，即任意个数的“01”或“10”以任意次序组成的任意长度的非空符号串。

3．由右线性文法构造状态转换图

令文法 $G=(V_N,V_T,P,S)$是一个右线性文法，并假设$|V_N|=n$，则构造出的状态转换图共有 n+1 个状态，其对应的状态转换图构造步骤如下（其中，$U,B\in V_N$，$a,c\in V_T$）。

（1）将每个非终结符号设置成一个对应的状态，文法的开始符号 S 所对应的状态为初始状态。

（2）在图中增加一个结点 Z 作为终止状态，Z 并非文法中的符号。

（3）对于 G 中形如 $U\to a$ 的规则，从状态 U 向终止状态 Z 引一条箭弧，并标记为 a。

（4）对于 G 中形如 $U\to cB$ 的规则，从状态 U 向状态 B 引一条箭弧，并标记为 c。

例 3.3 设有右线性文法 $G[S]=(V_N,V_T,P,S)$，$V_N=\{S,A,B,C\}$，$V_T=\{0,1\}$，其中 P:

$$S\to 1A|0B \qquad A\to 0C|0 \qquad B\to 1C|1 \qquad C\to 0B|1A$$

根据上述规则，该文法对应的状态转换图如图 3.8 所示。

图 3.9 所示为利用图 3.8 识别字符串 101001 的过程。不难看出，这种识别过程采用了自顶向下的推导分析方法，其对应的是自顶向下构建语法树的过程，构造的语法树如图 3.10 所示。

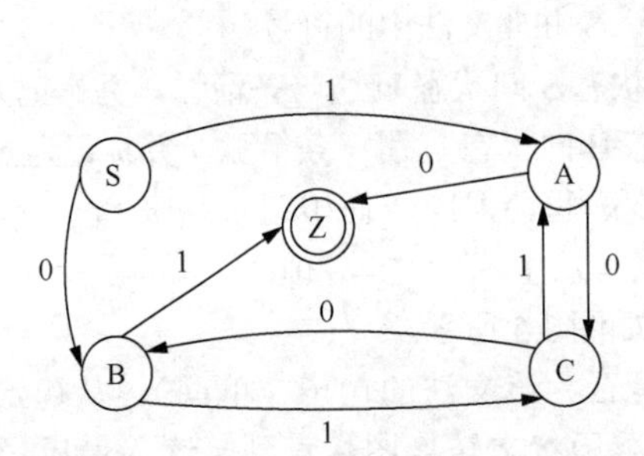

图 3.8 例 3.3 右线性文法对应的状态转换图

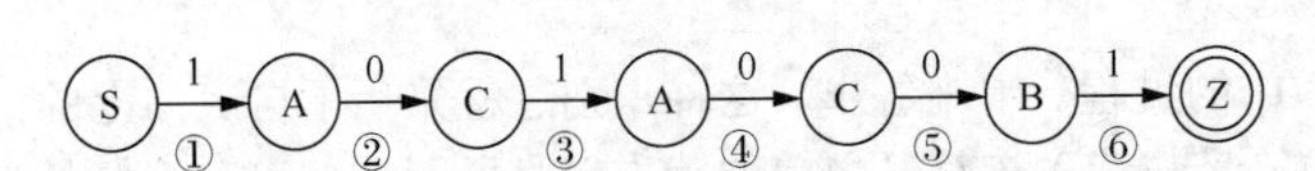

图 3.9 利用图 3.8 识别字符串 101001 的过程

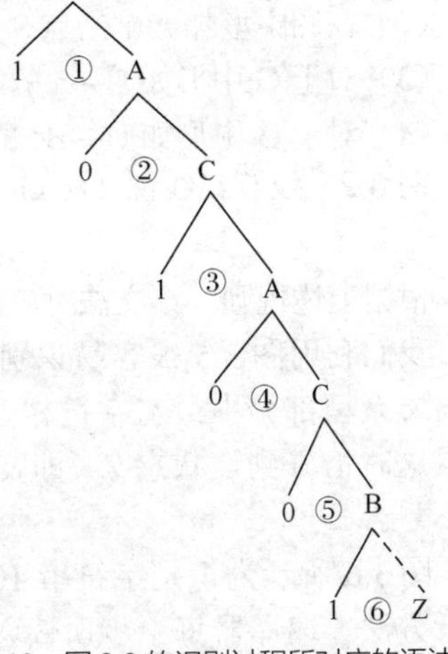

图 3.10 图 3.9 的识别过程所对应的语法树

不难看出，图 3.8 所示的状态转换图所能接受的语言也是$\{01,10\}^+$。也就是说，尽管例 3.2 和例 3.3 所示的文法不同，其对应的状态转换图也不同，但它们所接受的语言是完全相同的。我们可以将这种情况称为“左、右线性文法等价”“不同的状态转换图等价”“正规文法和状态转换图等价”。它们之间的等价转换方法的内涵和外延将在后续章节中详细讨论。

3.2.2 C--语言词法分析程序的设计与实现

如前所述，大多数程序设计语言的单词都可以用正规文法来生成，并可由此构造出相应的状态转换图。与此同时，利用状态转换图可以方便地判断某个字符串是不是一个合法的单词。由此可见，由状态转换图不难构造出相应程序设计语言的词法分析程序。下面我们通过一个简单例子来说明如何设计和实现一个 C++语言子集（即 C--语言）的词法分析程序。

表 3.2 给出了 C--语言的单词及编码。

表 3.2 C--语言的单词及编码

基本符号	类型	类型说明	编码（助记符）
void	1	关键字	$void
main	1	关键字	$main
cin	1	关键字	$cin

续表

基本符号	类型	类型说明	编码（助记符）
cout	1	关键字	$cout
{	2	界限符	$LEFT
}	2	界限符	$RIGHT
;	2	界限符	$COLON
+	3	运算符	$PLUS
*	3	运算符	$MULT
标识符	4	标识符	&ID
整常数	5	常量	&INT

根据文法：

<程序>∷=void main() <语句块>

<语句块>∷={<语句串>}

<语句串>∷=<语句串><语句>|ε

<语句>∷=<赋值语句>|<输入语句>|<输出语句>

<赋值语句>∷=<标识符> = E;

<标识符>∷=字母|_|<标识符>(<字母>|_|<数字>)

<整数>∷=<整数串><数字>|<数字>

<整数串>∷=<整数串><数字>|<非 0 数字>

<非 0 数字>∷=1|2|3|…|9

<数字>∷=0|<非 0 数字>

<字母>∷= A|B|C|…|Z|a|b|c|…|z

E∷=T|E+T

T∷=F|T*F

F∷=(E)|<整数>|<标识符>

<输入语句>∷=cin>><标识符>;

<输出语句>∷=cout<<<计算结果>;

<界限符>∷=;|{|}

<运算符>∷=*|+

可以画出该文法所对应的部分状态转换图，如图 3.11 所示。

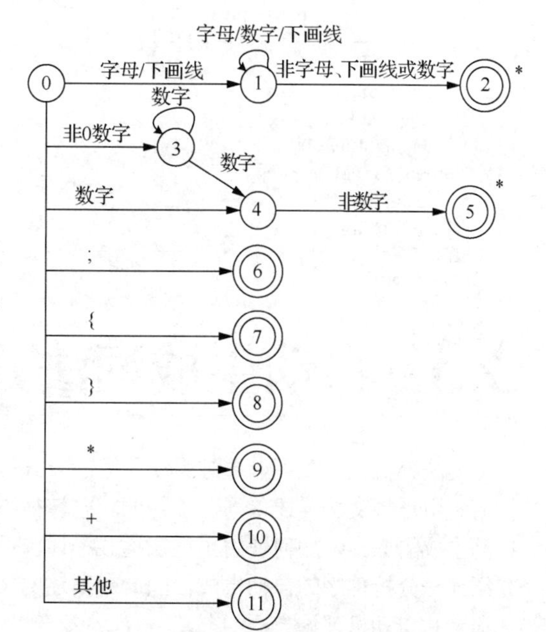

图 3.11　C--语言的单词文法所对应的部分状态转换图

有了状态转换图，就可以写出相应的词法分析程序。下面考虑把词法分析程序作为语法分析程序的一个子程序来构造，每当语法分析程序需要一个单词时就调用这个子程序。在此对保留字不专设状态转换图，只在识别出标识符后去查保留字表，以确定是保留字还是普通标识符。

下面我们根据图 3.11 来构造由表 3.2 给出的 C--语言的单词的词法分析程序。首先我们引入一些变量和过程。

（1）字符变量 char：存放新读入的源程序字符。

（2）字符数组 token：存放构成单词的字符串。

（3）过程 getchar：读入下一个源程序字符至 char，并把指向字符的指针后移一个位置。

（4）过程 getnbc：检查 char 中是否为空白字符，若是，则反复调用 getchar 直至 char 中读入的是一个非空白字符。

（5）过程 concat：将 char 连接到 token 后面。例如，假定 token 原来的值为'STUDENT'，而 char 中存放着'S'，则调用过程 concat 之后，token 的新值为'STUDENTS'。

（6）布尔函数 letter()：若 char 中字符为字母则返回 true，否则返回 false。

（7）布尔函数 digit()：若 char 中字符为数字则返回 true，否则返回 false。

（8）函数 reserve()：由 token 查保留字表，若 token 中字符串为保留字则返回其类别编码，否则返回值为 0。

（9）过程 retract：将指向字符的指针前移一个位置，char 置空白字符。

现在，我们可以写出前面所述的 C--语言的词法分析程序：

```
Start: token:=' ';
      getchar;   getnbc;
CASE char OF
'A'… 'Z', 'a'… 'z', '_' : BEGIN
            WHILE letter OR digit OR "_" DO
                BEGIN
                    concat;
                    getchar;
                END;
                    retract;
                    c=reserve;
                IF c==0       THEN return ($ ID, token);
                ELSE return (c,—);
        END;
'0': IF !digit THEN return($INT, token)
    ELSE GOTO ERROR
'1' … '9' : BEGIN
            WHILE digit DO
                BEGIN
                    concat;
                    getchar;
                END;
                    retract;
                    return ($ INT, DTB);
            END;
';':   return ($SEMI，—);
'{:   return ($LEFT，—);
'}':   return ($RIGHT，—);
'+':   return ($PLUS，—);
'*':   return ($MULT，—);
END OF CASE;
ERROR;
GOTO start;
```

3.3 自动生成词法分析程序的原理

词法分析程序既可以通过手动编写的方式构造，也可以通过自动生成的方式构造。3.2 节介绍了如何利用正规文法描述单词，并借助状态转换图手动编写词法分析程序。本节将介绍词法分析程序自动生成的原理：如何使用正规表达式描述单词；如何自动生成词法分析程序。由于我们的目的是介绍词法分析程序的自动生成，因此对所述的某些结果不予证明，对证明有兴趣的读者可以参阅形式语言和自动机理论方面的书籍。

3.3.1　单词的描述——正规表达式

正规表达式是一种通过符号组成的式子来表达语言（句子集合）的方式。它简单、直观，与集合的表现形式更为相近，因此应用起来也更为方便。

每一类程序设计语言都有它自己的字符集 Σ，语言中每一个单词可以是 Σ 上的单个有意义的字符（如运算符、分隔符等），也可以是 Σ 上的字符按一定方式组成的有意义的字符串（如常数、保留字、标识符及关系运算符等）。如果我们把每类单词均视为一种“语言”，那么每一类单词都可用一个正规表达式来描述。正规表达式表示的“语言”叫作正规集。

在给出正规表达式的正式定义之前，我们先通过一个例子看看正规表达式大致是什么样子的，它又是如何表达某些集合的。

例 3.4　在字母表 Σ={a, b}中，$a^*b|b^*a$ 就是一个正规表达式，它代表了出现若干个 a 后以一个 b 结尾，或者出现若干个 b 后以 a 结尾的一切符号串的集合。用传统的集合形式来表示就是$\{a\}^*\{b\}\cup\{b\}^*\{a\}$。从中可以发现正规表达式表示法和集合表示法的相同之处和不同之处。

下面给出正规表达式和正规集的形式化定义。

定义 3.1（正规表达式和正规集）　ε 和∅是 Σ 上的正规表达式，它们所表示的正规集分别为{ε}和∅。对于每一个 a∈Σ，a 是 Σ 上一个正规表达式，定义它所表示的正规集为{a}。如果 e_1 和 e_2 是 Σ 上的正规表达式，定义它们所表示的正规集分别为 $L(e_1)$和 $L(e_2)$，则：

（1）$e_1|e_2$ 是正规表达式，其相应正规集为 $L(e_1|e_2)=L(e_1)\cup L(e_2)$；

（2）$e_1\cdot e_2$ 是正规表达式，其相应正规集为 $L(e_1\cdot e_2)=L(e_1)L(e_2)$；

（3）$(e_1)^*$是正规表达式，其相应正规集为 $L((e_1)^*)=(L(e_1))^*$。

有限次使用上述步骤定义的表达式才是 Σ 上的正规表达式。仅由这些正规表达式所表示的符号串集合才是 Σ 上的正规集。

正规表达式使用三个基本运算符：“·”为连接，一般可省略不写；“|”为选择；“*”为闭包。前两者为双目运算符，闭包是单目运算符，它表示任意有限次的自重复连接。上述运算符的优先级：“*”最优先，“·”次之，最后是“|”。在定义 3.1 中，圆括号并非正规表达式的运算符，而仅用于指示正规表达式中的子表达式。我们也可以在一个正规表达式中加一些括号来改变运算顺序。

例 3.5　给出字母表Σ={a,b}，下列各式均是Σ上正规表达式：

a^*　　ba^*　　$a|ba^*$　　$aa|bb|ab|ba$

$a(a|b)^*$　　$(a|b)^*(aa|bb)(a|b)^*$　　$(a|b)(a|b)(a|b)(a|b)^*$

求出它们相应的正规集。

$L(a^*) = (L(a))^* = \{a\}^* = \{\varepsilon,a,aa,aaa,\cdots\}$

$L(ba^*) = L(b)L(a^*) = \{b,ba,baa,\cdots\}$

$L(a|ba^*) = L(a)\cup L(ba^*) = \{a,b,ba,baa,\cdots\}$

$L(aa|bb|ab|ba) = L(aa)\cup L(bb)\cup L(ab)\cup L(ba) = \{aa,bb,ab,ba\}$

$L(a(a|b)^*) = L(a)(L(a)\cup L(b))^* = \{a\}\{a,b\}^*$

$L((a|b)^*(aa|bb)(a|b)^*) = \{a,b\}^*\{aa,bb\}\{a,b\}^*$

$L((a|b)(a|b)(a|b)(a|b)^*) = L(a|b)L(a|b)L(a|b)L((a|b)^*) = \{a,b\}\{a,b\}\{a,b\}\{a,b\}^*$

例 3.6　用正规表达式描述“标识符”这种类型的单词。

(字母|_)(字母|_|数字)*

例 3.7　Σ={a,b}　　$e_1= b(ab)^*$ $e_2 = (ba)^*b$，求出 e_1 和 e_2 的正规集。

$L(e_1) = L(b(ab)^*) = L(b)(L(ab))^* = \{b\}\{ab\}^* = \{b,bab,babab,\cdots\}$

$L(e_2) = L((ba)^*b) = (L(ba))^*L(b) = \{ba\}^*\{b\} = \{b,bab,babab,\cdots\}$

从例 3.7 可以看出，e_1 和 e_2 的表达式虽然不相同，但它们的正规集都以 b 开头，其后跟零个或

任意多个 ab，即 $L=\{b(ab)^n|n\geqslant 0\}$。通过例 3.7 可以论证正规表达式等价的概念。

定义 3.2（正规表达式等价） 令Σ为有穷字母表，如果Σ上的正规表达式 e_1 和 e_2 所表示的正规集相同，则认为两者等价，记为 $e_1 = e_2$ 。

从正规表达式等价的定义，我们可以得到以下关系成立：

（1）$e_1|e_2 = e_2|e_1$

（2）$e_1|(e_2|e_3) = (e_1|e_2)|e_3$

（3）$e_1(e_2e_3) = (e_1e_2)e_3$

（4）$e_1(e_2|e_3) = e_1e_2|e_1e_3$

（5）$\varepsilon e_1 = e_1\varepsilon = e_1$

（6）$\varnothing e_1 = e_1\varnothing = \varnothing$

（7）$(e_1^*)^* = e_1^*$

（8）$(\varepsilon|e_1)^* = e_1^*$

根据定义 3.2 比较容易证明上述性质。利用这些性质可以化简正规表达式，证明正规表达式的等价关系。

3.3.2 单词的识别——有穷自动机

如前所述，使用正规文法和正规表达式可以定义语言的词法结构。在手动编写方式中，我们将正规文法转换成状态转换图，根据状态转换图可以较为方便地编写出词法分析程序。虽然对于人类而言，状态转换图直观清楚地描述了如何分析一个符号串是不是文法所定义的句子（如果某符号串能够被状态转换图所接受，则该符号串是文法所定义的单词），但对于计算机而言，状态转换图的描述方式是不容易理解的，也不适合用于自动生成词法分析程序。因此本节介绍状态转换图的形式化描述工具——有穷自动机，从识别语言的角度出发，确定某种模型来判断一个符号串是否是给定语言的句子。

有穷自动机（Finite Automata，FA）也被称为有穷状态自动机或有穷状态系统，它是一种数学模型，这种模型对应的系统具有有穷数目的内部状态，系统的状态概括了对过去输入的处理情况。系统根据当前所处的状态和面临的输入就可以决定后续行为。每当系统处理完当前的输入，系统的内部状态也会发生改变。电梯控制装置就是有穷自动机的一个典型例子：用户的服务要求（即要到达的楼层）是该装置的输入信息，而电梯所处的层数及运动方向是该装置的状态。电梯控制装置并不需要记忆先前全部的服务要求，只需要记忆电梯当前所处的层数和运动方向以及还没有满足的服务要求即可。

在计算机科学中，可以找到很多利用有穷自动机原理设计的系统的应用实例，如开关电路、文本编辑程序和词法分析程序。计算机本身也可以看作一个有穷自动机，尽管其状态数目可能很大。甚至人脑也可以看作有穷自动机：根据脑科学的研究，人脑的神经元的数目可能高达 2^{35} 个。正是基于对神经元细胞模型的研究，1943 年，麦克卡洛克（McCulloch）和皮特斯（W.Pitts）首先提出了有穷自动机模型，如图 3.12 所示。

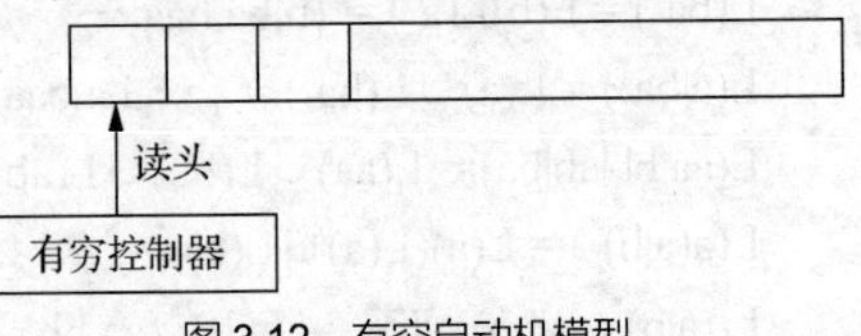

图 3.12　有穷自动机模型

模型由一条有穷长度的输入带、一个读头和一个有穷控制器组成。在这个模型中，单个的输入信息被抽象表示成一个输入符号，输入带存放所有的输入符号，每个输入符号占一个单元（方格），输入带的长度和输入串的长度相同。在有穷控制器控制下，读头从左到右逐个扫描并读入每个符号，且根据有穷控制器的当前状态和当前输入符号转入下一状态。有穷控制器的状态数目是有限的，读头具有只读功能，不能修改输入带上的符号，不能后退，只能向前读取。和各种具体的机器一样，有穷自动机具有初始状态和终止状态。在初始状态下，读头指向输入带的最左单元，准备读入第一个符号。

终止状态可以有多个，在该状态下可以接收输入串。如果在读头读入输入带上最后一个符号时，有穷自动机恰好进入了某个终止状态，则表示该输入串可以被有穷自动机识别，否则表示不能被识别。

可以看出，前面所述的状态转换图就是有穷自动机模型直观的图形化表示，为了实现可计算，需要给出它的形式化定义。有穷自动机分为确定的有穷自动机（Deterministic Finite Automata，DFA）和非确定的有穷自动机（Non-Deterministic Finite Automata，NFA），下面分别给出它们的形式化定义。

1．确定的有穷自动机

定义 3.3（确定的有穷自动机） 一个确定的有穷自动机(DFA)M是一个五元组，即 $M=(K,V_T,M,S,Z)$，其中元素如下。

K 是状态有穷的非空集合，K 中每一个元素是一个状态。

V_T 是一个有穷输入字母表，V_T 中的每一个元素称为输入字符。

M 是 $K\times V_T$ 到 K 的单值映射（或函数），即 $M(q,a) = p$，$q,p \in K$，$a\in V_T$。它表示：当前状态为 q，输入字符为 a 时，将转到下一状态 p，p 是 q 的一个后继状态。由于映射是单值，所以称确定的有穷自动机。

S 为初始状态，是唯一初态，$S\in K$。

Z 是终止状态集合，Z 是 K 的子集。

例 3.8　设(DFA) $M = (\{0,1,2,3\},\{a,b\},M,0,\{3\})$，其中

$K = \{0,1,2,3\}$

$V_T = \{a,b\}$

M：（状态转换函数）

$M(0,a) = 1$　　$M(0,b) = 2$

$M(1,a) = 3$　　$M(1,b) = 2$

$M(2,a) = 1$　　$M(2,b) = 3$

$M(3,a) = 3$　　$M(3,b) = 3$

$S = 0$

$Z = \{3\}$

利用映射 M 很容易识别定义在输入字母表 V_T 上的字符串是否被 DFA 所接受（即最后到达终止状态）。例如，对于输入字符串 abb，因为从初始状态 0 出发，有

$$M(0,a) = 1 \qquad M(1,b) = 2 \qquad M(2,b) = 3$$

当输入完最后一个字符 b 时，到达了终止状态 3，所以字符串 abb 能被此 DFA 所接受（识别）。

一个 DFA 可唯一表示一张确定的状态转换图。假定一个(DFA)M 有 m 个状态和 n 个输入字符，则它的状态转换图含有 m 个状态，每个结点最多有 n 条箭弧和别的状态相连接，每条箭弧用 V_T 中一个输入字符标记，整个图含有唯一的初态和若干个终态。

为此我们可以做出例 3.8 的状态转换图，如图 3.13 所示。

对于 V_T 中任意字符串 x，若存在一条从初始状态到终止状态的路径，且这条路径上所有的字符连接成的字符串等于 x，则称字符串 x 可为(DFA)M 所接受（识别）。例如，对于字符串 abb，能找到一条从初始状态到终止状态的路径，如图 3.14 所示。

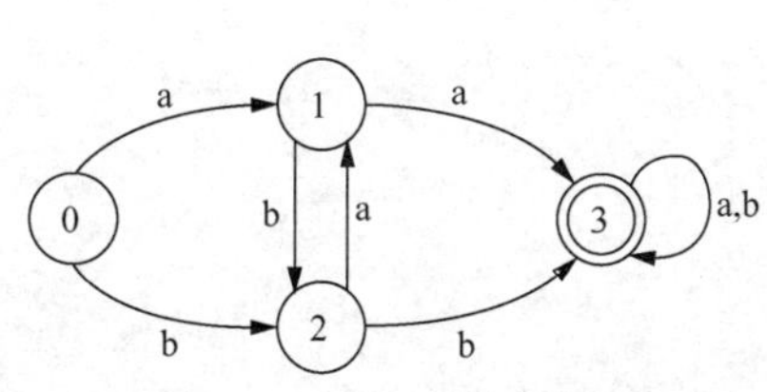

图 3.13　例 3.8 的状态转换图

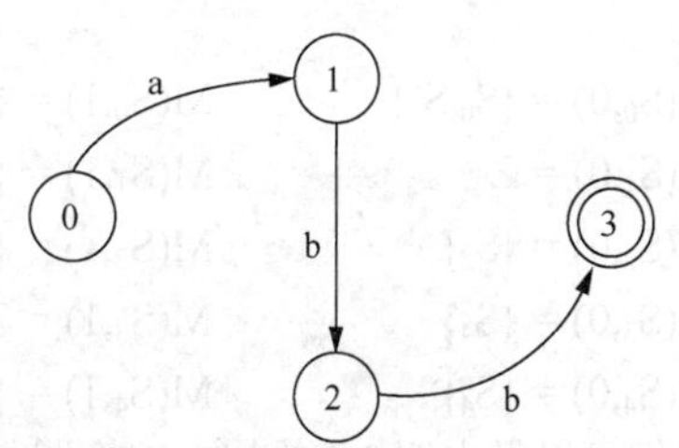

图 3.14　状态转换图识别符号串 abb 的过程

一个 DFA 还可以用一个状态转换矩阵来表示，矩阵的行表示状态，列表示输入字符，矩阵元素表示映射 M(q,a) = p。同样，我们可以做出例 3.8 的状态转换矩阵，如表 3.3 所示。

表 3.3　例 3.8 的状态转换矩阵

	a	b
0	1	2
1	3	2
2	1	3
3	3	3

为了形式化定义 DFA 所接受的字符串，我们给出输入符号串在 DFA 上运行的定义和 DFA 接受的语言的定义。

定义 3.4（输入符号串在 DFA(M)上运行） 一个输入符号串在 DFA(M)上运行的定义如下：

（1）M(q,ε) = q，q∈K；

（2）M(q,at) = M(M(q,a),t) = M(p,t) =⋯，其中 a∈V_T，t∈V_T^*。它表示：当状态为 q，输入字符串为 at 时，利用映射 M(q,a)得到状态 p，然后利用映射 M(p,t)，如此继续下去，直至最后，如果对某一字符串 x，有 M(S,x) = r，而 r∈Z，则称字符串 x 被(DFA)M 接受。

在例 3.8 中，对于输入字符串 abb，从初始状态 0 出发，其一系列映射如下：M(0,abb) = M(M(0,a),bb) = M(1,bb) = M(M(1,b),b) = M(2,b) = 3。最后到达状态 3，而 3∈{3}，所以 abb 被此 DFA 所接受。

定义 3.5（(DFA)M 接受的句子集合（语言）） 我们把一个(DFA)M 所接受的 V_T^*中的全体字符串称为 M 的接受集或 M 所接受的语言，记为 L(M)，即

$$L(M) = \{x|M(S,x)\in Z, x\in V_T^*\}$$

例 3.8 中的有穷自动机所接受的语言 L(M)为“$\{a,b\}^+$且至少含有相继两个 a 或相继两个 b”。

2．非确定的有穷自动机

定义 3.6（非确定的有穷自动机） 一个非确定的有穷自动机(NFA)M 是一个五元组，即 M =(K,V_T,M,S,Z)，其中元素如下。

K 是状态有穷的非空集合，K 中每一个元素是一个状态。

V_T是一个有穷输入字母表，V_T中的每一个元素称为输入字符。

M 是 K×V_T到 K 子集上的映射，即$\{K\times V_T\to 2^K\}$。2^K是幂集，是 K 的所有子集所组成的集合。

M(q,a) = $\{p_1,p_2,\cdots,p_n\}\in 2^K$，q∈K，a∈$V_T$。它表示：当前状态为 q，输入字符为 a 时，映射 M 将产生一个状态集合$\{p_1,p_2,\cdots,p_n\}$（可能是空集），而不是单个状态，所以称非确定的有穷自动机。

S 是初始状态集，S 包含于 K。

Z 是终止状态集，Z 包含于 K。

例 3.9　(NFA)M = $(\{S_0,S_1,S_2,S_3,S_4\},\{0,1\},M,\{S_0\},\{S_2,S_4\})$，其中 K = $\{S_0,S_1,S_2,S_3,S_4\}$。

$V_T = \{0,1\}$

$S = \{S_0\}$

$Z = \{S_2,S_4\}$

M:

$M(S_0,0) = \{S_0,S_3\}$　　$M(S_0,1) = \{S_0,S_1\}$

$M(S_1,0) = \varnothing$　　$M(S_1,1) = \{S_2\}$

$M(S_2,0) = \{S_2\}$　　$M(S_2,1) = \{S_2\}$

$M(S_3,0) = \{S_4\}$　　$M(S_3,1) = \varnothing$

$M(S_4,0) = \{S_4\}$　　$M(S_4,1) = \{S_4\}$

我们可以做出例 3.9 的状态转换图，如图 3.15 所示。

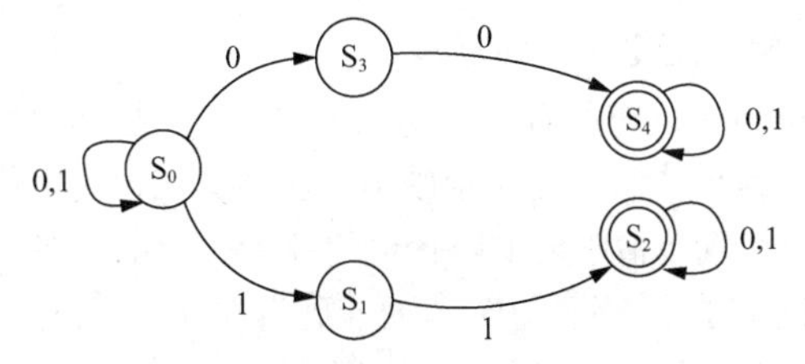

图 3.15　例 3.9 的状态转换图

同样，我们可以做出例 3.9 的状态转换矩阵，如表 3.4 所示。

表 3.4　例 3.9 的状态转换矩阵

	0	1
S_0	$\{S_0,S_3\}$	$\{S_0,S_1\}$
S_1	$\varnothing$	$\{S_2\}$
S_2	$\{S_2\}$	$\{S_2\}$
S_3	$\{S_4\}$	$\varnothing$
S_4	$\{S_4\}$	$\{S_4\}$

为了形式化定义 NFA 所接受的字符串，我们给出输入符号串在 NFA 上运行的定义和 NFA 接受的语言的定义。

定义 3.7（输入符号串在 NFA(M)上运行） 一个输入符号串在 NFA(M)上运行的定义如下：

（1）$M(q,\varepsilon) = \{q\}$，$q\in K$；

（2）$M(q,at) = M(M(q,a),t)$

$= M(\{p_1,p_2,\cdots,p_n\},t)$

$= \cup M(p_i,t)$

其中，i 从 1 变到 n，$p_i\in M(q,a)$，$a\in V_T$，$t\in {V_T}^*$。

如此继续下去，直至最后，对于 ${V_T}^*$上的字符串 x，令 $S_0\in S$，若集合 $M(S_0,x)$含有属于终态集 Z 的状态，或者至少存在一条从某一个初态结点到某一个终态结点的路径，且这条路径上所有箭弧的标记字符连接起来的字符串等于 x，我们就说 x 为 NFA(M)所接受（识别）。

定义 3.8（NFA(M)接受的句子集合（语言）） 我们把一个 NFA(M)所接受的 ${V_T}^*$中的全体字符串称为 M 的接受集或 M 所接受的语言，记为 L(M)，即

$$L(M) = \{x|M(S_0,x) \cap Z \neq \varnothing, S_0\in S, x\in {V_T}^*\}$$

例 3.9 中的有穷自动机所接受的语言 L(M)为“$\{0,1\}^+$且至少含有相继两个 0 或相继两个 1”。

对于此 NFA(M)，若输入字符 10010，从初始状态集$\{S_0\}$中状态 S_0 出发，根据映射 M 的定义，其一系列映射如下：

$M(S_0,10010) = M(S_0,0010)\cup M(S_1,0010)$

$= M(S_0,010)\cup M(S_3,010)$

$= M(S_0,10)\cup M(S_3,10)\cup M(S_4,10)$

$= M(S_0,0)\cup M(S_1,0)\cup M(S_4,0)$

$= \{S_0,S_3,S_4\}$

因为 $M(S_0,10010) = \{S_0,S_3,S_4\}\cap Z \neq \varnothing$，所以字符串 10010 为此 NFA 所接受。显然，从状态转换图的初始状态 S_0 出发，有路径至终止状态 S_4。

如果把例 3.9 中的输入符号 0 和 1 分别改成 a 和 b，那么例 3.9 的 NFA 和例 3.8 的 DFA 所接受的语言相同。可以证明：一个语言若被 NFA 接受，则一定能被 DFA 接受。

3．将非确定的有穷自动机确定化的一种方法

首先我们思考一下为何要将非确定的有穷自动机确定化，这显然要归结于两者之间的区别。确定的有穷自动机初始状态唯一且状态转移是单值映射，因此其在识别单词符号串的时候，可以由初始状态出发读入字符，经过一系列单值映射的路径最终停留在终止状态（面向合法单词符号串），或者无法停留在终止状态（面向非法单词符号串）。而非确定性的有穷自动机由于存在多个初始状态，且在单词符号串识别进入某一状态时，继续读入某一字符可能到达多个状态，如何在多个状态中做出选择，即选择合适的一条路径最终停留在终止状态（面向合法单词符号串），或者回溯和遍历所有可能的路径却最终无法停留在终止状态（面向非法单词符号串），这是一个难题。因此，需要提供一种方法将给定的 NFA 确定化。

设(NFA)$M=(K,V_T,M,S,Z)$是 V_T 上一个 NFA，构造一个等价的(DFA) $M'=(K',V_T',M',S',Z')$，其方法如下。

（1）K'由 K 的全部子集组成，即 $K'=2^K$（在 K 的全部子集组成的幂集中，空集可以删去）。

例如，若 $K=\{S_1,S_2,S_3\}$，则 K 的一个子集$\{S_1,S_2\}$表示 K'的一个状态，用记号$[S_1,S_2]$表示，也可重新命名。

（2）$V_T'=V_T$。

（3）$S'=[S]$（例如，$S=\{S_1,S_2\}$，则 $S'=[S_1,S_2]$）。

（4）$Z'=\{[S_1,S_2,\cdots,S_n] | [S_1,S_2,\cdots,S_n]\in K'$ 且 $\{S_1,S_2,\cdots,S_n\}\cap Z\neq\varnothing\}$。

（5）$M'([S_1,S_2,\cdots,S_i], a)=[R_1,R_2,\cdots,R_j]$，$a\in V_T$。

我们可以举一个例子来说明该方法。

例 3.10 设(NFA)$M=(\{S_0,S_1\},\{a,b\},M,\{S_0\},\{S_1\})$，其中 $K=\{S_0,S_1\}$，$V_T=\{a,b\}$。

$$M：M(S_0,a)=\{S_0,S_1\} \quad M(S_0,b)=\{S_1\} \quad M(S_1,a)=\varnothing \quad M(S_1,b)=\{S_0,S_1\}$$

$$S=\{S_0\} \quad Z=\{S_1\}$$

其状态转换矩阵如表 3.5 所示，状态转换图如图 3.16 所示。

表 3.5　例 3.10 的状态转换矩阵

	a	b
S_0	$\{S_0,S_1\}$	$\{S_1\}$
S_1	$\varnothing$	$\{S_0,S_1\}$

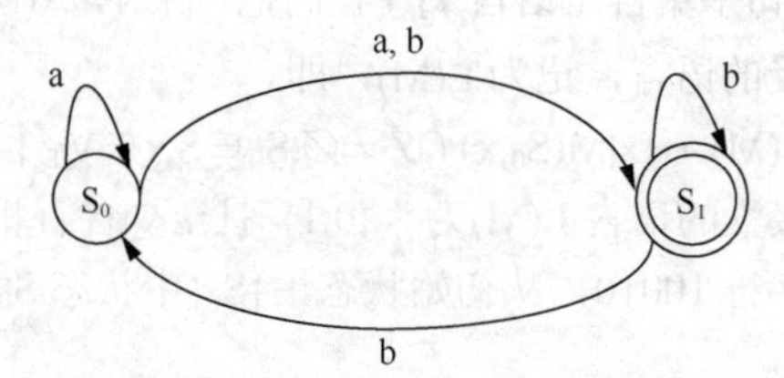

图 3.16　例 3.10 的状态转换图

现构造一个接受 L(M)的(DFA) M'。设(DFA)$M'=(K',V_T',M',S',Z')$，显然有

$$K'=\{[S_0],[S_1],[S_0,S_1]\} \quad V_T'=\{a,b\} \quad S'=[S_0] \quad Z'=\{[S_1],[S_0,S_1]\}$$

M'：由于 $M(S_0,a)=\{S_0,S_1\}$，故有 $M'([S_0],a)=[S_0,S_1]$

由于 $M(S_0,b)=\{S_1\}$，故有 $M'([S_0],b)=[S_1]$

由于 $M(S_1,a)=\varnothing$，故有 $M'([S_1],a)=\varnothing$

由于 $M(S_1,b)=\{S_0,S_1\}$，故有 $M'([S_1],b)=[S_0,S_1]$

由于 $M(\{S_0,S_1\},a)=M(S_0,a)\cup M(S_1,a)=\{S_0,S_1\}$，故有 $M'([S_0,S_1],a)=[S_0,S_1]$

由于 $M(\{S_0,S_1\},b)=M(S_0,b)\cup M(S_1,b)=\{S_0,S_1\}$，故有 $M'([S_0,S_1],b)=[S_0,S_1]$

现在我们将 M′中的状态重新命名，即令

$$[S_0]=A，[S_1]=B，[S_0,S_1]=C$$

则(DFA)M′=({A,B,C},{a,b},M′,A,{B,C})，其中

$$M'：M'(A,a)=C \qquad M'(A,b)=B \qquad M'(B,a)=\varnothing$$
$$M'(B,b)=C \qquad M'(C,a)=C \qquad M'(C,b)=C$$

(DFA)M′的状态转换图如图 3.17 所示。我们可以发现，两个状态转换图所识别的语言是一样的。

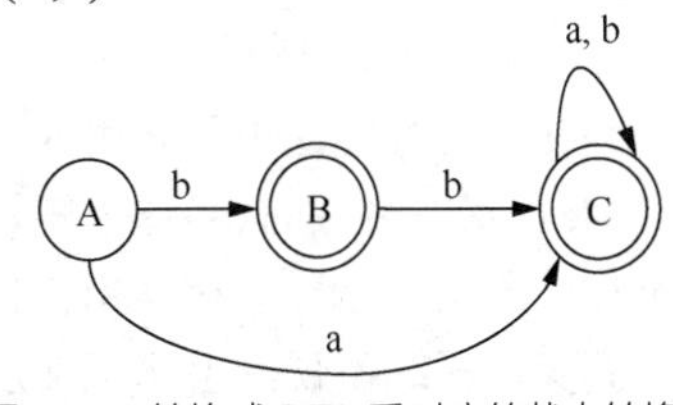

图 3.17　转换成 DFA 后对应的状态转换图

上述转换方法用的是穷举的思想，虽然简单，但由于等价的 DFA 的状态集合是原 NFA 状态集合的幂集，会产生很多无用的状态，因此只适用于 NFA 状态数目较小的情况。其他方法我们将在后续章节中介绍。

3.3.3　正规表达式、正规文法和有穷自动机的等价性

我们已经学习了如何用正规文法、正规表达式描述单词，也学习了如何用有穷自动机来识别单词。形式语言与有穷自动机理论证明了如下定理。

定理 3.1　对于字母表 V_T 上任一(NFA)M，其接受语言为 L(M)，必存在 V_T 上与 M 等价的(DFA)M′，使得 L(M′)=L(M)。

定理 3.2　若 G 为一个已知正规文法，它产生语言 L(G)，那么一定存在一个有穷自动机(FA)M，它所接受的语言 L(M)与 L(G)相同，即 L(M)=L(G)。

定理 3.3　已知一个有穷自动机(FA)M，所接受的语言为 L(M)，那么一定存在一个正规文法 G，使得 G 所产生的语言 L(G)和 L(M)相同，即 L(G)=L(M)。

定理 3.4　对于每一个左线性文法 GL，都存在一个右线性文法 GR，有 L(GR)=L(GL)。

定理 3.5　对于每一个右线性文法 GR，都存在一个左线性文法 GL，有 L(GL)=L(GR)。

定理 3.6　L 是正规集 ⇔ 存在一个有穷自动机(FA)M，使得 L=L(M)

⇔ 存在一个正规文法 G，使得 L(M)=L(G)

⇔ 存在一个正规表达式 e，使得 L(e)=L(G)

图 3.18 描述了它们之间的等价转换关系。

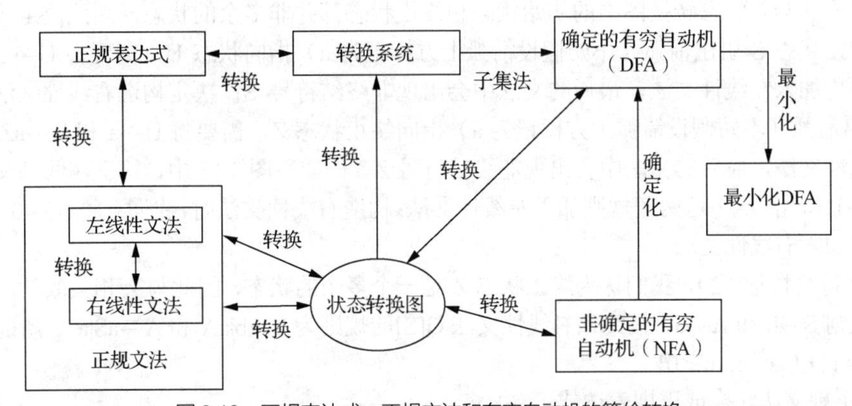

图 3.18　正规表达式、正规文法和有穷自动机的等价转换

正规文法和有穷自动机之间的等价转换本质上就是由正规文法画出状态转换图（状态转换图形式化之后很容易变成等价的有穷自动机），以及由状态转换图逆向地写出对应的左线性文法和右线性文法。NFA 转换成 DFA 本质上就是把每一个状态集合看成一个状态。根据正规文法写出正规表达式，以及将正规表达式转换成有穷自动机，这是自动生成词法分析程序的重要流程。

1．由状态转换图逆向写出正规文法

如何由一个给定的状态转换图逆向写出正规文法？这其实就是前面介绍的正规文法构造状态转换图的规则的逆向应用。状态转换图形式化之后容易变成有穷自动机，这也为有穷自动机转换成正规文法提供了一种途径。当然，如果需要将正规文法转换成等价的有穷自动机，只需要画出状态转换图，然后形式化即可。

在举例之前，我们需要思考一个问题：正规文法转换为状态转换图时，可能会多出一个状态（这是因为在左线性文法中需要引入一个不属于 V_N 的初始状态，在右线性文法中需要引入一个不属于 V_N 的终止状态）；那么当这个转换后的状态转换图转回正规文法时，这个多余的状态如何处理？如果不加以约束，这样多次互相转换以后，状态将会越来越多。

其实，仔细审视一下正规文法转换为状态转换图时的规则，我们不难发现，其实状态转换图不外乎有以下几种情形。

（1）初始状态只有箭弧引出没有箭弧引入，终止状态既有箭弧引出又有箭弧引入，如图 3.17 所示。

（2）终止状态只有箭弧引入没有箭弧引出，初始状态既有箭弧引出又有箭弧引入，如图 3.19 所示。

（3）初始状态只有箭弧引出没有箭弧引入，终止状态只有箭弧引入没有箭弧引出，如图 3.14 所示。

（4）初始状态既有箭弧引出又有箭弧引入，终止状态既有箭弧引出又有箭弧引入，如图 3.15 所示。

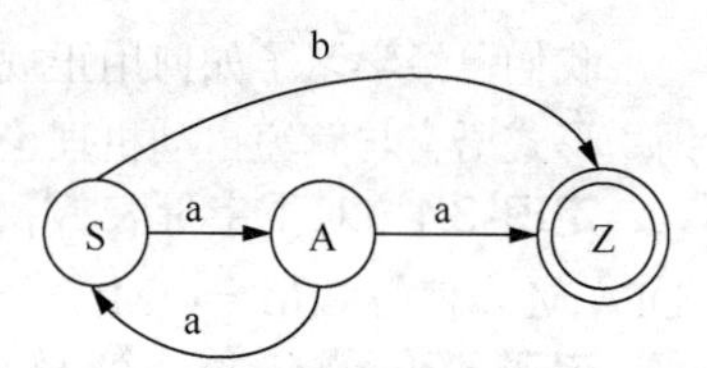

图 3.19 状态转换图示例

对于情形（1），我们认为适合构造左线性文法，可以将初始状态作为不属于 V_N 的状态，初始状态 S 引出箭弧（不妨假设箭弧上方标记为 a）指向状态 U，只需要将 U→a 这条规则加入左线性文法，而无须添加规则 U→Sa，因而最后的文法中不会出现非终结符号 S。

对于情形（2），我们认为适合构造右线性文法，可以将终止状态作为不属于 V_N 的状态，某个状态 U 引出箭弧（不妨假设箭弧上方标记为 a）指向终止状态 Z，只需要将 U→a 这条规则加入右线性文法，而无须添加规则 U→aZ，因而最后的文法中不会出现非终结符号 Z。

对于情形（3），我们认为既适合构造左线性文法也适合构造右线性文法，构造左线性文法按照情形（1）来处理，构造右线性文法按照情形（2）来处理。

对于情形（4），状态转换图中的初始状态和终止状态都并非多余的状态，因此决定构造左线性文法时，初始状态 S 引出箭弧（不妨假设箭弧上方标记为 a）指向状态 U，需要将 U→a 和 U→Sa 这两条规则均加入左线性文法，最后的文法中会出现非终结符号 S；决定构造右线性文法时，某个状态 U 引出箭弧（不妨假设箭弧上方标记为 a）指向终止状态 Z，需要将 U→a 和 U→aZ 这两条规则加入右线性文法，最后的文法中会出现非终结符号 Z。例如，图 3.15 中，构造左线性文法时，我们会将 $S_1→1$ 和 $S_1→S_01$ 这两条规则加入左线性文法；构造右线性文法时，我们会将 $S_3→0$ 和 $S_3→0S_4$ 这两条规则加入右线性文法。

图 3.19 符合情形（2），我们认为终止状态 Z 是一个多余的状态，因此与 Z 相关联的两条引入箭弧只产生规则 S→b 和 A→a，最终该右线性文法 G[S]的规则为 S→b|aA 和 A→aS|a ，所能识别的语言为$\{a^{2n},n\geqslant1\}\cup\{a^{2m}b, m\geqslant0\}$。

2．由正规文法转换成正规表达式

将给定的正规文法 G 视为定义所含各非终结符号所产生的正规集的一个联立方程，再通过解此联立方程求得相应正规表达式。下面通过具体例子来描述这一方法。

例 3.11 设已知正规文法（右线性文法）G：

S∷=aS|aB

B∷=bC

C∷=aC|a

可以写成如下关于非终结符号 S, B, C 的一个正规表达式方程组：

$$S=aS+aB \quad (1)$$

$$B=bC \quad (2)$$

$$C=aC+a \quad (3)$$

由于该文法第一个产生式为

S∷=aS|aB

若用“+”代替“|”，用“=”代替“∷=”，则得到

$$S=aS+aB$$

即式（1）。可用类似方法得到式（2）和式（3）。解此方程组可以得到仅含有终结符号的一个正规表达式，它所表示的语言与原正规文法产生的语言相同。为了解这个方程组，可先从只含一个非终结符号（变量）的方程开始，然后用代入法求其他非终结符号（变量）的解，最后得到的开始符号的解就是所求的正规表达式。

为此，我们首先需要解形如

$$X=aX+b \quad (4)$$

的方程，其中 a,b 是字母表 Σ 上的正规表达式，X 是文法非终结符号（变量）。

方程（4）的一个解是

$$X=a^{*}b$$

将它代入方程（4）两端就可以验证

$$a^{*}b=aa^{*}b+b$$

右端提公因式，得

$$a^{*}b=(aa^{*}+\varepsilon)b$$

注意到 $aa^{*}+\varepsilon=a^{*}$（都表示{ε,a,aa,⋯}），于是有 $a^{*}b=a^{*}b$，所以 $a^{*}b$ 是方程的一个解。

为了求出文法开始符号 S 的解，我们先解方程（3）。类似于 X=aX+b 的解 $X=a^{*}b$，C=aC+a 的解为

$$C=a^{*}a \quad (5)$$

将式（5）代入式（2），得

$$B=ba^{*}a \quad (6)$$

将式（6）代入式（1），得 $S=aS+aba^{*}a$，显然 $S=a^{*}aba^{*}a$（即文法所对应的正规表达式），正规表达式对应的正规集是$\{a^{m}ba^{n}|m\geqslant 1, n\geqslant 1\}$。

与之类似，如果给定文法是一个左线性文法，我们就解形如 X=Xa+b 的方程，$X=ba^{*}$是它的一个解。

例 3.12　〈标识符〉∷=字母 ｜_｜〈标识符〉字母｜〈标识符〉数字｜〈标识符〉_

其方程为

〈标识符〉=〈标识符〉字母+〈标识符〉数字+〈标识符〉_+字母|_

=〈标识符〉(字母+数字+_) +（字母|_）

所以

〈标识符〉=（字母|_）（字母|数字|_）*

即由〈标识符〉文法所产生的语言可用正规表达式（字母|_）（字母|数字|_）* 来表示。

3．由正规表达式转换成状态转换系统

所谓状态转换系统是一个具有唯一初始状态 S 和唯一终止状态 Z 的特殊状态转换图。其条件如下。

（1）没有箭弧向初始状态 S 引入。

（2）没有箭弧从终止状态 Z 引出。

（3）状态转换系统的箭弧可以用空符号串 ε 标记。

状态转换系统与有穷自动机状态转换图的区别如下。

（1）有穷自动机状态转换图初始状态和终止状态可能不唯一。

（2）有穷自动机状态转换图箭弧上没有空符号串 ε 标记。

（3）有穷自动机状态转换图初始状态可以有引入，终止状态可以有引出。

对于每一个正规表达式 e，存在一个接受正规集 L(e)的状态转换系统。设 S 和 Z 是状态转换系统的初始状态和终止状态，构造字母表 $\Sigma=\{a_1,a_2,\cdots,a_n\}$上正规表达式对应的状态转换系统的方法如图 3.20 所示。

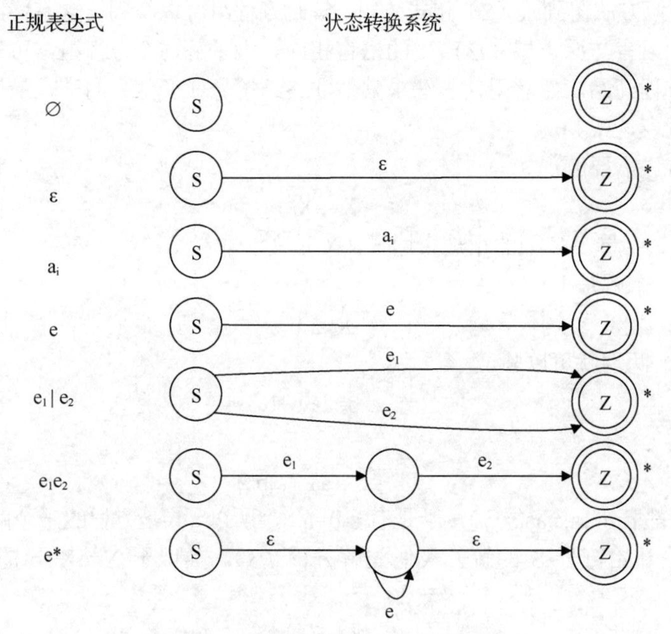

图 3.20 正规表达式转换成状态转换系统

例 3.13 已知正规表达式 $1(0|1)^*101$，构造该正规表达式的状态转换系统，如图 3.21 所示。

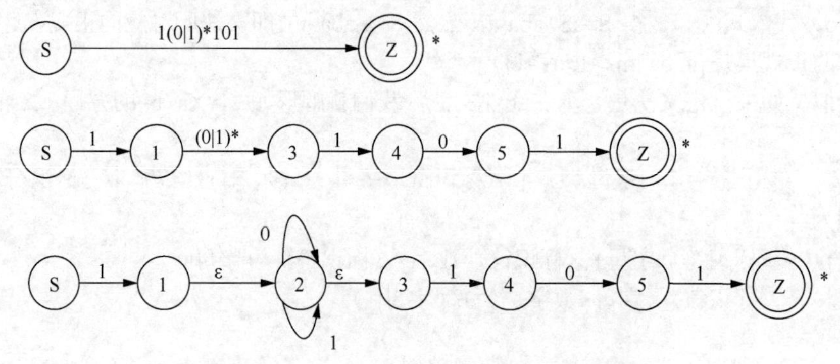

图 3.21 例 3.13 正规表达式转换成状态转换系统

4．由状态转换系统构造 DFA（子集法）

介绍子集法之前，首先介绍状态子集 I 的 ε-闭包和子集 I_a 这两个重要的定义。这两个定义是采用子集法构造确定的有穷自动机的重要理论基础。

（1）状态子集I的ε-闭包

假定I是状态转换图中状态集K的一个子集，定义ε-CLOSURE(I)如下。

① 若$S_i \in I$，则$S_i \in$ε-CLOSURE(I)。

② 若 $S_i \in I$，且从 S_i 出发经过一条或多条相邻的 ε 箭弧能到达 K 中的任一状态 S_j，则 $S_j \in$ ε-CLOSURE(I)。ε-CLOSURE(I)称为I的ε-闭包。它是状态集K的一个子集。

（2）子集I_a

若I是状态转换系统中状态集K的一个子集，a∈Σ，定义I_a=ε-CLOSURE(J)，其中：J是所有那些可从子集I中任一状态出发，经过一条a箭弧（跳过a箭弧前的ε箭弧）而到达的状态的全体。

例如，图3.22所示为正规表达式$e=(a|b)^*(aa|bb)(a|b)^*$对应的状态转换系统。

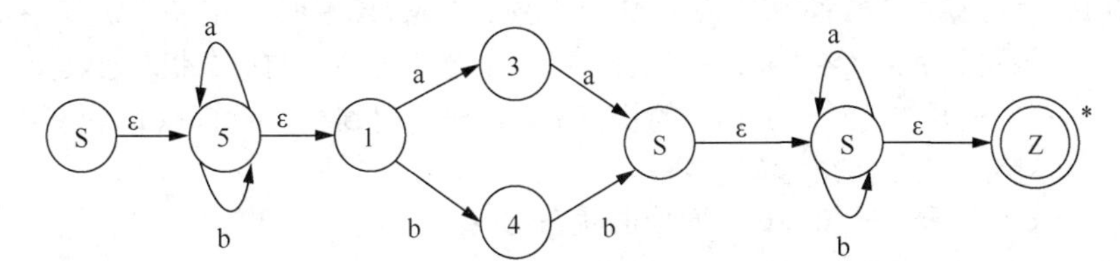

图3.22　正规表达式$e=(a \mid b)^*(aa \mid bb)(a \mid b)^*$对应的状态转换系统

设I={S}，根据定义，S∈I，故S∈ε-CLOSURE(I)，则S出发经过一条ε箭弧到达状态5，故5∈ε-CLOSURE(I)，经过两条相邻的 ε 箭弧能到达状态 1，故 1∈ε-CLOSURE(I)。综上所述，ε-CLOSURE(I)={S,5,1}。

假设I等于{S}的ε-闭包，即I={S,5,1}，根据定义，为了求I_a，首先要求J。J是所有那些可从子集I中任一状态出发，经过一条a箭弧（跳过a箭弧前的ε箭弧）而到达的状态的全体。我们先从状态S出发，求得5∈J，再从状态5出发，求得3∈J，再从状态1出发，求得3∈J。综上所求，J={5,3}。再求解J子集的ε-闭包。首先J的ε-闭包包括其自身，其次从状态5出发经过一条ε箭弧到达状态1，故1∈ε-CLOSURE(J)，综合得到I_a={5, 3, 1}。

设计子集法的目的是由状态转换系统构造出确定的有穷自动机（DFA），所以我们可以从识别的角度理解子集法。我们对状态子集I的ε-闭包和子集I_a进行重新定义。

（1）将状态子集I的ε-闭包重新定义为“从状态子集I中的每个状态开始识别ε所到达的状态的全体”。

因为ε=εε=ε…ε=ε，所以从某个状态出发识别一个ε和识别若干个连续的ε，其本质是相同的，都是识别一个ε。例如，假设I={S}，在图3.22中从S出发识别一个ε到达状态5，即M(S,ε)=5；从S 出发识别两个 ε 到达状态 1，即 M(S,εε)=M(M(S,ε),ε)=M(5,ε)=1；而 ε 是一个空符号串，显然有M(S,ε)=S。那么从S出发识别ε所到达的状态全体为{S,5,1}。

（2）将子集I_a重新定义为“从状态子集I中的每个状态开始识别一个符号a所到达的状态的全体”。

因为 a=εa=aε=ε…εaε…ε=a，所以从某个状态出发识别一个符号 a 和识别 ε…εaε…ε，其本质是相同的，都是识别一个符号a。例如，假设I={S,5,1}，从S出发识别一个εa到达状态5，即 M(S,εa)=M(M(S,ε),a)=M(5,a)=5；从 S 出发识别 εaε 到达状态 1，即 M(S,εaε)=M(M(S,ε),aε)=M(5,aε)=M(M(5,a),ε)=M(5,ε)=1；那么从S出发识别a所到达的状态全体为{5, 1}。同理，从状态5出发识别a所到达的状态全体为{5,1}，从状态1出发识别a所到达的状态全体为{3}，综合得到I_a={5, 3, 1}。

根据重新定义后的状态子集I的ε-闭包和子集I_a，只需要利用有穷自动机状态转换图识别符号串的知识就可以求出状态子集I的ε-闭包和子集I_a，使原来抽象的定义变得更加可操作，更容易掌握和理解。在此基础上，下面讨论将构造出的状态转换系统转换成DFA的详细步骤。

（1）构造一张表，它共有|Σ|+1 列（|Σ|表示正规表达式或状态转换系统中不包含 ε 的字符的个数），第一列为状态子集 I，然后对每个字符 a∈Σ 依次单独设一列 I_a。

（2）表中第一行第一列的状态子集 I 为 ε-CLOSURE(S)，其中 S 为初始状态。

（3）依次以第一列中的 I 为子集（初始时第一列第一行的 ε-CLOSURE(S)为子集），针对每个字符 a∈Σ，依次求得 I_a，并填入子集 I 所对应行中相应的 I_a 列，如果所求出的 I_a 不同于第一列中已有的任一状态子集 I，则将其依次填入第一列。

（4）针对表格第一列中新填入的每个状态子集 I，重复步骤（3），直到对每个 I 及 a∈Σ 均已求得 I_a，并且没有新的状态子集加入第一列时过程终止（即新求出的 I_a 均已在第一列中存在）。

上述过程在有限步后必可终止，因为状态子集个数是有限的。

（5）上述过程终止后，含有原初始状态 S 的状态子集成为新的唯一的初始状态，含有原终止状态 Z 的若干状态子集成为新的终止状态的集合。接下来对第一列中的每个状态子集重新命名，然后以新命名更新从第二列开始的每一 I_a 列中的状态集合，最终得到相应的 DFA 的状态转换矩阵。

下面通过具体例子来演示上述转换步骤。

例 3.14 已知正规表达式 $0(0|1)^*1$ 对应的状态转换系统如图 3.23 所示，采用子集法构造出其 DFA。

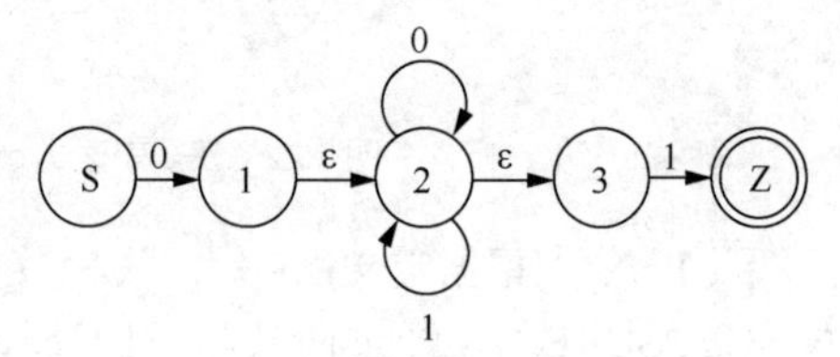

图 3.23 正规表达式 $0(0|1)^*1$ 对应的状态转换系统

首先，根据步骤（1）列出表格，应该是 3 列，分别对应 I 列、I_0 列和 I_1 列。根据步骤（2）可以得到第一行第一列中的状态子集 I=ε-CLOSURE(S)={S}。根据步骤（3），先以{S}为子集，针对字符 0 和字符 1 分别计算得到{1,2,3}和空集，由于{1,2,3}未出现在 I 列中，因此将其填入 I 列。根据步骤（4），依次对 I 列中新填入的状态子集重复步骤（3），直到整个过程终止。

用子集法将图 3.23 所示的状态转换系统进行确定化，得到表 3.6，其中状态子集{S}为新的唯一初始状态，状态子集{2,3,Z}为新的终止状态。

表 3.6 状态子集转换表

I	I_0	I_1
{S}	{1,2,3}	∅
{1,2,3}	{2,3}	{2,3,Z}
{2,3}	{2,3}	{2,3,Z}
{2,3,Z}	{2,3}	{2,3,Z}

根据步骤（5）对表 3.6 中的所有子集重新命名，得到 DFA 的状态转换矩阵，如表 3.7 所示，状态转换图如图 3.24 所示。由表 3.7 可见，状态 0 为唯一的初始状态，且所有映射皆为单值映射，满足 DFA 的条件。

读者也可以尝试将图 3.21 和图 3.22 中的状态转换系统按照子集法转换为 DFA。

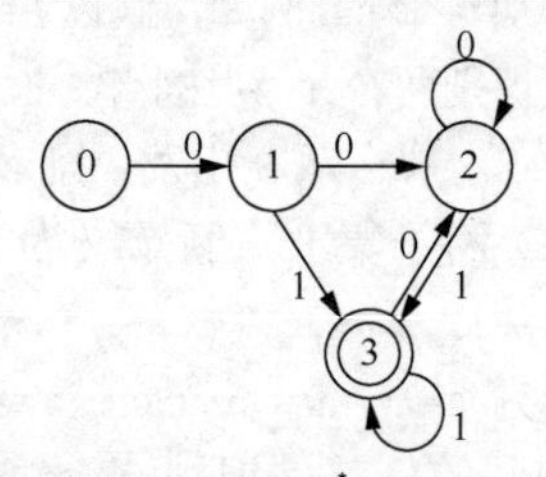

图 3.24 正规表达式 $0(0|1)^*1$ 对应的状态转换图

表 3.7 状态转换矩阵

I	0	1
0	1	∅
1	2	3
2	2	3
3	2	3

5．DFA 化简

(DFA)M 的化简是指寻找一个状态比 M 少的(DFA)M′，使得 L(M)=L(M′)。

对 DFA 进行化简，可使生成词法分析程序更加简洁。要理解 DFA 化简的方法，首先需理解等价和可区分的概念。

对于一个给定的(DFA)M，假定有两个不同状态 S_1 和 S_2，如果从状态 S_1 出发能扫描符号串 w 而停止于终态，同样，从状态 S_2 出发也能扫描符号串 w 而停止于终态，我们则称状态 S_1 和状态 S_2 是等价的。若两个不同状态不等价，则称它们是可区分的。

终态和非终态是可区分的。因为终态可以读符号 ε 回到终态，而非终态读入符号 ε 不能回到终态。

DFA 化简方法的基本思想：把(DFA)M 的状态集分别划成一些不相交子集，使得任何不同的两个子集的状态是可区分的，而同一子集中的任何两个状态是等价的。随着子集数量的增多，新产生的子集可能会影响当前子集中状态的等价关系。最后，从每个子集选出一个状态以代表该子集，同时消去该子集中的其他等价状态。

例如，对例 3.14 的 DFA 进行化简，原状态转换矩阵如表 3.7 所示，其步骤如下。

（1）将状态集 S={0,1,2,3}划分为终态集{3}和非终态集{0,1,2}。

（2）考察{0,1,2}。对符号 1 的处理结果：状态 1 时读入符号 1 到达状态 3，状态 2 时读入符号 1 到达状态 3，0 不能识别输入字符 1，故将{0,1,2}划分为{0}和{1,2}。

（3）再考察{1,2}。状态 1 时读入符号 0 到达状态 2，状态 2 时读入符号 0 到达状态 2，因此状态 1 和状态 2 等价，不能再进行划分。

（4）按顺序重新命名状态子集{0}、{1,2}、{3}为状态 0、状态 1、状态 2，化简后的状态转换矩阵如表 3.8 所示，化简后的状态转换图如图 3.25 所示。

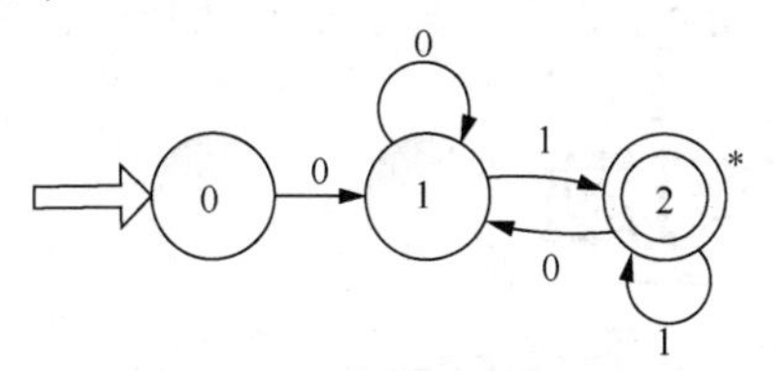

图 3.25　化简后的状态转换图

表 3.8　化简后的状态转换矩阵

S	0	1
0	1	∅
1	1	2
2	1	2

我们可以再举出一个例子来详细说明化简的步骤。假设化简之前的 DFA(M)有 6 个状态，表示为状态集合 K={0,1,2,3,4,5}，其中状态集合{4,5}为终止状态集合，V_T={a,b}。这些状态分别读入字符 a 和字符 b 所转移到的状态如表 3.9 所示。根据前文所述，首先划分出终态集合{4,5}及非终态集合{0,1,2,3}，在率先考察集合{4,5}时，虽然$\{4\}_b$={2}（状态 4 读入字符 b 到达状态 2）而$\{5\}_b$={3}（状态 5 读入字符 b 到达状态 3），但由于此时非终态集合{0,1,2,3}暂时不可区分，因此集合{4,5}也不可区分。当我们考察非终态集合{0,1,2,3}时，我们会发现：由于$\{0\}_b$=∅，而$\{3\}_b$={0}，因此可以划分出{0}、{1, 2}（此时状态 4 和状态 5 不可区分）及{3}三个子集。再回过头来看看集合{4,5}，由于此时状态 2 和状态 3 可区分，因此集合分裂成{4}和{5}两个子集。再考察集合{1,2}，由于$\{1\}_b$={4}且$\{2\}_b$={5}且此时状态 4 和状态 5 可区分，因此最终{1}和{2}也可区分。因此，结论是该 DFA(M)没有任何两个状态是等价的，它们都是可区分的。从这个例子我们可以看出，DFA 化简是一个需要反复回头看的动态调整过程，但经过多次考察后，最终该过程将静止或收敛在某个状态。

表 3.9 各状态读入字符 a 和字符 b 之后转移到的状态

K	a	b
0	3	∅
1	1	4
2	1	5
3	2	0
4	0	2
5	0	3

3.4 本章小结

词法分析是编译过程的第一步，也是非常重要的环节。它的主要功能就是基于源程序符号串，识别出一个个具有独立意义的单词，经过内部编码等处理之后，将单词流作为语法分析的输入。词法分析和正规文法以及有穷自动机密切相关。通常高级程序设计语言的词法规则均能用正规文法来描述，将正规文法等价转换为正规表达式之后，由正规表达式可以构造出等价的状态转换系统，通过子集法等方法可由状态转换系统进一步构造出等价的有穷自动机（状态转换图、状态转换矩阵），用于单词符号串的识别。上述概念的等价关系贯穿本章，也是理解和掌握词法分析原理的重要基础。

习题

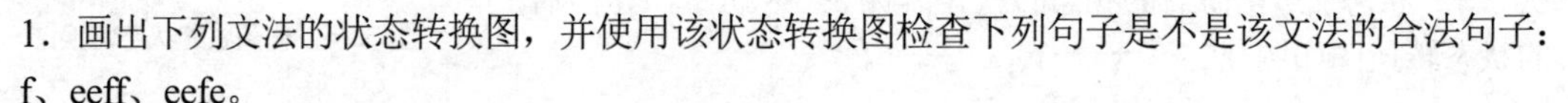

1．画出下列文法的状态转换图，并使用该状态转换图检查下列句子是不是该文法的合法句子：f、eeff、eefe。

Z∷=Be　　　B∷=Af　　　A∷=e|Ae

2．设右线性文法 G=({S, A, B}, {a, b}, S, P)，其中 P 组成如下：

S∷=bA　　　A∷=bB　　　A∷=aA　　　A∷=b　　　B∷=a

画出该文法的状态转换图。

3．构造下述文法 G[Z]的自动机。该自动机是确定的吗？与它相应的语言是什么？

Z∷=A0　　A∷=A0|Z1|0

4．构造一个 DFA，它接受{0, 1}上所有满足条件的字符串：字符串中每个 1 都有 0 直接跟在右边。然后，构造该语言的正规文法。

5．设(NFA)M=({A, B}, {a, b}, M, {A}, {B})，其中 M 定义如下：

M(A, a)={A, B}　　　M(A, b)={B}　　　M(B, a)=∅　　　M(B, b)={A, B}

构造相应的(DFA)M′。

6．设有穷自动机 M=({S, A, E}, {a, b, c}, M, S, {E})，其中 M 定义如下：

M(S, c)=A　　　M(A, b)=A　　　M(A, a)=E

构造一个左线性文法。

7．已知正规文法 G=({S, B, C}, {a, b, c}, P, S)，其中 P 包含如下产生式：

S∷=aS|aB　　①

B∷=bB|bC　　②

C∷=cC|c　　③

构造一个等价的有穷自动机。

8．构造与下列正规表达式相应的 DFA，并进行最小化化简。

（1）$b(a|b)^*bab$　　（2）$(a|bb^*a)^*$　　（3）$((0|1)^*|(11))^*$

9．将图 3.26 所示 NFA 确定化和最小化：（1）假设 1 为初始状态；（2）假设 0 既是初始状态又是终止状态。

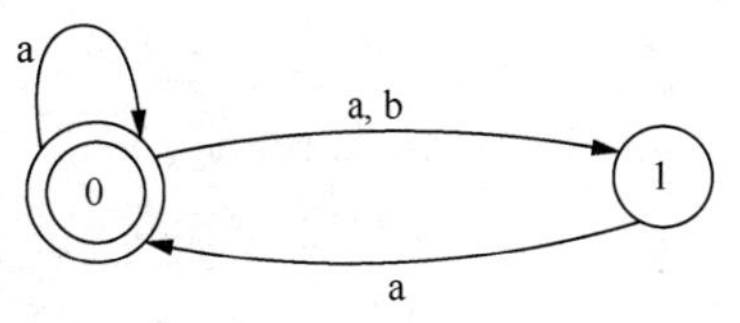

图 3.26　NFA

10．已知 $e_1=(a|b)^*$，$e_2=(a^*b^*)^*$，试证明 $e_1=e_2$ 。

11．根据下面的正规文法构造等价的正规表达式。

S∷=cC|a　　①

A∷=cA|aB　　②

B∷=aB|c　　③

C∷=aS|aA|bB|cC|a　　④

第4章 语法分析

第 3 章讨论了词法分析的任务和方法，用正规表达式（它等价于正规文法）描述程序语言的单词符号结构，构造识别单词的有穷自动机。程序语言的语法结构则是基于上下文无关文法进行描述。本章我们将讨论如何识别上下文无关文法生成的语言。

4.1 语法分析概述

编译程序对某个源程序完成词法分析工作以后，就进入语法分析阶段。以词法分析程序产生的单词流作为语法分析程序的输入串，按文法规则分析检查是否构成了合法的句子。语法分析是编译过程的核心。语法分析的一项重要任务是检查程序中的语法错误，在分析过程中，如果发现输入的单词流不能构成该文法所定义语言的句子，则说明有语法错误。在这种情况下，语法分析要确定错误的性质和出错位置，向程序员提示，并在可能的情况下做一些错误的修复工作或善后处理，使编译能继续下去，进一步检查后面的语法错误。

在第 2 章中我们已经介绍过，通过语法分析可以建立起相应的语法树，按照构成语法树的顺序，语法分析方法可分为两大类，即自顶向下语法分析和自底向上语法分析。它们都要判断一个输入串是否为一个合法的句子。

对于自顶向下语法分析而言，核心问题在于能否从文法开始符号构建出推导序列，使得推导出的句子恰为源程序输入串；或者说，能否从根结点出发，向下生长出一棵语法树，其叶结点组成的句子恰为输入串。对于用高级语言书写的源程序而言，自顶向下语法分析就是从文法开始符号（如“程序”）开始逐步推导出与源程序输入串相同的符号串。

对于自底向上语法分析而言，核心问题在于能否从输入串出发找到一个归约序列，且该序列能最终归约为文法开始符号；或者说，能否从叶结点出发，向上归约出文法开始符号为根结点的语法树。对于用高级语言书写的源程序而言，自底向上语法分析就是从源程序的输入串出发，逐步归约到文法的开始符号。

语法分析的不同方法适合于不同形式的上下文无关文法。常用的自顶向下语法分析方法有递归下降分析法和 LL(1)分析法，而简单优先文法、算符优先分析法和 LR 系列分析法是典型的自底向上语法分析方法。本章将重点介绍 LL(1)分析法和 LR(K)系列分析法。

4.2 自顶向下的语法分析

所谓自顶向下语法分析是基于推导的方法，从文法的开始符号出发，采用最左或最右推导，试图一步一步地推出输入串 α。换句话说，就是以文法的开始符号作为语法树的根部，试图自上而下地为输入串构造一棵语法树。若语法树的叶结点从左向右的排列恰好就是输入串 α，则表示该输入串 α 是文法的句子。如果构造不出这样的一棵语法树，则输入串 α 就不是这个文法的句子。这种分析过程本质上是一种试探的过程，是反复使用不同的产生式谋求匹配输入串的过程。

在某些文法的自顶向下语法分析过程中，可能会出现“回溯”和“左递归”的问题。为了能有效地运用自顶向下的语法分析方法，应使文法不含左递归及避免回溯。

4.2.1 消除文法的回溯和左递归

1. 回溯问题解决方案

在进行自顶向下语法分析的时候，当文法规则具有同一左部而右部有不同规则候选式时，按候选式的次序一个个试探，若能分析下去则成，否则退回出错点更换另一候选式重新试探。这种方法称为回溯分析方法。其实质就是使用不同候选式反复试探。

例 4.1 分析“cad”是否为文法 G[S]：

$$S::=cAd \qquad A::=ab \mid a$$

所产生的句子。

要判断“cAd”是否为该文法的句子，可以分别用 A∷=ab 和 A∷=a 代入产生式规则 S∷=cAd 进行试探。第一次选择候选式 ab，试探失败，需要退回出错点重新选择另一候选式 a 进行试探。

一般而言，设 U 为文法 G 的任意非终结符号，若 U 有如下规则:

$$U::=\alpha_1 \mid \alpha_2 \mid \cdots, \alpha_i, \cdots \mid \alpha_n，\alpha_i \in V^+$$

定义候选式 α_i 可能推出的所有终结符号串的首符号集合 FIRST(α_i)为 $FIRST(\alpha_i)=\{a \mid \alpha_i \Rightarrow_* a\cdots, a \in V_T\}$，显然 $FIRST(\alpha_i) \subseteq V_T$。

为了避免回溯，我们对文法的要求是

$$FIRST(\alpha_i) \cap FIRST(\alpha_j)=\varnothing \quad (i \neq j)$$

即对文法中的任意一个非终结符号，当其规则右部有多个候选式时，由各个候选式所推出的终结符号串首符号集合要两两不相交。这样，就可能根据此时读入的符号属于哪个候选式的 FIRST(α_i)来唯一确定选用哪个候选式来匹配输入串。我们将这种匹配方法称为路标法。

例如，当前读入符号为 b（$b \in V_T$），如果 $b \in FIRST(\alpha_i)$，则可以选择第 i 个候选式去匹配输入串。

当文法不满足路标法条件，即右部各候选式首符号相同时（如例 4.1 文法中的 A∷=ab | a），我们可以采用提取左公因子法对文法进行改写。

一般而言，如果有规则

$$U::=a\beta_1 \mid a\beta_2 \mid \cdots \mid a\beta_n \mid \gamma$$

则可以将规则写成

$$U::=aU' \mid \gamma$$
$$U'::=\beta_1 \mid \beta_2 \mid \cdots \mid \beta_n$$

其中 a 称为左公因子。经过反复提取公因子，即可将每个非终结符号的所有候选式的首符号集合变得两两不相交。

例 4.2 对文法 G[S]：

$$S::=cAd \qquad A::=ab \mid a$$

进行改写，消除回溯得到新的文法。

提取左公因子，得到新的 G[S]：

$$S::=cAd \qquad A::=aB \qquad B::=b \mid \varepsilon$$

2．左递归问题解决方案

在自顶向下语法分析过程中，假定要用非终结符号 U 去匹配输入串，而在文法中关于 U 的规则是 U∷=U…。

它是一条直接左递归规则，这种左递归文法将使上述自顶向下的语法分析过程陷入无限循环，即：当试图用 U 去匹配输入串时会发现，在没有读入任何符号的情况下，又需要重新使用 U 去匹配。如此循环下去永无终止。

若文法具有间接左递归，即有 $U \Rightarrow + U\cdots$，则也会出现上述问题。

对于文法规则中的直接左递归，消除是比较容易的。本章介绍两种方法一种方法被称为“重复表示法”，该方法用扩充的 BNF 改写语法规则。

假定一个文法中有关于非终结符号的规则：

$$A::=A\alpha \mid \beta$$

其中 α 非空，β 不以 A 开头，则可将其等价地改写为

$$A::=\beta\{\alpha\}$$

例 4.3 直接左递归规则：

$$E::=E+T \mid T$$

可改写为

$$E::=T\{+T\}$$

还可用另一种被称为“改写法”的方法来改写形如文法规则 $A::=A\alpha \mid \beta$ 的直接左递归。

对 A 引入一个新的非终结符号 A′，将 $A::=A\alpha|\beta$ 等价写成：

$$A::=\beta A'$$

$$A'::=\alpha A' \mid \varepsilon$$

由于 β 不以 A 开头，α 不以 A′开头，因此改写后两条规则不是直接左递归规则。同样可以证明这种形式和原来的形式是等价的。

一般而言，关于 A 的规则具有如下形式：

$$A::=A\alpha_1 \mid A\alpha_2 \mid\cdots\mid A\alpha_n \mid \beta_1 \mid \beta_2 \mid\cdots\mid \beta_n$$

可改写成如下形式：

$$A::=A(\alpha_1 \mid \alpha_2 \mid\cdots\mid \alpha_n) \mid \beta_1 \mid \beta_2 \mid\cdots\mid \beta_n$$

以改写法消除直接左递归，得：

$$A::=(\beta_1|\beta_2|\cdots|\beta_n)A'$$

$$A'::=(\alpha_1 \mid \alpha_2 \mid\cdots\mid \alpha_n)A' \mid \varepsilon$$

例 4.4 $A::=Ac \mid Aad \mid bd \mid e$ 等价于 $A ::=A(c \mid ad) \mid bd \mid e$，所以可以改写成：

$$A::=(bd \mid e)A' \text{（即 } A ::=bdA' \mid eA'\text{）}$$

$$A'::=(c \mid ad)A' \mid \varepsilon \text{（即 } A'::=cA' \mid adA' \mid \varepsilon\text{）}$$

上述两种方法可消除任意直接左递归，但不能消除两步或多步推导形成的间接左递归。

例如，有文法 G[S]:

$$S::=Qc \mid c$$

$$Q::=Rb \mid b$$

$$R::=Sa \mid a$$

该文法无直接左递归，但有间接左递归，举例如下：

$$S\Rightarrow Qc\Rightarrow Rbc\Rightarrow Sabc$$

即 $S\Rightarrow^+Sabc$。

消除间接左递归的基本思路：先将间接左递归变成直接左递归，再消除直接左递归。

例 4.5

$$A::=aB \mid Bb \quad (1)$$

$$B::=Ac \mid d \quad (2)$$

先将式（1）代入式（2），得：

$$B::=Bbc \mid aBc \mid d \quad (3)$$

将式（3）改写为

$$B::=(aBc \mid d)B'$$

$$B'::=bcB' \mid \varepsilon$$

加入文法开始符号的产生式，得消除左递归后的等价文法：

$$A::=aB \mid Bb$$

$$B::=(aBc \mid d)B'$$

$$B'::=bcB' \mid \varepsilon$$

消除文法递归的一般算法要求：文法不含形如 $A\Rightarrow^+A$ 的推导，也不存在 $A::=\varepsilon$ 这样的规则。具体算法步骤如下。

（1）将文法 G 的所有非终结符号整理成 $U_1,U_2,\cdots,U_n$。

（2）从 U_1 开始消除 U_1 规则的直接左递归。

（3）假设规则形如 $U_1::=x_1 \mid x_2 \mid x_3 \mid \cdots \mid x_k$，$U_2::=U_1(y_1 \mid y_2 \mid y_3 \mid \cdots \mid y_t)$，则用左部为 U_1 的所有规则的右部 $x_1 \mid x_2 \mid x_3 \mid \cdots \mid x_k$ 替换左部为 U_2 的规则的右部中的 U_1，形如 $U_1(y_1 \mid y_2 \mid y_3 \mid \cdots \mid y_t)$，结果变成 $U_2::=(x_1 \mid x_2 \mid x_3 \mid \cdots \mid x_k)(y_1 \mid y_2 \mid y_3 \mid \cdots \mid y_t)$，并消除 U_2 的规则的直接左递归。

（4）用类似的方法替换左部为 U_3 的规则，并消除 U_3 规则的直接左递归。

（5）重复步骤（4），直到最后替换完左部为 $U_1,U_2,\cdots,U_{n-1}$ 的规则，并消除 U_n 规则的直接左递归。

（6）消除多余规则。

至于为什么这套算法中不允许有 A→ε 的规则存在，大家可以看这样一个例子。文法 G[A]:

$$A \to Bb \mid \varepsilon \quad (1)$$

$$B \to AAb \mid a \quad (2)$$

将式（1）代入式（2）将得到 B→BbAb | Ab | a，仍然存在间接左递归规则 B→Ab。

当然，我们也不允许有 A⇒+A 的推导存在。例如，文法 G[A]:

$$A \to B \mid a \qquad B \to C \mid b \qquad C \to A \mid c$$

也不适用于这套消除左递归的算法。

4.2.2 LL(1)分析法

LL(1)分析法是一种自顶向下不带回溯的语法分析方法。LL 的意思是，从左（Left）到右扫描输入串并建立它的最左推导（Left Most Derivations）。数字 1 是指向前看 1 个符号来决定选择同一个非终结符号的不同候选式。如果向前查看 K 个符号（K>1）才能确定应选候选式，这种语法分析方法就称为 LL(K)分析法。LL(1)分析器借助于一张分析表及一个分析栈，在一个总控程序控制下实现，如图 4.1 所示。

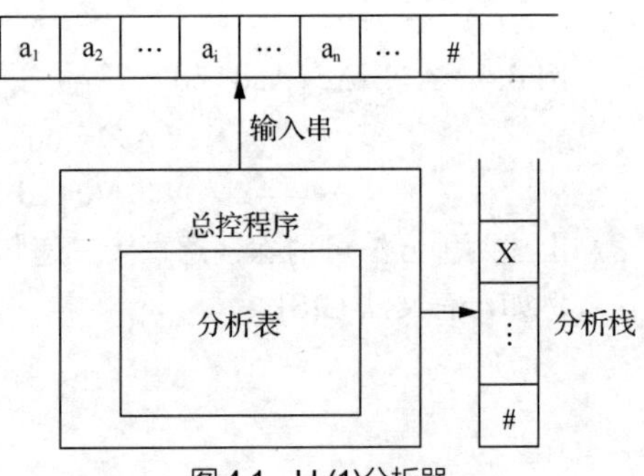

图 4.1 LL(1)分析器

1．总控程序的逻辑结构和工作过程

我们通常把按 LL(1)分析法执行语法分析任务的程序称为 LL(1)分析程序或 LL(1)分析器。它由一个总控程序、一张分析表和一个分析栈组成。其中输入串就是待分析的符号串（源程序），它以右界限符#结尾。分析表 M 可用一个矩阵（或二维数组）来表示。它概括了相应文法的全部信息。分析表的每一行与文法的一个非终结符号 A 相关联，分析表的每一列与文法的一个终结符号或#相关联。分析表元素 M[A,a]（$a \in V_T U \{\#\}$）或者指示了当前推导所应使用的产生式，或者指出了输入串中的语法错误。分析器对每个输入串的分析都在总控程序控制下进行。总控程序的分析步骤如下。

（1）分析开始时，首先将#及文法开始符号 S 依次置于分析栈的底部，并把各指针调整至起始位置，分别指向分析栈的栈顶元素和输入串的首符号，即初始格局为：

# S	$a_1a_2\cdots a_n\#$
↑	↑

然后反复执行步骤（2）。

（2）设在分析的某一步，分析栈及余留的输入串处于如下格局：

$\#X_1X_2\cdots X_{m-1}X_m$	$a_ia_{i+1}\cdots\#$
↑	↑

其中，$X_1,X_2,\cdots,X_m$ 为分析过程中所得的文法符号。此时，可视栈顶元素 X_m 的不同情况，分别做如下动作。

① 若 $X_m \in V_N$，则以 X_m 及 a_i 组成的符号对(X_m, a_i)查分析表 M，设 M[X_m, a_i]为一产生式（$X_m \to UVW$），此时将 X_m 从分析栈中退出，并将 UVW 按反序推入栈（即用该产生式推导一步），从而得到新的格局：

$$\#X_1X_2\cdots X_{m-1}WVU \qquad\qquad a_ia_{i+1}\cdots\#$$

但若 M[X_m, a_i]=ERROR，则调用出错处理程序进行处理。

② 若 $X_m=a_i\neq\#$，则表明栈顶元素已与当前正扫描的输入符号匹配，此时将 X_m（即 a_i）从分析栈中退出，并将输入串指针向前推进一个位置。

③ 若 $X_m=a_i=\#$，则表明输入串已完全得到匹配，此时可宣告分析成功而结束分析工作。

例 4.6 利用 LL(1)分析法分析 i+i*i 是文法 G[E]所定义的句子：

E→TE′

E′→+TE′ | ε

E→FT′

T′→*FT′ | ε

F→(E) | i

建立文法 G[E]的分析表。

相应的分析表如表 4.1 所示（其构造方法在后面介绍）。

表 4.1 文法 G[E]的分析表

	i	+	*	(	)	#
E	E→TE′			E→TE′		
E′		E′→+TE′			E′ →ε	E′ →ε
T	T →FT′			T→FT′		
T′		T′→ε	T′→*FT′		T′→ε	T′→ε
F	F→i			F→(E)		

符号串的分析过程如表 4.2 所示。

表 4.2 符号串 i+i*i 的分析过程

步骤	分析栈	余留输入串	所用产生式
1	#E	i+i*i#	E→TE′
2	#E′T	i+i*i#	T→FT′
3	#E′T′F	i+i*i#	F→i
4	#E′T′i	i+i*i#	
5	#E′T′	+i*i#	T′→ε
6	#E′	+i*i#	E→+TE′
7	#E′T+	+i*i#	
8	#E′T	i*i#	T→FT′
9	#E′T′F	i*i#	F→i
10	#E′T′i	i*i#	
11	#E′T′	*i#	T′→*FT′
12	#E′T′F*	*i#	
13	#E′T′F	i#	F→i
14	#E′T′i	i#	
15	#E′T′	#	T′→ε
16	#E′	#	E′→ε
17	#	#	成功

由表 4.2 可以看出，在分析的每一时刻，当前已读入的符号与栈中的符号一起总是构成当前的左句型，LL(1)分析器确实构造了输入串的一个最左推导。

下面给出总控程序实现的伪代码。

```
PROCEDURE Parserl;
    BEGIN
    p=0;
```

```
Stack[p]='#';   p=p+1;
Stack[p]=文法的开始符号;   p=p+1;   //#号和开始符号依次进栈
 get-symbol(a);      //读入输入串的首符号 a
 FLAG=true;          //设置标识位
 WHILE FLAG DO
  BEGIN
    x=Stack[p];   p=p-1;
         IF x∈VT       THEN
              IF x==a   THEN
                   get-symbol(a)   //输入串指针进一
              ELSE
                   error
              ENDIF
         ENDIF
         IF x=='#'      THEN
              IF x==a          THEN
                   FLAG=false       //说明分析栈和输入串都只剩下#，分析过程结束
              ELSE
                   error
              ENDIF
         ENDIF
         IF M[x, a]=={x→x1x2…xk} THEN
              依次将 xk, xk-1…x1 压入栈内；   //若 k=0，即 x1, x2…xk=ε，则不进栈
         ELSE
              error
         ENDIF
  END
END-PROCEDURE
```

2．LL(1)分析表的构造

对于一个 LL(1)分析器，除了分析表因文法而异外，分析栈和总控程序都是相同的。由于总控程序十分简单，非常容易实现，因此，构造一个 LL(1)分析器的问题，就主要归结为构造 LL(1)分析表的问题。

为了构造分析表，我们引进与文法有关的集合 FIRST 集和 FOLLOW 集的概念。

（1）FIRST 集

假定 α 是文法 G 的任一符号串，或者说 $\alpha\in(V_T\cup V_N)^*$，我们定义

$$FIRST(\alpha)=\{b \mid \alpha\Rightarrow^* b\cdots,\ b\in V_T\}$$

特别指出，若 $\alpha\Rightarrow^*\varepsilon$，则规定 $\varepsilon\in FIRST(\alpha)$，即 FIRST(α)是 α 的所有可能推导的开始终结符号或可能的 ε。

例 4.7　设文法 G[T]:

T ∷=AB

A ∷=PQ | BC

P ∷=pP | ε

Q ∷=qQ | ε

B ∷=bB | e

C ∷=cC | f

求 FIRST(PQ)。

由定义有 $PQ \Rightarrow pPQ = p\cdots$

$PQ \Rightarrow \varepsilon Q = Q \Rightarrow qQ = q\cdots$

$PQ \Rightarrow \varepsilon Q = Q \Rightarrow \varepsilon = \varepsilon = \varepsilon$

所以 FIRST(PQ)={p,q,ε}。

对于一个简单的文法，我们用手工推导方式可以求得其 FIRST 集。对于复杂的文法，我们通常使用下述自动化算法求解。

对于文法中的每一个文法符号 $X\in(V_N\cup V_T)$，构造 FIRST(X)时只要连续使用下列规则，直至每个 FIRST 集不再扩大为止。

① 若 $X\in V_T$，则 FIRST(X)={X}。

② 若 $X\in V_N$，且有形如 X∷=bα 的规则（$b\in V_T$）或形如 X∷=ε 的规则，则把 b 或 ε 加入 FIRST(X)。

③ 设文法 G 中有形如 $X::=Y_1Y_2\cdots Y_k$ 的规则，若 $Y_1\in V_N$，则将 $FIRST(Y_1)$中一切非 ε 符号加入 FIRST(X)。对于一切 2≤i≤k，若 $Y_1\Rightarrow^*\varepsilon$，则把 Y_2 的首符号集（除 ε 外）也加入 FIRST（X）。如此继续下去，直到 $Y_{k-1}\Rightarrow^*\varepsilon$，则把 Y_k 的首符号集（除 ε 外）也加入 FIRST(X)。

④ 若 $Y_1Y_2\cdots Y_k$ 每个非终结符号都可能推导出空符号串，即 $Y_1Y_2\cdots Y_k\Rightarrow^*\varepsilon$，则把 ε 也加入 FIRST(X)。

现在，可以对文法 G 的任何符号串 $\alpha=X_1X_2\cdots X_n$ 按如下步骤构造 FIRST(α)。

首先置 FIRST(α)=∅；然后将 $FIRST(X_1)$中一切非 ε 的符号加入 FIRST(α)，若 $\varepsilon\in FIRST(X_1)$，再将 $FIRST(X_2)$中一切非 ε 的符号加入 FIRST(α)，依此类推；最后，若对于 1≤i≤n，$\varepsilon\in FIRST(X_i)$，则再将 ε 加入 FIRST(α)。

例 4.8　已知文法 G[E]，求每个产生式右部的 FIRST 集。

E∷=TE′

E′∷=+TE′ | ε

T∷=FT′

T′∷=*FT′ | ε

F∷= (E) | i

我们先来构造该文法中每一个终结符号和非终结符号的 FIRST 集，在此基础上再来构造每个产生式右部的 FIRST 集。

根据规则①，容易得到 FIRST(+)={+}，FIRST(*)={*}，FIRST(（)={（}，FIRST(）)={）}，FIRST(i)={i}。

根据规则②，可得到 FIRST(F)={（,i }，FIRST(T′)={*,ε }，FIRST(E′)={+,ε }。

根据规则③，由于有产生式 E∷=TE′和 T∷=FT′，且 T 和 F 均不能推导出 ε，可得 FIRST(E)= FIRST(T)=FIRST(F)={（,i }。

基于以上求解结果，我们可以得到产生式右部的 FIRST 集：

FIRST(TE′)=FIRST(T)={（,i }

FIRST(+ TE′)={+}　　FIRST(ε)={ε}

FIRST(FT′)=FIRST(F)={（,i }

FIRST(*FT′)={*}　　FIRST(i)={i}

FIRST(（E）)={（}

这些求解结果将用于 LL(1)分析表的构造。

（2）FOLLOW 集

接下来，我们给出 FOLLOW 集的定义和构造方法。

假定 S 是文法 G 的开始符号，对于 G 中的任何非终结符号 A，我们定义：

$$FOLLOW(A)=\{c \mid S\Rightarrow^*\cdots Ac\cdots,\ c\in V_T\}$$

特别指出，若 $S\Rightarrow^*\cdots A$，则规定#∈FOLLOW(A)，即 FOLLOW(A)是所有句型中紧接着 A 出现的终结符号或#。

构造 FIRST 集是正向思维的过程，可以直接用定义求解，而构造 FOLLOW 集是逆向思维的过程，因此，可应用下面的算法进行计算。

对于文法中的每一个非终结符号 B，为了构造 FOLLOW(B)，可反复应用如下规则，直至每个 FOLLOW 集不再扩大为止。

① 对于文法的开始符号 S，令#∈FOLLOW(S)（因为 S⇒*S，由定义可知#∈FOLLOW(S)）。

② 若文法中有形如 A∷=αBβ 的规则，且 β≠ε，则将 FIRST(β)中一切非 ε 的符号加入 FOLLOW(B)。

③ 若文法中有形如 A∷=αB 或 A∷=αBβ 的规则，且 β ⇒*ε，则 FOLLOW(A)中全部符号均属于 FOLLOW(B)。该算法中 α 可以为 ε。

上述规则②和规则③也可以合并描述如下。

若文法中有形如 A∷=αBβ 的规则，且 β≠ε，则将 FIRST(β)中一切非 ε 的符号加入 FOLLOW(B)；若 β=ε 或 β ⇒*ε，则 FOLLOW(A)中全部符号均属于 FOLLOW(B)，其中 α 可以为 ε。

在具体求解时应关注非终结符号在哪条规则的右部出现。

例 4.9 已知文法 G[E]，构造每一个非终结符号的 FOLLOW 集。

E∷=TE′

E′∷=+TE′ | ε

T∷=FT′

T′∷=*FT′ | ε

F∷= (E) | i

根据规则①：

#∈FOLLOW(E)，故 FOLLOW(E)= {#}。

根据规则②：

）∈FOLLOW(E)，故 FOLLOW(E)= {）,#}；

FIRST(T′)- {ε} ⊆FOLLOW(F)，故 FOLLOW(F)= {*}；

FIRST(E′)- {ε} ⊆FOLLOW(T)，故 FOLLOW(T)= {+}。

根据规则③：

FOLLOW(E)⊆FOLLOW(E′)，故 FOLLOW(E′)= {）,#}；

FOLLOW(E)⊆FOLLOW(T)，故 FOLLOW(T)= {+,）,#}；

FOLLOW(T)⊆FOLLOW(T′)，故 FOLLOW(T′)= {+,）,#}；

FOLLOW(T)⊆FOLLOW(F)，故 FOLLOW(F)= {+,*,）,#}。

最后的结果为

FOLLOW(E)=FOLLOW(E′)= {）,#}

FOLLOW(T)=FOLLOW(T′)= {+,）,#}

FOLLOW(F)= {+,*,）,#}

求出 FIRST 集和 FOLLOW 集后，就可以构造文法 G 的 LL(1)分析表。对于 G 中每一个规则 A∷=α，可按如下规则确定表中各元素。

① 对 FIRST(α)中每一终结符 a，置 M[A,a]= “A→α”。

② 若 ε∈FIRST(α)，则对 FOLLOW(A)中的每一符号 b（b 为终结符号或#），置 M[A,b]= “A→α”。

③ 把 M 中所有不能按规则①和规则②定义的元素均置为出错。

按上述规则为例 4.8 文法 G[E]所构造的 LL(1)分析表如表 4.1 所示。例如，E∷=TE′，我们已经求得 FIRST(TE′)= {（,i }，根据规则①，置 M[E,（]= “E∷=TE′” 和 M[E,i]= “E∷=TE′”。此外，E′∷=+TE′ | ε，非终结符号 E′有两个候选式，其中 FIRST(+ TE′)={+}，根据规则①置 M[E′,+]= “E′∷=+TE′”。由于 FIRST(ε)={ε}，规则①不适用，但是此时 ε∈FIRST(α)，所以要采用规则②，已经求得 FOLLOW(E′)={）,#}，所以置 M[E′,）]= “E′∷=ε” 和 M[E′,#]= “E′∷=ε”。

在此需要强调的是，在某些例子中，可能某条候选的产生式既适用于规则①又适用于规则②。例如，有文法 G[A]:

A→X　　X→aY | bAc | ε　　Y→cY | c

显然我们可以求得 FIRST(X)={a,b,ε}，FOLLOW(A)={c,#}，那么对于候选式 A→X，根据规则①，置 M[A,a]="A→X"和 M[A,b]="A→X"；但此时 ε∈FIRST(X)，因而根据规则②，对于 FOLLOW(A)中的 c 和#，需要置 M[A,c]= "A→X" 和 M[A,#]= "A→X"。

为了节省分析表的空间和提高分析效率，可以将 LL(1)分析表进一步简化。不需要将整个规则 A∷=α 记入 M[A,a]，只需将规则右部存于分析表的元素中。例如，假设 $\alpha=X_1X_2\cdots X_n$，则记入表的可以是 $X_nX_{n-1}\cdots X_2X_1$，这样使总控程序工作方便（不需要再逆序入栈，直接将 $X_nX_{n-1}\cdots X_2X_1$ 入栈即可）。与此同时，若 X_1 为终结符号，则它与输入符号 a 匹配时，因 X_1 无须入栈，而输入串指针移向下一个输入符号，故减少了分析步骤。

一个文法 G，若它的分析表不含多重定义入口，则它是一个 LL(1)文法。可以证明，一个 LL(1)文法所定义的语言，恰好是它的分析表 M 所识别的全部句子。

LL(1)文法有一些明显的性质，它不是二义的，也不含左递归。文法 G 是 LL(1)文法，当且仅当文法 G 中同一非终结符号的任何两个规则 A∷=α | β 满足如下条件：

① FIRST(α)∩FIRST(β)=∅，也就是 α 和 β 推导不出以同一终结符号 a 为首的符号串；

② α 和 β 中最多只有一个可能推出空符号串；

③ 如果 β⇒*ε，那么 α 推出的任何串不会以 FOLLOW(A)中的终结符号开始，反之亦然。

根据 LL(1)分析法的工作原理可以说明上述条件。我们假设对于 A∷=α | β，有 FIRST(α)∩FIRST(β)={a}不为空，这也就意味着在构造的 LL(1)分析表中，置 M[A,a]= "A∷=α" 还是 M[A,a]= "A∷=β" 是无法确定的，违背了"自顶向下语法分析在推导的每一步期望能唯一指定某条产生式规则继续往下推导"的初衷。此外，我们还要求在 A∷=α | β 中，α 和 β 中最多只有一个可能推出空符号串，如若不然，若 ε∈FIRST(α)同时 ε∈FIRST(β)，那么对 FOLLOW(A)中的每一符号 b（b 为终结符号或#），置 M[A,b]= "A→α" 还是 M[A,b]= "A→β" 是无法确定的，因此分析表存在多重定义入口问题。关于条件③，我们通过例 4.10 来加以说明。

例 4.10　文法 G[S]：

S∷=iCtSS′ | a

S′∷=eS | ε

C∷=b

根据前面介绍的文法分析表构造方法，构造出该文法的分析表，如表 4.3 所示。对于 S′∷= eS | ε，First(eS)={e}，因此在表 4.3 中需要置 M[S′,e]= "S′∷=eS"；由于 ε⇒*ε，对于 FOLLOW(S′)= FOLLOW(S)={#，e}中的每一个符号需要置 M[S′, e]= "S′∷=ε" 和 M[S′,#]= "S′∷=ε"，这就造成了 M[S′, e]存在多重定义入口。这种情况违背了上述条件③。我们要求"如果 β⇒ *ε，那么 α 推出的任何串不会以 FOLLOW(A)中的终结符号开始"，即若 β⇒*ε，则 FIRST(α) ∩ FOLLOW(A)=∅。

由表 4.3 可知，该文法是 2 型文法，而不是 LL(1)文法。因为从它的分析表可以看出，M[S′,e]处有两条规则，即 M[S′,e]有多重定义入口，所以该文法不是 LL(1)文法。

表 4.3　例 4.10 文法分析表

	a	b	e	i	t	#
S	S∷=a			S∷=iCtSS′		
S′			S′=eS　S′∷=ε			S′∷=ε
C		C∷=b				

最后，还需要提及，在进行自顶向下语法分析时，若每一步推导不是向前看 1 个符号，而是需要看 K 个符号才能唯一确定所选用的规则，那么我们就把此种语法分析方法称为 LL(K)分析法，把满足此种分析条件的文法称为 LL(K)文法。例 4.11 是一个典型的 LL(K)文法。

例 4.11　有文法 G[S]：

S ∷= aSb　|　aabb

问：该文法是不是LL(1)文法？若不是，至少应该向前看几个符号？

该文法显然不是LL(1)文法，至少向前看3个符号（分析任一个句型aaaabbbb就可以看出）才能确定到底是选用S ∷= aSb还是S ∷= aabb继续往下推导。

4.3 自底向上的语法分析

自底向上语法分析是从输入串出发，试图把它归约到识别符号。从图形上看，自底向上语法分析过程是以输入串作为末端结点，向着根结点方向构造语法树，使识别符号正是该语法树的根结点。自底向上语法分析是一个不断进行直接归约的过程。自底向上语法分析方法的关键是找出这种可归约的符号串。

目前已有多种自底向上语法分析技术的实现方法，如简单优先分析法、算符优先分析法及LR(K)系列分析法等。几种语法分析方法对相应的文法都有一定的要求。例如，简单优先分析法要求任意两个符号之间至多只有一种优先关系成立，且任意两条产生式没有相同的右部；算符优先分析法要求文法的产生式右部没有相邻的非终结符号，且任意两个终结符号之间至多只有一种优先关系成立。LR分析法是1965年由克努特（Knuth）提出的一种自底向上语法分析方法，可用于一大类上下文无关文法分析，这种技术叫作LR(K)分析技术。LR(K)是目前最常使用的语法分析方法，因此本节重点介绍该方法，其他方法可参阅其他编译原理书籍。

4.3.1 LR分析器的逻辑结构和分析过程

LR(K)分析器是这样一种分析程序：它总是从左至右扫描输入串，并自底向上进行规范归约，在这种分析过程中，它至多只向前查看K个输入符号就能确定当前的动作是移进还是归约；若动作归约，它还能选中唯一的规则去归约当前已识别的句柄。若该输入串是给定文法的一个句子，则它总是可以把这个输入串归约到文法的开始符号，否则它会报错并指明该输入串不是该文法的一个句子。

LR分析法是当前最一般的分析方法，其原因是能用上下文无关文法描述的程序设计语言结构一般都可以构造LR分析器进行识别；其次，LR分析法是一般性的无回溯的移进—归约分析法，并且能有效地实现；再者，LR分析器在从左至右扫描输入串时，可以尽可能地发现语法错误。除此以外，还可用自动方式构造一个LR(K)分析器的核心部分——分析表。

从逻辑上讲，一个LR分析器包括两部分：一个总控程序和一张分析表。一般而言，所有LR分析器的总控程序是一样的，只是分析表各不相同。不同分析表有不同构造方法，共有四种不同的分析表构造方法，分别是LR(0)、SLR(1)、LR(1)及LALR(1)。LR(0)构造分析表功能太弱，分析能力最低，但它是其他构造方法的基础。SLR(1)称为简单LR分析表构造方法，这是一种比较容易实现的方法，其功能也不太强，但比LR(0)稍强些。LR(1)功能最强，而且适合于很多文法。对于通常的程序设计语言来说，虽然LR(1)功能强大，但是实现它需要付出的代价也最大。LALR(1)称为向前看LR分析表构造方法，这种方法构造分析表的功能介于SLR(1)和LR(1)之间，适用于大多数高级程序设计语言的结构，并且可以比较有效地实现。

LR分析法的主要缺点是手工构造分析程序工作量太大。为此，人们已经设计出构造LR分析程序的专门工具——LR分析程序自动生成器，如YACC。有了这样的生成器，只要写出上下文无关文法，就可以自动产生该文法的分析器，所以，这种分析法更受人们重视。

在逻辑上，LR分析器结构如图4.2所示。

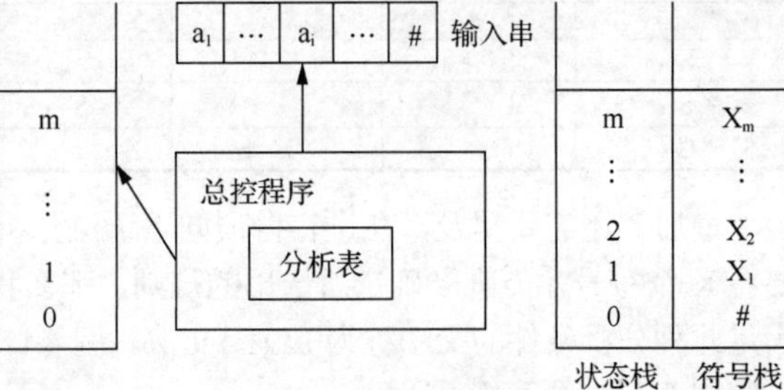

图4.2 LR分析器结构

它是由输入串、下推状态栈、总控程序和分析表组成的。

实际上在分析时读入的符号是不进栈的。为使分析过程更加清晰，我们另设一个符号栈（实际上只有一个状态栈用于存放状态）。

LR 分析器的核心是分析表，分析表由两个子表组成。

（1）分析动作表如表 4.4 所示。

表 4.4　分析动作表

	a_1	a_2	…	a_m
0	ACTION[0,a_1]	ACTION[0,a_2]	…	ACTION[0,a_m]
1	ACTION[1,a_1]	ACTION[1,a_2]	…	ACTION[1,a_m]
…	…	…	…	…
n	ACTION[n,a_1]	ACTION[n,a_2]	…	ACTION[n,a_m]

表 4.4 中，0,1,…,n 为分析器各状态，$a_1,a_2,\cdots,a_m$ 为文法的全部终结符号，ACTION[i,a_j]指明状态 i 面临输入符号 a_j 时应采取的分析动作。句子界限符为#。ACTION[i,a_j]有如下四种取值。

ACTION[i,a_j]=S：移进动作，当前输入符号 a_j 进入符号栈。

ACTION[i,a_j]= r_m：按第 m 个产生式进行归约。

ACTION[i,a_j]= acc：接受。

ACTION[i,a_j]= ERROR：出错。

（2）状态转换表如表 4.5 所示。

表 4.5　状态转换表

	X_1	X_2	…	X_p
0	GOTO[0,X_1]	GOTO[0,X_2]	…	GOTO[0,X_p]
1	GOTO[1,X_1]	GOTO[1,X_2]	…	GOTO[1,X_p]
…	…	…	…	…
n	GOTO[n,X_1]	GOTO[n,X_2]	…	GOTO[n,X_p]

表 4.5 中，$X_1,X_2,\cdots,X_p$ 是文法字汇表中全部终结符号和非终结符号，0,1,…,n 为分析器各状态，GOTO[i,X_j]指明状态 i 面对文法非终结符号 X_j 时下一状态是什么。

LR 分析器的工作是在总控程序控制下进行的，其步骤如下。

（1）分析开始时，首先将初始状态 0 及句子左界限符#推入分析栈，和输入串构成一个三元式：

$$(0,\#,a_1a_2\cdots a_n\#)$$

其中 0 为初态，#为句子左界限符，$a_1a_2\cdots a_n$ 是输入串，其后的#为句子右界限符。

（2）设在分析的某一步，分析栈和余留输入串表示为

$$(01\cdots m,\#X_1X_2\cdots X_m,a_ia_{i+1}\cdots a_n\#)$$

这时用当前栈顶状态 m 及正扫描的输入符号 a_i 组成符号对去查分析动作表，并根据表中元素 ACTION[m,a_i]所规定的动作进行分析。分析动作表中每一元素 ACTION[m,a_i]所规定的动作仅有下列四种可能。

① 若 ACTION[m,a_i]=S，为移进动作，这表明句柄尚未在栈顶形成，正期待着移进输入符号以形成句柄。故将当前输入符号 a_i 推入符号栈，其三元式变为

$$(01\cdots m,\#X_1X_2\cdots X_ma_i,a_{i+1}a_{i+2}\cdots a_n\#)$$

然后以符号对(m,a_i)查状态转换表，若相应元素 GOTO[m,a_i]=k，再将此新状态 k 推入栈，则三元式变为

$$(01\cdots mk,\#X_1X_2\cdots X_ma_i,a_{i+1}a_{i+2}\cdots a_n\#)$$

② 若 ACTION[m,a_i]=r_j，为归约动作，其中 r_j 是文法中第 j 个规则 A∷=β，r 是规则右部 β 的长度。此时按规则 A∷=β 执行一次归约动作，这表明栈顶的符号串 $X_{m-r+1}X_{m-r+2}\cdots X_m$ 已是当前句型（对非终结符号 A）的句柄。按第 j 个产生式进行归约，此时将分析栈自顶向下的 r 个符号退出，并同

步地将 r 个状态退出状态栈，使状态 m−r 变成栈顶状态，再将文法符号 A 推入栈，其三元式为

$$(01\cdots m-r,\#X_1X_2\cdots X_{m-r}A,a_ia_{i+1}\cdots a_n\#)$$

然后以(m−r,A)查状态转换表，设 GOTO[m−r,A]=k，将此新状态推入状态栈，则三元式变为

$$(01\cdots m-r\ k,\#X_1X_2\cdots X_{m-r}A,a_ia_{i+1}\cdots a_n\#)$$

归约动作不改变现行输入符号，输入串指针不向前推进，它仍然指向动作前的位置。

③ 若 ACTION[m,a_i]= acc，为接受动作，这表明当前输入串已被成功地分析完毕，则三元式不再变化，宣告分析成功。

④ 若 ACTION[m,a_i]= ERROR，则三元式变化过程终止，报告错误。

（3）重复步骤（2），直到在分析的某一步，栈顶出现“接受状态”或“出错状态”为止。

对于前者，其三元式变为

$$(0z,\#E,\#)$$

其中 E 为文法开始符号，z 为使动作 ACTION[z，#]=“acc”（接受）的唯一状态。

一个 LR 分析器的工作过程就是一步一步地变换三元式，直至“接受”或“报错”为止。

例 4.12 设已知文法 G[E]:（首先对每个文法规则编号）

① E∷=E+T

② E∷=T

③ T∷=T*F

④ T∷=F

⑤ F∷=(E)

⑥ F∷=i

为了节省空间，我们将文法 G[E]分析动作表（ACTION）和状态转换表（GOTO）根据状态行进行合并，合并之后分析表如表 4.6 所示（表的构造方法以后再讨论）。

表 4.6 例 4.12 文法分析表

状态	ACTION						GOTO		
	i	+	*	(	)	#	E	T	F
0	S_5			S_4			1	2	3
1		S_6				acc			
2		r_2	S_7		r_2	r_2			
3		r_4	r_4		r_4	r_4			
4	S_5			S_4			8	2	3
5		r_6	r_6		r_6	r_6			
6	S_5			S_4				9	3
7	S_5			S_4					10
8		S_6			S_{11}				
9		r_1	S_7		r_1	r_1			
10		r_3	r_3		r_3	r_3			
11		r_5	r_5		r_5	r_5			

表 4.6 中所引用记号的意义如下。

① S_k：把下一个状态 k 和现行输入符号 a_i 分别移进状态栈和符号栈。

② r_j：按第 j 个规则进行归约。

③ acc：接受。

④ 空白格：出错标志，报错。

状态转换表仅对所有非终结符号 A 列出 GOTO[m,A]的值，表明所要到达的状态。

现以输入串为 i+i*i 为例，给出 LR 分析器对它进行分析的过程，如表 4.7 所示。

现在我们主要关心的问题是，如何根据给定文法来构造 LR 分析表。对于一个文法，如果能够构造出一张分析表，且表中的每个条目都是唯一的（要么为空白格，要么为唯一的动作），则把这个

文法称为 LR 文法。并非所有上下文无关文法都是 LR 文法，但大多数高级程序设计语言可用 LR 文法来描述。直观上说，对于一个 LR 文法，分析器在对输入串进行自左至右扫描时，一旦句柄出现在栈顶，就能及时对它实行归约。

LR 分析器做出移进—归约决定的一个信息源是向前看 K 个输入符号。一般而言，一个文法，如果能用一个每步顶多向前看 K 个输入符号的 LR 分析器进行分析，则这个文法称为 LR(K)文法。但对大多数高级程序设计语言而言，K=0 或 K=1 就足够了。因此本书只考虑 K≤1 的情形。

对于一个文法，如果它的任一移进—归约分析器存在如下情形，那么这个文法就不是 LR 文法。

① 尽管栈的内容和向前看的下一个输入符号都已知悉，但依旧无法确定是采用移进动作还是归约动作。

② 无法从几种可能的归约动作中确定其一。此外，一个 LR 文法肯定是无二义性的，一个不加改造的二义性文法绝不会是 LR 文法。

表 4.7　i+i*i 的 LR 分析过程

步骤	状态栈	符号栈	输入串	分析动作	下一状态
1	0	#	i+i*i#	S_5	5
2	05	#i	+i*i#	r_6	GOTO[0,F]=3
3	03	#F	+i*i#	r_4	GOTO[0,T]=2
4	02	#T	+i*i#	r_2	GOTO[0,E]=1
5	01	#E	i*i#	S_6	6
6	016	#E+	i*i#	S_5	5
7	0165	#E+i	*i#	r_6	GOTO[6,F]=3
8	0163	#E+F	*i#	r_4	GOTO[6,T]=9
9	0169	#E+T	*i#	S_7	7
10	01697	#E+T*	i#	S_5	5
11	016975	#E+T*i	#	r_6	GOTO[7,F]=10
12	016971̲0̲	#E+T*F	#	r_3	GOTO[6,T]=9
13	0169	#E+T	#	r_1	GOTO[0,E]=1
14	01	#E	#	acc	

4.3.2　LR(0)分析表的构造

LR(0)分析表就是 LR(K)分析表当 K=0 的情况，特指在分析的每一步，根据当前栈顶状态就能确定应采取何种分析动作，而无须向前查看输入符号。为了构造 LR(0)分析表，首先引入规范句型活前缀的概念。

规范句型指由规范推导推出的句型，由于规范推导属于最右推导，这种句型也称右句型。自下而上的移进—归约分析，是对句柄进行规范归约，它是规范推导的逆过程。表 4.7 中，可以归约的符号串出现在栈顶，分析栈中的符号串是规范句型的一个前缀，而且它不含有句柄之后的符号。

符号串的前缀是指符号串的任意首部。例如，符号串 abc 的前缀有 ε、a、ab、abc。

活前缀：规范句型（右句型）的一个前缀，如果它不含句柄后任何符号，则称它是该规范句型的一个活前缀。也就是说，在活前缀右边增添一些终结符号，就可以得到规范句型。

例如，S⇒+abcdef，其中 cd 是句柄，则 ε、a、ab、abc、abcd 是该规范句型的活前缀，而 abcd 是包含句柄的活前缀。

在 LR 分析过程中的任何时候，符号栈里的文法符号 $X_1X_2\cdots X_m$ 都应该构成活前缀，把输入串的剩余部分匹配上之后即成为规范句型（如果整个输入串确实构成一个句子的话）。

规范句型的活前缀不含句柄后任何符号，因此，前缀与句柄的关系可能有三种情况。

（1）活前缀已包含句柄全部符号，这表明规则 A∷=β 的右部符号串 β 已在符号栈顶形成，因此相应的分析动作应是用此规则进行归约。这种情况可以用 A∷=β・表示。

（2）活前缀只包含句柄的一部分符号，意味着规则 A∷=$\beta_1\beta_2$ 的右部的左边子串 β_1 已出现在符号栈顶，正期待着在余留输入串中看到能由 β_2 推出的符号串依次入栈。这种情况可以用 A∷=β_1•β_2 表示。

（3）活前缀不包含句柄的任何符号，这表明规则 A∷=β 的右部符号串 β 中的符号均不在符号栈顶，正期待着余留输入串中能由 β 推出的符号串依次入栈。这种情况可以用 A∷=•β 表示。

我们把右部某位置上标有圆点的规则称为相应文法的一个 LR(0)项目。特别指出，对形如 A∷=ε 的规则，相应 LR（0）项目为 A→•。

举例如下。

A∷=β	A∷=β•	一个 LR(0)项目
A∷=$\beta_1\beta_2$	A∷=β_1•β_2	一个 LR(0)项目
A∷=β	A∷= •β	一个 LR(0)项目
A∷=ε	A∷= •	一个 LR(0)项目

又如，一个规则 A∷=aBC，根据圆点的位置不同可以产生以下四个 LR(0)项目。

A∷=•aBC：正期待着余留输入串中由 aBC 推出的符号串依次进栈。

A∷=a•BC：a 已进栈，正期待着余留输入串中由 BC 推出的符号串依次进栈。

A∷=aB•C：由 aB 推出的符号串进栈，正期待着余留输入串中由 C 推出的符号串依次进栈。

A∷=aBC•：由 aBC 推出的符号串均已进栈形成当前句柄 BC。

规则 A∷=β 对应项目数为 |β|+1 个（|β| 表示 β 所含符号数目）。显然，不同的 LR(0)项目反映了分析过程中栈顶的不同情况。

克努特证明了一个 LR 文法的右句型的所有活前缀能够为有穷自动机所接受。我们可以把文法 G 中每一个项目作为非确定的有穷自动机的一个状态，先构造 NFA，再将其确定化为 DFA。

例 4.13 设有文法 G[E]=（{E,A,B}，{a,b,c,d}，P,E）其中 P 由下列规则组成：

① E∷=aA	④ A∷=d
② E∷=bB	⑤ B∷=cB
③ A∷=cA	⑥ B∷=d

为方便起见，我们在上述文法中引入一个新的开始符号 S′，并将 S′∷=E 作为第 0 个规则，从而得到 G 的拓广文法 G′，显然，L(G)=L(G′)。将文法拓广的目的是使文法只有一个开始符号作为规则左部，这样构造出来的分析器有唯一的接受项目。否则，E∷=aA 和 E∷=bB 就有两个接受项目。

对于文法 G′，其 LR(0)项目如下。

① S′∷=•E	⑦ A∷=c•A	⑬ E∷=bB•
② S′∷=E•	⑧ A∷=cA•	⑭ B∷=•cB
③ E∷=•aA	⑨ A∷=•d	⑮ B∷=c•B
④ E∷=a•A	⑩ A∷=d•	⑯ B∷=cB•
⑤ E∷=aA•	⑪ E∷=•bB	⑰ B∷=•d
⑥ A∷=•cA	⑫ E∷=b•B	⑱ B∷=d•

我们可根据它们不同的作用，将一个文法的全部 LR(0)项目分为三类。

（1）对于形如 A∷=β• 的项目，因为它表明右部符号串 β 已出现在符号栈顶，此时相应分析动作为按规则进行归约，称此类项目为归约项目。例 4.13 中的项目②、⑤、⑧、⑩、⑬、⑯、⑱都是归约项目。项目②显然仅用于分析过程中最后一次归约，它表明整个分析过程已成功地完成，是一个特殊的归约项目，称为接受项目。

（2）对于形如 A∷=β_1•aβ_2 的项目，其中 β_1 可以是 ε，a 是终结符号，相应分析动作为将当前输入符号 a 移入栈，故称此类项目为移进项目。例 4.13 中项目③、⑥、⑨、⑪、⑭、⑰都是移进项目。

（3）对于形如 A∷=β_1•Bβ_2 的项目，其中 β_1 可以是 ε，B 是非终结符号，由于我们期待着从余留输入串中进行归约而得到B，故称此类项目为待约项目。例4.13中项目①、④、⑦、⑫、⑮都是待约项目。

上述文法共有18个LR(0)项目，所以可以构造一个具有18个状态的NFA。并规定项目①为初始状态。

NFA构造方法如下。

（1）如果状态k和状态j出自同一规则，而且状态j的圆点只落后于状态k的圆点一个位置，例如，状态k为

$$A::=X_1X_2\cdots X_{i-1}\cdot X_iX_{i+1}\cdots X_m$$

而状态j为

$$A::=X_1X_2\cdots X_{i-1}X_i\cdot X_{i+1}\cdots X_m$$

则从状态k出发，画一条标记为X_i的箭弧到状态j，如图4.3所示。

（2）如果状态k圆点之后的符号X_i为非终结符号，那么从状态k画ε箭弧到所有形如$X_i::=\cdot\beta$的项目（状态j），如图4.4所示。

图4.3 状态k和状态j的转换（1） 图4.4 状态k和状态j的转换（2）

例如，文法G′中项目①圆点之后那个符号是E，为非终结符号，那么从项目①画ε箭弧到所有形如$E::=\cdot\beta$的项目（状态），即项目③（$E::=\cdot aA$）和项目⑬（$E::=\cdot bB$）。

（3）属于归约项目的状态是NFA的终态，即识别可归约活前缀的终态。

根据上述方法很容易构造出ε-NFA状态转换图，如图4.5所示，①是唯一的初态，画双圆圈者是可归约状态，即识别可归约活前缀的终态。

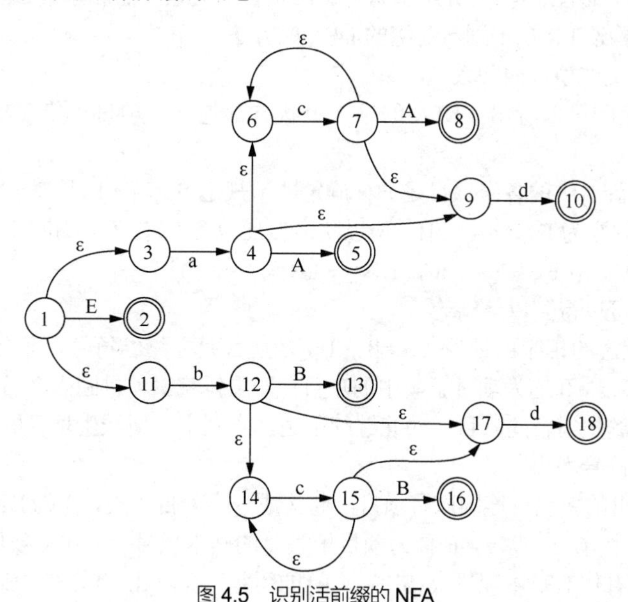

图4.5 识别活前缀的NFA

显然，NFA可以识别文法G的活前缀：从NFA的初始状态①出发，沿箭弧所指示的方向前进，当到达某一双圆圈状态时，把所经历的全部箭弧上的标记依次连成一符号串，此符号串就是某规范句型的一个可归约活前缀，到达其他任一状态所得符号串就是规范句型活前缀，如可归约活前缀bcB、规范句型活前缀bc。

我们采用子集法，消去ε，将NFA确定化，使其变成DFA，然后将每一个集合（状态集合）作

为 DFA 的一个状态，如 $I_0,I_1,I_2,\cdots$，这样就可以画出 DFA 状态转换图，图中每一个状态都以项目集合来表示，如 I_0={S′∷=・E,E∷=・aA,E∷=・bB}，如图 4.6 所示。

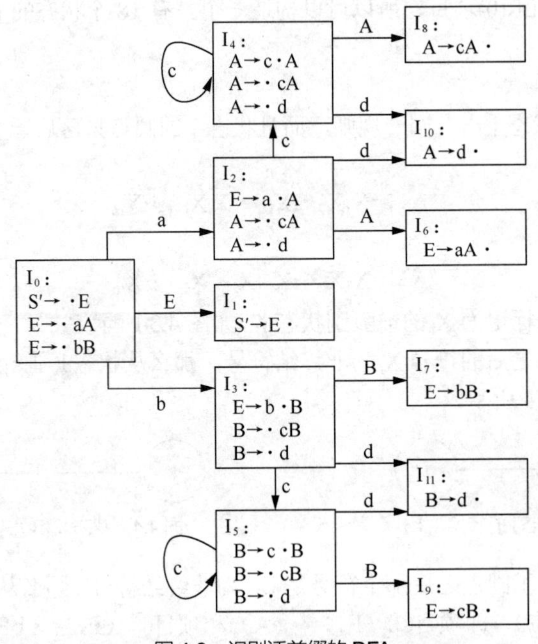

图 4.6 识别活前缀的 DFA

上述过程较为复杂，尤其是子集法的采用，我们期望能够直接由文法项目构造出 DFA，然后由 DFA 构造出分析表。下面首先考察 DFA 状态与文法项目的关系，然后考察 DFA 转换函数与文法项目的关系，可以得到构造 LR(0)识别活前缀的 DFA 的方法。

（1）DFA 状态与文法项目的关系

由 DFA 状态转换图可以看出：DFA 的每一个状态都是一个项目子集，其中 I_0={S′∷=・E , E∷=・aA , E∷=・bB}。

首先来看一下状态 I_0 中的各个项目是如何确定的：规定 S′∷=・E 是属于 I_0 的一个项目，而 E 是非终结符号，E 的规则为 E∷=aA | bB，所以状态 I_0 还包含 E∷=・aA 和 E∷=・bB。由此即得状态 I_0 的项目子集为{S′∷=・E , E∷=・aA , E∷=・bB}。

根据上述分析，可以得到以下结论。

若 NFA 的某一状态的相应项目为 A∷=β_1・Bβ_2，且 B 是非终结符号，又有形如 B∷=β 的规则，则其所有相应项目 B∷=・β 均为项目子集中的项目；如果新获得项目圆点之后的符号又为非终结符号，则又按上述方法派生出新的项目。如此继续下去，直到全部新派生项目的圆点之后的符号为终结符号或圆点之后无符号为止。

这时，所有派生出的新项目连同原有项目一起构成一个项目子集，作为 DFA 的一个状态（如状态 I_0）。实际上，我们将项目 S′∷=・E 称为项目子集 I_0 的基本项目。上述从项目 S′∷=・E 出发构造项目子集 I_0 的过程可看作对基本项目集{S′∷=・E}的闭包运算，用 CLOSURE({S′∷=・E})来表示。一般而言，设 I 为一项目子集，则构造 I 的闭包 CLOSURE(I)的方法如下。

① I 中每一项目都属于 CLOSURE(I)。

② 若形如 A∷=β_1・Bβ_2 的项目属于 CLOSURE(I)，那么，对于任何有关 B 的规则 B∷=β，相应的项目 B∷=・β 也属于 CLOSURE(I)。

③ 重复执行步骤②，直至 CLOSURE(I)不再增大为止。

显然，CLOSURE({S′∷=・E})={S′∷=・E , E∷=・aA , E∷=・bB}，这就是图 4.6 中的初态 I_0。

（2）DFA 转换函数与文法项目的关系

分析 DFA 状态转换图：状态 I_0 中有项目 S′∷= • E，所以可以由状态 I_0 画一标记为 E 的箭弧指向下一状态 I_1，I_1 包含项目 S′∷=E •，圆点向后移一位。

由此得出结论：设 X 为一个文法符号（终结符号或非终结符号），若 I_i 中有圆点位于 X 左边的项目，形如 A∷=β_1 • Xβ_2（β_1 可以是 ε），则可从 I_i 出发画一条箭弧，标记为 X，到下一状态；设此新状态为 I_j，其中项目 A∷=β_1X • β_2 为 J，J 显然是新状态集合 I_j 中的一个基本项目，因此，按照构造项目子集 I_0 的方法，我们就有 I_j=CLOSURE(J)。

例如，I_0 中有项目 S′∷= • E（β_1 和 β_2 是 ε），从 I_0 出发画一条箭弧，标记为 E，到下一状态 I_1，圆点向后移一位，则 I_1 中有基本项目 J={S′∷=E •}。由于项目 S′∷=E •的圆点后无符号，所以 I_1={S′∷=E • }。

同样，I_0 中有项目 E∷= • aA（β_1 是 ε），从 I_0 出发画一条箭弧，标记为 a，到下一状态 I_2，圆点向后移一位，因 I_2 中有基本项目 J={E∷=a • A}，则 I_2=CLOSURE(J)=CLOSURE({E∷=a • A })。那么按照构造 I 的闭包 CLOSURE(I)的方法，可求得 I_2={E∷=a • A , A∷= • cA , A∷= • d}。

为了指明状态 I_j 和状态 I_i 之间的这种转换关系，我们定义一个状态转换函数：

$$GO(I_i, X) = CLOSURE(J)$$

其中，I_i 为当前状态，X 为文法符号，J 是基本项目集，J={任何形如 A∷=β_1X •β_2 的项目 | A∷=β_1 •Xβ_2 属于 I_i}。

例如，I_0 中有项目 E∷= • bB，I_3=GO(I_0, b)=CLOSURE(J)，J={E∷=b • B}，由于有文法规则 B∷=cB 和 B∷=d，所以 I_3={E∷=b • B , B∷= • cB , B∷= • d}。

上面我们分析了 DFA 状态和文法项目之间的关系、DFA 转换函数和文法项目之间的关系，所以我们由文法构造 DFA 时，不必先构造 NFA 再用子集法来构造 DFA，而可以直接由文法来构造 DFA。

对于 LR(0)文法，我们构造出识别活前缀的 DFA 后，就可以根据 DFA 的状态转换图来构造 LR(0)分析表。下面给出构造 LR(0)分析表的规则。

假定 C={I_0,I_1,I_2,I_3,…,I_n}，为方便起见，我们用整数 0,1,2,3,…,n 表示状态 I_0,I_1,I_2,I_3,…,I_n。

（1）若 GO(I_i,X)=I_j，对于 I_i 中形如 A∷=β_1 • Xβ_2 的项目，若 X=a∈V_T，则置 ACTION[i,a]=S_j，若 X∈V_N，则置 GOTO[i, X]=j。

例如，I_0 中有 E∷= • aA，GO(I_0,a)=I_2，a∈V_T，所以置 ACTION[0,a]=S_2；I_2 中有 E∷=a • A，GO(I_2,A)=I_6，A∈V_N，所以置 GOTO[2,A]=6。

（2）若归约项目 A∷=β • 属于 I_i，假设 A∷=β 是文法第 j 条规则，则对任意终结符号 a 和句子右界限符#，均置 ACTION[i, a/#]=r_j，表示按文法第 j 条规则将符号栈顶的符号串 β 归约为 A。

例如，I_6 中有项目 E∷=aA • ，其规则 E∷=aA 是文法的第 1 条规则，所以置 ACTION[6, a] =ACTION[6, b]=ACTION[6, c]=ACTION[6, d]=ACTION[6, #]=r_1。

（3）若接受项目 S′∷=S • 属于 I_i，则置 ACTION[i, #]=acc，表示接受。

例如，S′∷=E • 属于 I_1，所以置 ACTION[1, #]=acc。

（4）分析表中，凡不能用规则（1）～（3）填入信息的空白格均表示出错。

构成识别一个文法的活前缀的 DFA 的项目集（状态）的全体称为这个文法的 LR(0)项目集规范族。例 4.13 中文法 G[E]的 LR(0)项目集规范族为{I_0,I_1,I_2,I_3,…,I_{11}}。

如果一个项目集中既有移进项目又有归约项目，或一个项目集中有两个以上的不同归约项目，则称这些项目是冲突项目。前面我们构造的项目集中还没有冲突项目。

如果一个文法的项目集规范族的每个项目集中均不存在任何冲突项目，则称该文法为 LR(0)文法。

例如，例 4.13 文法的 LR(0)项目集规范族的每个项目集中都不存在冲突项目，所以该文法就是

LR(0)文法。

例 4.14 已知文法 G[S]：S∷=aAa | aBb，A∷=c，B∷=c。构造识别活前缀的 DFA，并完成其分析表。

对文法进行拓展并对文法 G[S]的规则进行排序：

⓪ S′∷=S

① S∷=aAa

② S∷=aBb

③ A∷=c

④ B∷=c

构造识别活前缀的 DFA，如图 4.7 所示。

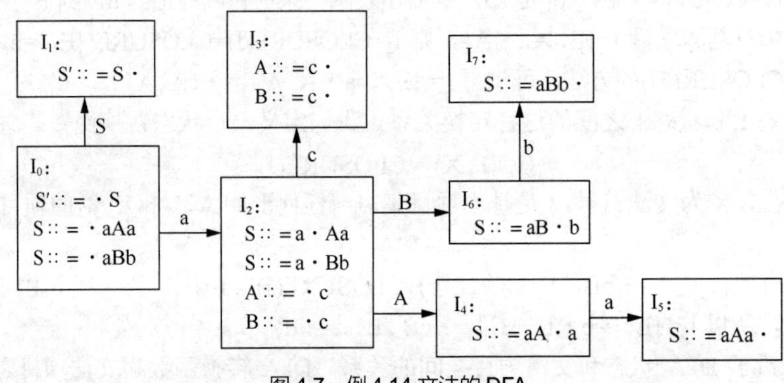

图 4.7 例 4.14 文法的 DFA

如表 4.8 所示，按照 LR(0)分析法构造出来的分析表含有多重定义入口，因此该文法不是 LR(0)文法。

表 4.8 例 4.14 文法的 LR(0)分析表

状态	ACTION				GOTO		
	a	b	c	#	S	A	B
0	S_2				1		
1				acc			
2			S_3			4	6
3	r_3/r_4	r_3/r_4	r_3/r_4	r_3/r_4			
4	S_5						
5	r_1	r_1	r_1	r_1			
6		S_7					
7	r_2	r_2	r_2	r_2			

4.3.3 SLR(1)分析表的构造

上面介绍的 LR(0)分析法是从左向右扫描源程序，当到达某规则右部最右符号时，便识别出这条规则，并且对于每一句柄，无须查看句柄之外的任何输入符号。这种分析方法要求文法的每一个项目集都不含冲突性的项目。但通常程序设计语言文法不符合这种要求。

例如，LR(0)项目集规范族中有这样一个项目集 I_i：I_i={A∷=β_1 • bβ_2, B∷=β •,C∷=β • }。其中第一个项目是移进项目，第二个项目和第三个项目是归约项目。仔细分析前面讨论的 LR(0)分析表的构造算法可以知道，由于这三个项目相互冲突，因而 LR(0)分析表中出现了多重定义的分析动作。其原因在于 LR(0)分析表构造规则（2），当有归约项目 B∷=β • 时，无论当前输入符号是什么，在 LR(0)分析表的第 i 行动作子表上均置 r_j（假定 B∷=β 是文法第 j 条规则）；同样道理，对于项目 C∷=β • ，在 LR(0)分析表第 i 行动作子表上均置 r_m（假定 C∷=β 是文法第 m 条规则）。而 I_i 中第一个项目 A∷=β_1 • bβ_2，假设读入字符 b，I_i 将引一条箭弧到 I_k，这意味着将下一输入符号 b 移进符号栈，于是发生归约还是移进的冲突；如果归约，难以确定将栈顶 β 归约为 B，还是归约为 C。于是在 LR(0)分析表第 i 行上产生了多重定义，如表 4.9 所示。

表 4.9　LR(0)分析表中的冲突示例

状态	ACTION				GOTO		
	a	b	…	#	A	B	C
0							
…							
i	r_j/r_m	$S_k/r_j/r_m$	r_j/r_m	r_j/r_m			
…							

构造 LR(0)分析表时，若归约项目 A∷=β • 属于 I_i，且 A∷=β 是文法第 j 条规则，则对任意终结符号 a 和句子右界限符#，均置 ACTION[i, a/#]=r_j，表示按文法第 j 条规则将符号栈顶的符号串 β 归约为 A。由于不考虑句柄后任一符号，即不向前看符号，因此当有两个以上归约项目时会出现冲突。

解决这种冲突的办法是在第 i 行上根据输入符号 a 决定唯一的分析动作。为此我们引入 SLR(1)分析法。下面介绍其分析表的构造。

首先解决冲突项目。对于项目集 I_i={A∷=β_1 • bβ_2, B∷=β • ,C∷=β •}，如果集合 FOLLOW(B)和 FOLLOW(C)不相交，而且不包含 b，那么，当 I_i 表示的状态遇到任何输入符号 a 时，可采取如下移进—归约分析法。

（1）当 a=b 时，执行移进动作，置 ACTION[i, a]=S_k。

（2）当 a∈FOLLOW(B)时，执行归约动作且置 ACTION[i, a]=r_j。

（3）当 a∈FOLLOW(C)时，执行归约动作且置 ACTION[i, a]=r_m。

（4）当 a 不属于以上三种情况时，置 ACTION[i, a]=ERROR。

一般而言，若一个项目集 I_i 含有多个移进项目和归约项目，如 I_i={A_1∷=α_1 •$a_1\beta_1$, A_2∷=α_2 •$a_2\beta_2$,…, A_m∷=α_m •$a_m\beta_m$, B_1∷=α •, B_2∷=α •,…, B_n∷=α •}，如果集合{a_1,a_2,…,a_m},FOLLOW(B_1),FOLLOW(B_2),…,FOLLOW(B_n)两两不相交，则可根据不同的当前符号，对 I_i 中的冲突动作进行区分。这种解决“移进—归约”冲突的方法称作 SLR 方法。

有了 SLR 方法之后，只需对 LR(0)分析表构造规则（2）进行修改，其他规则保持不变。若归约项目 A∷=α • 属于 I_i，设 A∷=α 是文法第 j 条规则，则对所有属于 FOLLOW(A)的输入符号 a，置 ACTION[i, a]=r_j。

对于给定的文法 G，若按上述方法构造的分析表不含多重定义的元素，则称文法 G 是 SLR(1)文法。这里，SLR(1)中的 S 代表 Simple（简单），而数字 1 代表查看句柄外一个输入符号，即在分析过程中至多只需要向前查看一个符号。

将例 4.14 文法的 LR(0)分析表修改为 SLR(1)分析表，如表 4.10 所示。

表 4.10　例 4.14 文法的 SLR(1)分析表

状态	ACTION				GOTO		
	a	b	c	#	S	A	B
0	S_2				1		
1				acc			
2			S_3			4	6
3	r_3	r_4					
4	S_5						
5				r_1			
6		S_7					
7				r_2			

由 SLR(1)分析表的构造可知 SLR(1)分析法有如下优点：状态少，造表简单；大多数高级程序设计语言都能用 SLR(1)文法描述。同时，SLR(1)分析法也存在不足，如果冲突项目的非终结符号 FOLLOW 集与有关集合相交，就不能用 SLR(1)分析法。下面来看一个例子。

例 4.15　已知文法 G[S]:

① S∷=aAa

② S∷=aBb

③ A∷=c

④ B∷=c

⑤ S∷=bAb

构造识别活前缀的 DFA，如图 4.8 所示。构造 SLR(1)分析表，如表 4.11 所示。

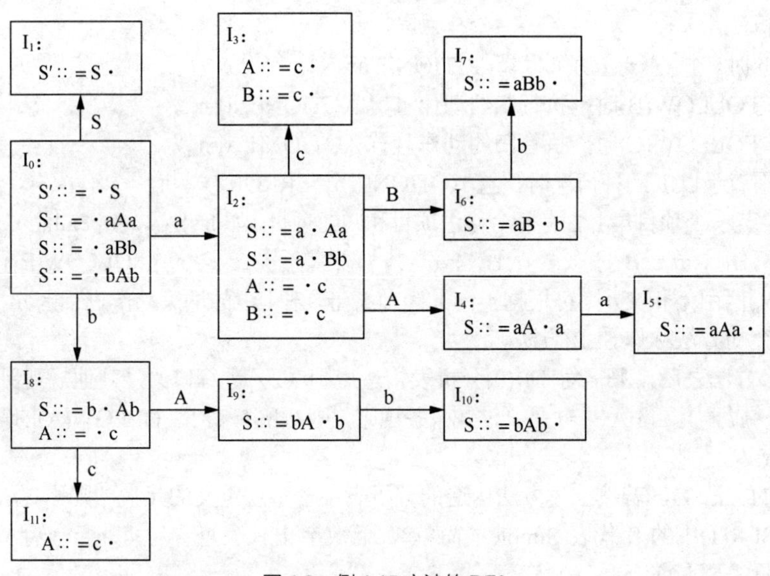

图 4.8　例 4.15 文法的 DFA

表 4.11　例 4.15 文法的 SLR(1)分析表

状态	ACTION				GOTO		
	a	b	c	#	S	A	B
0	S_2	S_8			1		
1				acc			
2			S_3			4	6
3	r_3	r_3/r_4					
4	S_5						
5				r_1			
6		S_7					
7				r_2			
8			S_{11}			9	
9		S_{10}					
10				r_5			
11	r_3	r_3					

由图 4.8 和表 4.11 可知，项目集 I_3={A∷=c・ ，B∷=c・}中存在“归约—归约”冲突，由于 FOLLOW(A)={a,b}与 FOLLOW(B)={b}相交，故上述冲突不能通过 SLR(1)分析法得到解决。产生这种困境的原因是 SLR(1)分析法包含的信息还不够。所以在归约时，不但要向前看一个符号，还要看栈中符号串的情况，才可以知道用哪条规则归约。为了解决这个问题，我们必须将原 LR(0)的项目定义加以扩充，变成 LR(1)项目，也就是说，还要看符号栈中活前缀是什么，再选择相应规则进行归约。

4.3.4　LR(1)分析表的构造

为了使每个状态含有更多的信息，我们需要对 LR(0)的项目重新定义，使得每个项目包含两部分，第一部分是原来的项目本身，第二部分是一个终结符号或#，重新定义后的项目称为 LR(1)项目，其一般形式为

$$[A∷=\alpha \cdot \beta，a]$$

其中 A∷=αβ 是文法中的一个规则，a 是终结符号或#，它是项目向前看符号（向前看符号只对归约项目有意义，即 β=ε 时，A→α・为归约项目，α 出现在符号栈的顶部，当下一输入符号为 a 时，将栈顶 α 归约为 A）。

一个 LR(1)项目[A∷=α・β , a]对活前缀 γ=δα 有效，是指存在规范推导 S⇒*δAω ⇒δαβω（显然 δαβ 是可归约活前缀），且满足下列条件：

（1）当 ω≠ε 时，a 是 ω 首符号；

（2）当 ω=ε 时，a=#。

构造有效的 LR(1)项目集规范族的方法本质上和构造 LR(0)项目集规范族的方法是一样的。我们也需要两个函数 CLOSURE()和 GO()。

假定 I 是一个项目集，它的闭包 CLOSURE(I)可按下述步骤构造。

（1）I 的任何项目都属于 CLOSURE(I)。

（2）若项目[A∷=α・Bβ , a]属于 CLOSURE(I)，并对活前缀 γ=δα 有效，且有 B∷=η 规则，那么对 FIRST(βa)中的每个符号 b，形如[B∷=・η, b]的所有项目也属于 CLOSURE(I)。

（3）重复执行步骤（2），直到 CLOSURE(I)不再扩大，最终得到的 CLOSURE(I)便是 LR(1)的一个项目集。

关于函数 GO(I,X)，其中 I 为一个 LR(1)项目集，X 为一文法符号，与 LR(0)分析法类似，我们将它定义为

$$GO(I, X) = CLOSURE(J)$$

其中，J = {任何形如[A∷=αX・β , a]的项目 |　[A∷=α・Xβ , a]∈I}。

有了上述 CLOSURE(I)和 GO(I, X)的定义之后，采用与 LR(0)分析法类似的方法可以构造出给定文法 G 的 LR(1)项目集规范族及其状态转换图。LR(1)分析表的构造规则如下。

（1）若项目[A∷=α·Xβ, b]属于 I_i，且 $GO(I_i, X)=I_j$，当 $X \in V_T$ 时，置 ACTION[i, X]=S_j；当 $X \in V_N$ 时，则置 GOTO[i, X]=j。

（2）若项目[A∷=α·, a]属于 I_i，设 A∷=α 是文法第 j 条规则，则置 ACTION[i, a]=r_j，表示按文法第 j 条规则将 α 归约为 A。

（3）若项目[S′∷=S·, #]属于 I_i，则置 ACTION[i, #]=acc，表示接受。

（4）分析表中不能按规则（1）～（3）填入信息的空白格均表示出错。

按照上述规则构造的分析表中若不存在多重定义的元素，则称此分析表为规范 LR(1)分析表。使用这种分析表的分析器叫作规范 LR 分析器。具有规范 LR(1)分析表的文法称为 LR(1)文法。

LR(1)分析法比 LR(0)分析法、SLR(1)分析法适用范围更广，对多数高级程序设计语言而言足够有效。若 LR(1)分析法不可进行有效分析，即分析表项仍有多重定义，可继续向前搜索 K 个符号（K≥2），相应分析表称 LR(K)分析表。具有 LR(K)分析表的文法称为规范 LR(K)文法。

例 4.16 对文法 G：

S∷=S(S)　　　S∷=ε

构造 LR(1)项目集规范族及 LR(1)分析表。

引入开始符号 S′，则拓广文法及规则编号如下：

（0）S′∷=S

（1）S∷=S(S) （编号 r_1）

（2）S∷=ε　　（编号 r_2）

得到该文法的 LR(1)项目集规范族如图 4.9 所示。

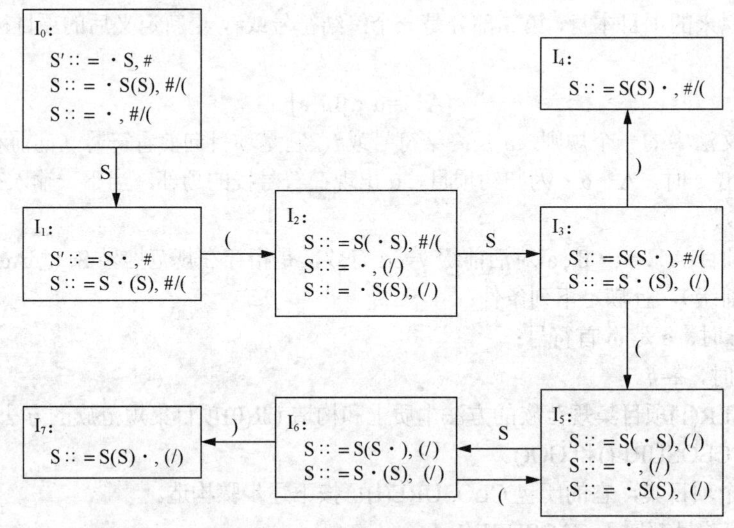

图 4.9　例 4.16 文法的 DFA

LR(1)分析表如表 4.12 所示。

表 4.12　例 4.16 文法的 LR(1)分析表

状态	ACTION			GOTO
	(	)	#	S
0	r_2		r_2	1
1	S_2		acc	
2	r_2	r_2		3
3	S_5	S_4		
4	r_1		r_1	
5	r_2	r_2		6
6	S_5	S_7		
7	r_1	r_1		

4.3.5 LALR(1)分析表的构造

LALR 分析法就是向前看 LR 技术（Lookahead-LR）。

LALR 分析法与 SLR 分析法类似，其功能比 SLR(1)强，比 LR(1)弱。LALR 分析表比 LR 分析表要小得多。对于同一文法，LALR 分析表与 SLR 分析表具有相同数目的状态。例如，对 Pascal 语言来说，处理它的 LALR 分析表一般要设置几百个状态，若用 LR(1)分析表则可能要上千个状态。因此，构造 LALR 分析表要比构造 LR(1)分析表经济得多。

例 4.17 设文法 G[S′]：

（0）S′∷=S

（1）S∷=BB（编号 r_1）

（2）B∷=aB（编号 r_2）

（3）B∷=b（编号 r_3）

得到该文法的 LR(1)项目集规范族如图 4.10 所示，LR(1)分析表如表 4.13 所示。

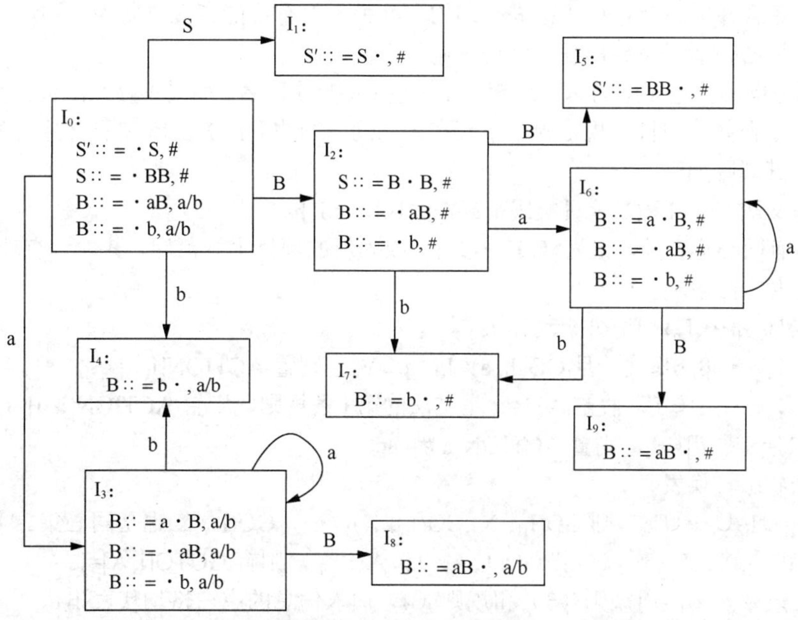

图 4.10 例 4.17 文法的 DFA

表 4.13 例 4.17 文法的 LR(1)分析表

状态	ACTION			GOTO	
	a	b	#	S	B
0	S_3	S_4		1	2
1			acc		
2	S_6	S_7			5
3	S_3	S_4			8
4	r_3	r_3			
5			r_1		
6	S_6	S_7			9
7			r_3		
8	r_2	r_2			
9			r_2		

从图 4.10 中可以看出，I_4 和 I_7 只有一个项目，而且第一个成分（核心项 B∷=b·）相同，不

同的只是第二个成分（向前搜索符，分别为 a/b 和#）。该文法所能识别的语言用正规表达式描述为 a^*ba^*b。假定规范 LR 分析器正在分析输入串 aa…baa…b#，分析器把第一组 a 和第一个 b 移进栈（即 aa…b 进栈），如图 4.10 所示，此时进入状态 4（I_4）。状态 4 的作用在于：如果下一个输入符号是 a 或 b，分析器将使用规则 B∷=b 把栈顶的 b 归约为 B；如果下一个输入符号是#，它就及时地予以报错。读入第二个 b 后，分析器进入状态 7（I_7），若状态 7 遇到的输入符号不是#，而是 a 或 b，就立即报错；只有当它遇到#时，分析器才选用规则 B∷=b 将栈顶 b 归约成 B。

现在我们要把状态 I_4 和 I_7 合并成状态 I_{47}，I_{47}={[B∷=b・, a/b/#]}。当符号栈的栈顶为 b 时，在 I_{47} 状态下，不论遇到 a、b 或#，均将 b 归约为 B，虽然未能及时发现错误，但输入下一个符号时就会发现。我们继续合并状态，使状态逐步减少，最终变成 LALR(1)分析。哪些状态能够合并，涉及同心集的概念。

如果除去向前看符号以外，两个 LR（1）项目集是相同的，则称它们为同心集。如例 4.17 中的 I_4 与 I_7、I_3 与 I_6、I_8 与 I_9。下面对同心集的特性进行简单说明。

（1）同心集合并后，其转换函数 GO[I, X]可通过自身合成得到。

（2）同心集合并后不会存在“移进—归约”冲突，但有可能存在“归约—归约”冲突。因为移进和归约不同心，所以不会出现“移进—归约”冲突。

LALR(1)分析表构造算法的基本思想：先构造 LR(1)项目集，如果不存在冲突，就寻找同心集合并在一起，若合并后项目集规范族中不存在“归约—归约”冲突，就按照合并后项目集规范族构造分析表。其规则如下。

（1）构造文法 G 的 LR(1)项目集规范族 C={I_0,I_1,…,I_n}。

（2）把所有同心集合并，记为{J_0,J_1,…,J_m}，成为新的项目集规范族，其中含有项目[S′∷=・S, #]的 J_i 为分析表的初态。

（3）根据{J_0,J_1,…,J_m}构造分析动作表。

① 若[A∷=α・aβ, b]∈J_i，且 GO(J_i, a)=J_j，a∈V_T，则置 ACTION[i, a]=S_j。

② 若[A∷=α・, a]∈J_i，假定 A∷=α 是文法的第 j 条规则，则置 ACTION[i, a]=r_j。

③ 若[S′∷=S・, #]∈J_i，则置 ACTION[i, #]=acc。

（4）构造状态转换表。

假定 $J_i=I_{i1}\cup I_{i2}\cup\cdots\cup I_{it}$，则 GO($I_{i1}$, X),GO($I_{i2}$, X)，…，GO($I_{it}$, X)也是同心集。令 J_j 是它们的合并集，则 GO(J_i, X)=J_j。所以，若 GO(J_i, A)=J_j，A∈V_N，则置 GOTO[i, A]=j。

（5）分析表中凡不能用规则（3）和规则（4）填入信息的空白格均代表出错。

例如，I_3 和 I_6 是同心集，令 $J_i=I_3\cup I_6=J_{36}$，所以 GO(I_3, B)=I_8 与 GO(I_6, B)=I_9 也是同心集，记为 $J_j=I_8\cup I_9=J_{89}$，GO(J_i, B)=GO(J_{36}, B)=J_{89}，所以置 GOTO(36, B)=89。

根据 LALR(1)分析表构造方法，可得例 4.17 文法 G[S′]的 LALR(1)分析表，如表 4.14 所示。

表 4.14　例 4.17 文法的 LALR(1)分析表

状态	ACTION			GOTO	
	a	b	#	S	B
0	S_{36}	S_{47}		1	2
1			acc		
2	S_{36}	S_{47}			5
36	S_{36}	S_{47}			89
47	r_3	r_3	r_3		
5			r_1		
89	r_2	r_2	r_2		

经上述步骤构造出的分析表中若不存在冲突，则称它为 LALR(1)分析表。利用 LALR(1)分析表的 LR 分析器称为 LALR 分析器。能构成 LALR 分析表的文法称为 LALR(1)文法。

当输入串正确时，不论是 LR(1)分析器，还是 LALR 分析器，都给出了同样的移进—归约序列，差别只是状态名不同。当输入串不符合文法时，LALR 分析器可能比 LR(1)分析器多做一些不必要的归约，延迟发现错误，但 LALR 分析器和 LR(1)分析器均能指出输入串的出错位置。

任何 LR(K)文法都是无二义性文法，任何二义性文法都不是 LR(K)文法。对于 LR(K)文法，LR(0)⊂SLR(1)⊂LALR(1)⊂LR(1)。此外，对所有 K 都有 LR(K)⊂LR(K+1)。给定文法 G 和某个固定的 K，G 是否是 LR(K)文法是可以判定的。给定文法 G，是否存在一个 K 使得 G 是一个 LR(K)文法是不可判定的。

4.4　语法分析程序的自动生成

随着许多新语言的出现及计算机技术的发展，人们对开发编译程序的软件工具的需求大大增长。以 LR 文法及 LR 分析法为基础，20 世纪 70 年代出现了自动生成语法分析程序的工具。YACC（Yet Another Compiler-Compiler）就是其中的杰出代表。该系统是美国贝尔实验室的软件产品，是 UNIX 操作系统下的一个软件开发工具。它是由约翰逊（S. C. Johnson）设计的，目前已经移植到多种操作系统上，并已成功开发了许多编译系统，深受软件工作者的喜爱。

YACC 是一个程序（软件工具），它接受 LALR 文法。用户提供关于语法分析器的规格说明，YACC 基于 LALR 分析原理自动构造出一个语法分析器，并且能根据规格说明中给出的语义动作完成规定的语法制导翻译。

YACC 的工作过程如下。

（1）用户准备一个包含编译器性能规格的 YACC 说明文件 translate.y。

（2）在 UNIX 环境下执行命令 yacc translate.y，通过 LALR 分析法可把文件 translate.y 翻译成 C 程序 y.tab.c。y.tab.c 包含用 C 语言写的 LALR 分析器和用户准备的 C 程序。

（3）为了使 LALR 分析表少占空间，使用合并技术压缩分析表规模，用命令 cc y.tab.c-ly 对 y.tab.c 进行编译。其中 ly 表示使用 LR 分析法分析程序的库，编译后得到目标程序 a.out。它完成了 YACC 程序指定的翻译。

（4）如果需要其他过程，它们可以和 y.tab.c 一起编译或装入，和使用任何 C 程序一样。

ANTLR 集成了 YACC。在 ANTLR 中写一个语法文件和编写一个软件很相似，不同之处在于我们这里用到的是规则，而软件用到的是函数与过程。（需要记住的是，ANTLR 语法为每个规则生成一个函数。）但是，在关注规则内部之前，需要讨论的是整体语法结构以及如何形成一个初步语法框架。

语法文件包括语法的标题名称和可以相互调用的一组规则。

```
grammar MyG;
rule1 : <<stuff>>;
rule2 : <<morestuff>>;
…
```

就像写软件，我们必须弄清楚我们需要哪些规则，哪些规则是开始规则（类似于 main()）。

正确的语法设计反映了功能分解或自顶向下的编程方法。这意味着从粗到细识别语言结构和编码语法规则。所以，第一个任务是找到粗略的语言结构的名称，这将成为我们的开始规则。在英语中，我们可以使用“sentence”。对于一个 XML 文件，我们可以使用“document”。在一个 Java 文件中，我们可以使用“compilationUnit”。

开始规则用来描述输入英文伪代码的整体格式，有点像我们在编写软件时所做的。例如，“a comma-separated-value (CSV) file is a sequence of rows terminated by newlines.”，对于这一句，“is a”左边的关键字“file”是规则的名称，“is a”右边的所有内容都是 <<stuff>> （规则的定义）。

```
file : <<sequence of rows that are terminated by newlines>>;
```

右边的名词通常引用 Tokens（标记）或 yet-to-be-defined 规则。这些标记是一些基本元素。正如单词在一个英语句子中是原子元素，标记在一个解析器语法中也是作为原子存在的。然而，规则的引用需要参考其他语言结构，如 row。

我们可以认为 row 是由逗号分隔的一序列字段。这时，一个字段是一个数字或字符串。伪代码如下所示。

```
file : <<sequence of rows that are terminated by newlines>>;
row : <<sequence of fields separated by commas>>;
field : <<number or string>>;
```

详细的使用方法可以参考 YACC 和 ANTLR 的在线帮助文档。

4.5 应用案例

智能英语语法分析软件是一个典型的词法分析和语法分析综合应用软件，通过识别单词和句子结构，分析一个英语句子是否合法。

以英语中的简单句“Tom saw a mouse.”为例，词法分析先将句子中有意义的单词识别出来。在程序中，句子以符号流的形式顺序输入，词法分析器通过正规表达式(a|b|c|…|z)(a|b|c|…|z)*定义每个单词的结构，再根据定义的词法规则识别单词。与“C--”语言词法分析程序不同，英语单词不存在自定义的标识符，每一个单词都可以在英语词汇表中查询到，即关键字。若该单词在词汇表中不存在，则程序报告单词拼写错误。英语词汇表包含单词及其词性，词法分析器除了识别单词之外，还会完成单词的分类，如<名词>、<动词>、<冠词>等。上述例句通过词法分析识别出的单词如图 4.11 和图 4.12 所示。

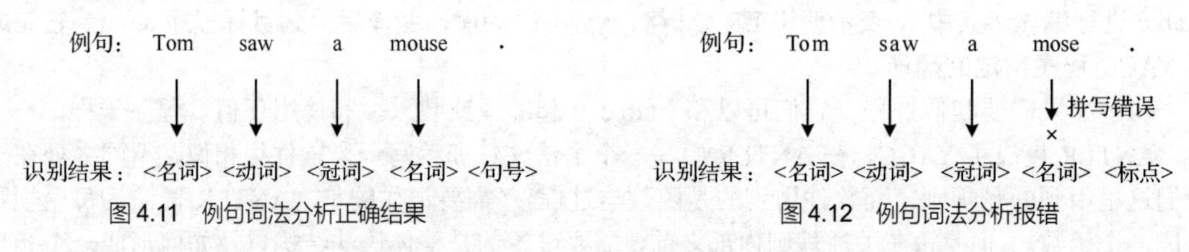

图 4.11 例句词法分析正确结果

图 4.12 例句词法分析报错

词法分析完成后，语法分析根据英语的语法规则从单词流中识别出各个成分，如<主语><宾语><表语>等，并检查各成分在语法结构中是否正确。为了便于理解，我们以英语中基础的语法结构“主语+谓语+宾语”为例来说明语法分析过程。该结构定义的文法如下。

<句子>::=<主语><谓语><宾语>

<主语>::=<冠词><名词> | <名词> | ε

<谓语>::=<动词>

<宾语>::=<冠词><名词> | <名词> | ε

我们将<句子>简化为 E，<主语>简化为 S，<谓语>简化为 V，<宾语>简化为 O，<动词>简化为 v，<冠词>简化为 a，<名词>简化为 n。化简后的文法 G[E]如下：

E::=SVO

S::=an | n | ε

V∷=v

O∷=an | n | ε

上述例句“Tom saw a mouse.”经过词法分析得到“〈名词〉〈动词〉〈冠词〉〈名词〉”，化简后的结果为“nvan”。程序将词法分析的结果顺序输入语法分析器，并利用 LL(1)分析法分析句子是否符合文法 G[E]。构建上述文法的分析表，如表 4.15 所示。

表 4.15　文法 G[E]的 LL(1)分析表

	a	n	v	#
E	E∷=SVO	E∷=SVO	E∷=SVO	
S	S∷=an	S∷=n	S∷=ε	
V			V∷=v	
O	O∷=an	O∷=n		O∷=ε

其分析过程如表 4.16 所示。

表 4.16　分析例句“Tom saw a mouse.”

步骤	分析栈	余留输入串	所用产生式
1	#E	nvan#	E∷=SVO
2	#OVS	nvan#	S∷=n
3	#OVn	nvan#	
4	#OV	van#	V∷=v
5	#Ov	van#	
6	#O	an#	O∷=an
7	#na	an#	
8	#n	n#	
9	#	#	成功

由分析过程可以看出，例句“Tom saw a mouse.”是符合“主语+谓语+宾语”的语法结构的，所以该句子是合法的句子。上述过程是简化后的语法分析，未涉及英语中大量复杂的语法结构与句式，而智能英语语法分析软件将通过设计完整高效的文法规则实现英语句子的语法分析。

4.6　本章小结

本章主要针对编译过程中的语法分析方法及涉及的相关概念（如回溯、左递归、FIRST 集和 FOLLOW 集、活前缀等）进行了详细的阐述。目前，主流的语法分析方法分为两大类：一是自顶向下的语法分析方法，包括递归下降分析法和 LL(1)分析法等；二是自底向上的语法分析方法，包括优先分析法和 LR 系列分析法等。本章重点讨论了 LL(1)分析法及 LR(0)分析法、SLR(1)分析法、LR(1)分析法和 LALR(1)分析法的工作原理和语法分析过程，并通过具体的案例进行了应用分析。

习题

1．试分别消除下列文法的直接或间接左递归。

（1）G[E]:

　E∷=T | EAT

T∷=F | TMF

F∷=(E) | i

A∷=+ | -

M∷=* | /

（2）G[S]:

S∷=SA | Ab | b | c

A∷=Bc | a

B∷=Sb | b

（3）G[Z]:

Z∷=V_1

V_1∷=V_2 | V_1iV_2

V_2∷=V_3 | V_2+V_3

V_3∷=)V_1* | (

（4）G[S]:

S∷=Qc | c

Q∷=Rb | b

R∷=Sa | a

（5）G[Z]:

Z∷=AZ | b

A∷=ZA | a

2．设文法 G[E]:

E∷=TE′

E′∷=+E | ε

T∷=FT′

T′∷=T | ε

F∷=PF′

F′∷=*F′ | ε

P∷=(E) | a | b | ∧

（1）计算这个文法的每个非终结符号的 FOLLOW 集和所有规则右部的 FIRST 集。

（2）证明这个文法是 LL(1)文法。

（3）构造它的 LL(1)分析表并分析符号串 a*b+b。

3．对下面的文法构造每个非终结符号相应的 FIRST 集和 FOLLOW 集。

（1）S∷=aAd

A∷=BC

B∷=b | ε

C∷=c | ε

（2）A∷=BCc | gDB

B∷=ε | bCDE

C∷=DaB | ca

D∷=ε | dD

E∷=gAf | c

4．给定文法：

S∷=a | ∧ | (T)

T∷=T,S | S

（1）改写这个文法，消除左递归。

（2）改写后的文法是不是LL(1)文法？若是，构造它的LL(1)分析表。

（3）写出该文法所描述的语言。

5．设文法G[S]：

S∷=SaB | bB

A∷=Sa | a

B∷=Ac

（1）将此文法改写为LL(1)文法。

（2）对每一规则右部各候选式构造FIRST集。

（3）对每个非终结符号构造FOLLOW集。

（4）构造LL(1)分析表。

6．设文法G[Z]：

Z∷=A | B

A∷=aAb | c

B∷=aBb | d

（1）构造能识别此LR(0)文法全部活前缀的DFA。

（2）构造LR(0)分析表。

（3）分析符号串aacbb是否为此文法的句子。

7．考虑文法：

S∷=AS | b

A∷=SA | a

（1）构造该文法LR（0）的DFA。

（2）它是不是LR(0)文法？是不是SLR（1）文法？若是后者，则构造SLR(1)分析表。

（3）分析符号串bab是不是该文法的句子。

8．给定文法：

E∷=EE+ | EE* | a

（1）构造它的LR(0)项目集规范族。

（2）它是SLR(1)文法吗？若是，构造它的SLR(1)分析表。

（3）它是LR(1)文法吗？若是，构造它的LR(1)分析表。

（4）它是LALR(1)文法吗？若是，构造它的LALR(1)分析表。

9．给定文法G[Z]：

Z∷=AA

A∷=Ab | b

（1）构造能识别此LR(1)文法全部活前缀的DFA。

（2）构造LR(1)分析表。

（3）该文法是否为LR(1)文法？

10．设文法G[E]：

E∷=E+T | T

T∷=TF | F

F∷=F* | (E) | a | b | ∧

构造该文法的LR项目集和分析表。

11．证明文法G[S]不是LR(1)文法。

S∷=1S0 | 0S1 | 10 | 01

12．将文法 G[S]：

S∷=E

E∷=E+T | T

T∷=T*F | F

F∷=(E) | x | y

（1）构造其 SLR(1)分析表。

（2）分析符号串 x+y*x 是否为此文法的句子。

13．给出如下文法：

G_1[S]：

S∷=aSbS | aS | c

G_2[S]：

S∷=aAa | aBb

A∷=x

B∷=x

G_3[S]：

S∷=aAa | aBb | bAb

A∷=x

B∷=x

G_4[S]：

S∷=aAa | aBb | bAb | bBa

A∷=x

B∷=x

（1）证明二义性文法 G_1[S]不是 LR(0)文法。

（2）证明 G_2[S]是 SLR(1)文法但不是 LR(0)文法。

（3）证明 G_3[S]是 LR(1)文法但不是 SLR(1)文法。

（4）证明 G_4[S]是 LR(1)文法但不是 LALR(1)文法。

第5章

语义分析及中间代码生成

5.1 语法制导翻译概述

在前面我们已经讨论了词法分析和语法分析，一个程序成功地通过词法分析和语法分析，只能说明它是一个词法和语法合格的程序，但此时对程序内部的逻辑含义尚未加以考虑。词法分析和语法分析仅仅是编译程序的一部分，编译程序最终的目的是将源程序翻译成可供计算机直接执行的目标程序。某些编译程序直接生成机器语言或汇编语言形式的目标代码，这种编译方式具有编译时间较短等优点。为了使编译程序生成质量较高的目标代码，有些编译程序通过延长编译时间对代码进行充分优化处理，即通过把源程序翻译为某种形式的中间语言代码进行优化，再把中间语言代码翻译为目标代码。在编译程序中增加中间代码生成这一环节，可以使编译程序各组成部分功能更加聚焦，特别是可以把编译程序中与机器有关的工作和与机器无关的工作尽可能分开，使编译程序的逻辑结构更加清晰，从而使编译程序更易于编写和调整。

高级程序设计语言的词法结构和语法结构可用正规文法和上下文无关文法来分别描述，因此对于词法分析和语法分析而言，已经有相当成熟的理论和算法。然而，中间代码生成目前还没有一种公认的形式系统，主要原因在于中间代码的生成与语言的语义密切相关，而语义形式化比语法形式化要困难得多。目前普遍采用的方法是语法制导翻译。

语法制导翻译就是以语法分析为主导的语义处理，在对源程序进行语法分析的过程中嵌入语义动作。语法制导翻译仍不是一种形式系统，但是它比较接近形式化方法。直观上说，该方法就是先给文法中每个规则添加一个成分，这个成分称为语义动作或语义子程序；在进行语法分析的同时，执行相应规则的语义动作，语义动作赋予规则具体的意义。语法规则只能产生符号串，并没有指明所产生的符号串具有什么意义。语义动作不仅指明了该规则所生成的符号串的意义，还根据这种意义规定对应的加工动作，包括查填各类表格、改变编译程序某些变量值、打印各种错误信息、生成中间代码等。

语法制导翻译严格依赖语言的文法规则，一旦某个规则被选用，就执行相应的语义动作，完成预定的翻译工作。

1．语法制导翻译的一般原理

语法制导翻译的主要思想就是先为每个文法规则确定相应的语义，编写出相应的语义子程序，整个分析以语法分析为主导。在自顶向下语法分析时，当某一个规则右部与输入串相匹配，或者，在自底向上语法分析时，当某一个规则被用于归约，该规则对应的语义子程序就开始工作，完成既定翻译任务，产生与语义相应的中间代码或目标代码。由此可见，只有通过语义处理（即对语义子程序的调用），原来抽象的文法符号（终结符号或非终结符号）才能获得具体语义。

在描述语义动作时，需要给每个文法符号 X 赋以各种语义值。由于一个文法符号的语义值可能有多种，如“类型”“种属”“地址”“代码”等，因此我们用记号 X.TYPE、X.CAT 和 X.VAL 来表示这些值。如果某规则的右部有同一符号出现若干次，我们就用下角标来区别这些符号。例如，有如下规则和语义动作：

E∷=E1+E2　　　　{E.VAL = E1.VAL + E2.VAL}

语义动作写在规则之后的花括号里。这里的语义动作表明与规则左部文法符号 E 相关的语义值 E.VAL 是通过把规则右部文法符号的语义值 E1.VAL 和 E2.VAL 加在一起来决定的。规则中的终结符号“+”按语义规则被解释成各类相加（如算数加、符号串连接等）。各规则的语义动作可以是对表达式进行计算，也可以是生成中间代码，甚至可以是产生目标指令。

例 5.1　设有文法：

E∷=E+E　　　E∷=digit

这里 digit 代表 0 和 9 之间任一数字。如果我们的目的仅是求值，则语义动作如下：

① E∷=E1 + E2　　　　{E.VAL = E1.VAL + E2.VAL}

② E∷=digit　　　　　{E.VAL = digit}

假定语义动作中的“+”代表是整型加算术运算。

规则①的语义动作：E 的语义值 E.VAL 等于 E1 和 E2 的语义值 E1.VAL 和 E2.VAL 之和。

规则②的语义动作：E 的语义值为 0～9 的一个数。

这样，按照语义动作，我们在分析每个句子的同时一步一步地算出每个句子的值。

如图 5.1 所示，假定有输入串 1+2+3，我们通过语法树的分析来看如何进行语法制导翻译，以求出该句子的值。

下面我们进行自底向上归约。首先考虑底层最左的结点 E，这个结点对应于规则 E∷=1 和语义动作 E.VAL = 1。这样，底层最左的 E 值 1 与语义值 E.VAL 相关。与之类似，值 2 与该结点的右兄弟的语义值相关。计算语义值的子树如图 5.2 所示。

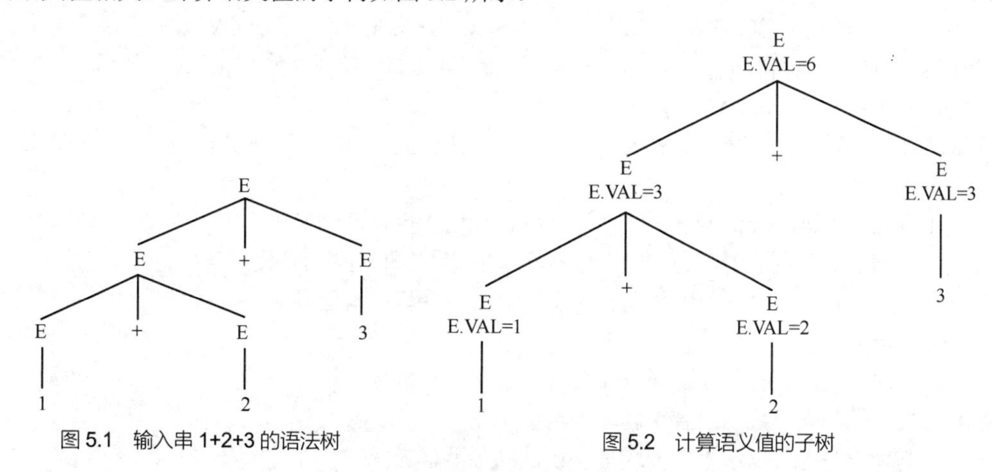

图 5.1　输入串 1+2+3 的语法树　　　　图 5.2　计算语义值的子树

在图 5.2 中，子树根处 E.VAL 的语义值是 3，这可用语义动作 E.VAL = E1.VAL + E2.VAL 算出。执行这个语义动作时，以底部最左的 E 的 E.VAL 代替 E1.VAL，而以底部最右的 E 的 E.VAL 代替 E2.VAL。继续执行下去，就可推出整棵语法树每个结点的语义值。

在此例中，我们根据语法树各结点的标记形式定义各结点语义值。实际上无须构造语法树，一旦分析器识别出一个句子，它的值也就同时算出。

2．语法制导翻译的实现

语法制导翻译描述了我们想要做的工作，规定了一定的输入和一定的输出之间的对应关系，这种描述与使用什么样的语法分析方法及分析算法的具体实现均无关系。因此，这种方法易于修改，可以经常加入一些新的规则和语义动作而不影响原来的语义动作。

下面我们来研究语法制导翻译的某种实现途径。

假定有一个自底向上的 LR(1)分析器，我们可以把这个分析器的能力扩大，使它能在用某个规则进行归约的同时调用相应的语义子程序，进行相关翻译工作。每个规则的语义子程序执行之后，某些结果（语义信息）必须作为此规则左部的语义值暂时保留下来，以便后续的语义子程序引用这些信息。例如，有规则：

① X∷=⋯　　　　{动作 1}

② Y∷=⋯　　　　{动作 2}

③ A∷=XY　　　 {动作 3}

当使用规则①、规则②进行归约时，{动作 1}和{动作 2}的执行结果信息（作为 X 和 Y 的语义值）

应暂时保存下来，以便以后用规则③归约时（{动作3}）可引用这些信息。

现在对LR分析器的分析栈加以扩充。为了在语法分析过程中平行地进行语义处理，使得每个文法符号之后都跟着它的语义值，可以附设一个语义栈。为清晰起见，我们把这个分析栈的每一项分为三个组成部分：状态（STATE）、语义值（VAL）和文法符号（SYM）。扩充后的分析栈如图5.3所示。

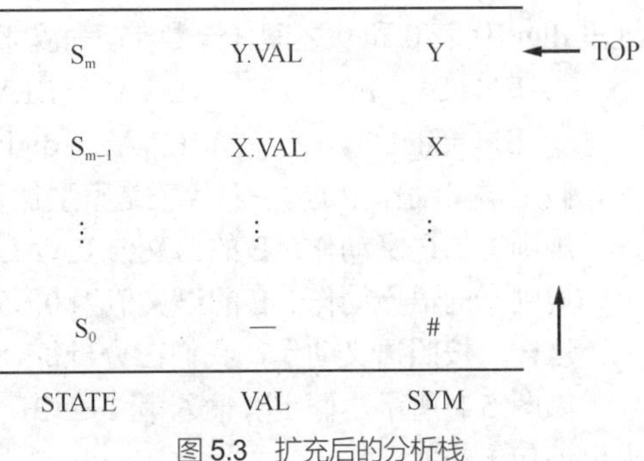

图5.3 扩充后的分析栈

注意，文法符号实际上无须进栈，我们把它放在栈内仅是为了使对应关系醒目可见。必须进栈的只是VAL和STATE两部分。每个STATE实际上为一个指针，指向分析表的某一行。图5.3中TOP是指向当前栈顶的指针。我们假定每次先归约后执行语义子程序，在XY归约成A之后，X和Y的语义值分别为VAL[TOP]和VAL[TOP+1]。

例如，开始TOP指100，VAL[TOP] = Y.VAL（100），VAL[TOP−1] = X.VAL（99）；归约后，此时TOP指99，所以VAL[TOP] = X.VAL（99），VAL[TOP+1] = Y.VAL（100）；求值后，此时TOP指99，所以VAL[TOP] = A.VAL（99）。

在语法分析制导下，随着分析进展将逐步生成中间代码。目前常用的语法制导翻译有以下几种类型。

（1）在自底向上语法分析方法中，使用和分析栈同步操作的语义栈进行语法制导翻译。

（2）在递归下降分析法中，利用隐含堆栈存储各递归子程序中的局部变量所表示的语义信息。

（3）在 LL(1)分析法中，利用翻译文法实施语法制导翻译。翻译文法是在描述语言的文法中加入动作符号而形成的。

（4）利用属性文法进行制导翻译。属性文法也是一种翻译文法，它的文法符号和动作符号都扩展为带有语义属性和同一规则内各个属性的运算法则。

在一个编译程序中可以选用一种或几种语法制导翻译技术。

本章我们将以一些典型程序的语句为例，重点介绍第一种语法制导翻译技术，对后三种语法制导翻译技术也做适当介绍。

5.2 中间语言

为了使编译程序的结构在逻辑上更为简单明确，许多编译程序首先将源程序翻译成中间语言形式，然后将中间代码变成目标代码。中间语言的复杂性介于源程序语言和机器语言之间。把源程序翻译成中间代码称为编译前端。从中间代码产生目标代码称为编译后端。使用独立于机器的中间语言的好处如下。

（1）容易重新生成目标代码，把用于新机器的编译后端加到现成的编译前端上，可以得到不同机器的编译器。

（2）目标代码的优化比较容易实现。

对于中间语言，我们要求其不但与机器无关，而且有利于代码生成。中间语言有多种形式，下面将介绍几种常用的中间语言：逆波兰表示、三元式、树形表示和四元式。

5.2.1 逆波兰表示

逆波兰表示是 1929 年由波兰逻辑学家卢卡西维奇（Lukasiewicz）提出的一种表示表达式的方

法，至今仍是广泛流行的中间语言形式。它最初被用来表示程序设计语言的表达式，后来被扩展用于描述程序设计语言中的其他语法成分。

1．后缀式的表达式

通常，表达式为一种中缀表示，即运算符居中，运算对象在左右两边（如 a+b）。波兰表示是一种前缀表示，运算符在前，运算对象紧接在后（如+ab）。逆波兰表示是一种后缀表示，运算对象在前，它们之间的运算符在后（如 ab+）。我们主要讨论逆波兰表示，即后缀表示。这种表示法的特点是每一个运算符都置于它的运算对象之后。此外，逆波兰表示中各个运算是按运算符出现的先后顺序来进行的，故无须用括号来指示某些运算的优先次序，因而它又称无括号表示。表 5.1 列出了一些表达式的中缀表示和后缀表示。

表 5.1　中缀表示和后缀表示

中缀表示	后缀表示
a+b*c	abc*+
a*(b+c/d)	abcd/+*
a*b+(c−d)/c	ab*cd−c/+
a+b=3∨d∧c	ab+3=dc∧∨
(a+b)*(c−d)	ab+cd−*
a<b	ab<
a∨b<c	abc<∨

从表 5.1 可以得出如下结论。

（1）在中缀表示和后缀表示中，运算对象按相同次序出现。

（2）在后缀表示中，运算符按实际计算顺序从左到右排列，且每一运算符总是跟在它的运算对象之后。

我们通常将后缀表示称为逆波兰表示，但因前缀表示并不常用，所以有时也将后缀表示笼统地称为“波兰表示”。

后缀式的表达式（简称后缀式）虽然不符合人们的习惯，但是对于计算机而言，很容易使用一个栈来计算它的值（或产生相应的目标代码）。一般步骤是从左到右扫描后缀式的各个符号，每碰到运算对象时就把它推进栈，每碰到一个 K 元运算符时，就取出栈顶的 K 个运算对象进行相应的运算，并且用运算结果去替换栈顶的 K 个运算对象，然后继续扫描后缀式中的余留符号，依此类推，直到整个后缀式计算完毕。在上述过程结束后，整个后缀式的值将留于栈顶。

例 5.2　求后缀式 ab+c*的值。设 a、b 和 c 分别为 1、3 和 5，为了求 1 3+5*的值，计算过程如下。

（1）把 1 推进栈。

（2）把 3 推进栈。

（3）将栈顶两个元素 1 和 3 相加，使它们退出栈，然后把结果 4 存入栈。

（4）把 5 推进栈。

（5）将栈顶两个元素 4 和 5 相乘，使它们退出栈，然后将结果 20 存入栈。

结束时栈顶的值（这里是 20）是整个后缀式的值。

2．后缀式的扩充

只要遵守运算对象后直接紧跟运算符这条规则，我们就可以简单地把后缀式扩充到程序设计语言的其他语法成分。例如，对于赋值语句<左部> = <表达式>，我们可以把赋值号“=”看成一个赋值运算符，它为特殊的双目运算符。因此赋值语句的后缀式为<左部><表达式的后缀式> =。

例 5.3 分别写出赋值语句

x = 5
x = a*b−c/d

的后缀式。它们的后缀式分别为

x5 =
xab*cd/−=

赋值语句的后缀式的处理方法和普通后缀式类似，所不同的是栈中保存的是左部变量的地址，而不是其值。在赋值运算处理结束后，不产生任何中间计算结果，因而也不存在保存中间计算结果的问题，只需使栈顶两项<左部>和<表达式>退出栈。

还可用后缀式来表示条件语句。我们假定后缀式中各符号存放在一个一维数组 POST[1··n]之中，每一个数组元素存放一个运算对象或运算符。同时我们约定如下几个符号：

（1）JUMP 表示无条件转移；

（2）JLT 表示小于转移；

（3）JEZ 表示零转移。

因此，后缀式 P JUMP 表示无条件转移到下标 P 所指的数组元素 POST[p]（即从该符号开始继续执行）。

后缀式 e P JEZ 表示当 e 的值为零时，转移至 POST[p]。

后缀式 e_1e_2 P JLT 表示当 e_1 小于 e_2 时，转移至 POST[p]。

于是，形如 if e S_1 else S_2 的条件语句可按后缀式写成 e'p_1JEZ S_1'p_2JUMP S_2'。我们约定 e≠0 时，该条件语句的值是 S_1，否则等于 S_2。其中 e'、S_1'和 S_2'分别为 e、S_1 和 S_2 的后缀式，p_1 指示的是存放完 S_1 后缀式之后的数组元素位置，p_2 则指示存放完 S_2 后缀式之后的数组元素位置。

3．语法制导翻译生成后缀式

下面我们讨论语法制导翻译生成后缀式的过程。我们以例 4.12 的文法 G[E]为例，说明如何按语法制导翻译把一个中缀表式的简单算术表达式翻译成后缀式。下面给出文法 G[E]的规则及其语义动作，即语法制导翻译生成后缀式的原理性描述。

规则	语义动作
① E∷=E1+T	{E.CODE = E1.CODE‖T.CODE‖+}
② E∷=T	{E.CODE = T.CODE}
③ T∷=T1*F	{T.CODE = T1.CODE‖F.CODE‖*}
④ T∷=F	{T.CODE = F.CODE}
⑤ F∷=(E)	{F.CODE = E.CODE}
⑥ F∷=i	{F.CODE = i}

说明如下。

（1）E.CODE、T.CODE、F.CODE 表示构成后缀式的符号串。

（2）符号“‖”表示两个串的“捻接”运算，即并置运算。显然，E1.CODE ‖ T.CODE ‖ +是 E.CODE 的后缀式，因为符号在后，其他类似。

此处我们考虑的是自底向上面向该文法的语法制导翻译方法。自底向上语法制导翻译方法是对每一个规则设计一个语义子程序，每当用某一规则去归约当前句型句柄时，就调用相应的语义子程序，以产生相应对象的后缀式的一个子串，处理过程是先调用后归约。假设要归约的句柄为 E1+T（在分析栈中），则首先要求调用相应于 E1+T 的语义子程序。此时 E1 和 T 已调用过相应的语义子程序，因此，它们的后缀式已被生成。对应于 E1+T 的语义子程序所要完成的工作是把已生成的两个后缀式捻接起来，然后添上符号“+”。如果我们设置一个数组来存放后缀式，那么语义动作就可以不涉及捻接运算。令这个数组为 POST，p 为下标，初值为 1。

5.2.2　三元式

1．三元式

三元式的一般形式为

(i) (OP, ARG1, ARG2)

其中(i)为三元式的编号，不同三元式不能有相同的编号。OP 是运算符部分，ARG1 和 ARG2 是运算对象部分，它们或者是一个指向符号表登记项的指示器（对于运算对象是常数或标识符的情况），或者是一个指示三元式序列（或三元式表）中某一个三元式位置的指示器（对于运算对象是中间结果的情况）。若为后者，其含义是引用所指那个三元式的运算结果作为本三元式的运算对象。OP 通常用一个整数表示，它除了标识运算符的种属之外，还附带地表示其他一些语义特性。例如，若 OP 表示一个加法运算符，则相应的整数除了标识加法运算本身外，还兼有表示数据类型（如整型、实型等）、运算方式（定点、浮点）和运算精度的功能，不同语义特性使用不同的运算符代码。

对于单目运算符，ARG1 和 ARG2 只需其一。我们可以随意选用一个，例如，规定用 ARG1。多目运算符可以用若干个相继三元式表示。

例 5.4　将赋值语句

x = −b*(c+d)

用三元式来表示，则可写成

(1) (⊖, b,)
(2) (+, c, d)
(3) (*, (1), (2))
(4) (=, x, (3))

其中，三元式(3)引用三元式(1)和三元式(2)的结果作为它的两个运算对象。因此，在具体实现时，应将引用三元式运算结果的运算对象和其他形式的运算对象相区别。

注意，三元式出现的先后顺序是和表达式各部分的计值顺序一致的。

如同生成后缀式，我们也可用语法制导翻译方法把通常的表达式翻译成三元式序列。下面给出文法 G[E]的语义动作来描述这种方法。

① E∷=E1+T　　　{E.VAL = TRIP(+, E1.VAL, T.VAL)}
② E∷=T　　　　{E.VAL = T.VAL}
③ T∷=T1*F　　　{T.VAL = TRIP(*, T1.VAL, F.VAL)}
④ T∷=F　　　　{T.VAL = F.VAL}
⑤ F∷=(E)　　　{F.VAL = E.VAL}
⑥ F∷=i　　　　{F.VAL = ENTRY(i)}

其中，语义值 E.VAL、T.VAL 和 F.VAL 是指示器，或指向有关符号表某一项，或指向三元式表自身某一项。TRIP(OP, ARG1, ARG2)是一个语义子程序，回送新产生的三元式，存放在三元式表相应位置。ENTRY(i)是一个语义子程序，通过 ENTRY 查 i 在符号表中的位置，即地址，若查不到，则认为有错误。

2．间接三元式

为了便于代码优化，我们常常采用间接三元式。此时需要两张表：一张是三元式表，用来存放各三元式本身；另一张是执行表（间接码表），它按执行三元式的顺序，依次列出相应各三元式在三元式表中的位置。

例 5.5　将赋值语句

x = a*b+c+a*b

用三元式来表示，则可写成

(1) (*, a, b)
(2) (+, (1), c)
(3) (*, a, b)
(4) (+, (2), (3))
(5) (=, x, (4))

其中，三元式(1)和三元式(3)完全一样，但是不能将三元式(3)省去。然而，若用间接三元式表示，则可写成

执行表	三元式表
(1)	(1) (*, a, b)
(2)	(2) (+, (1), c)
(1)	(3) (+, (2), (1))
(3)	(4) (=, x, (3))
(4)	

在进行代码优化时，常常要从中间代码中删去一些运算，或者把某些运算移到其他位置上。若采用一般三元式，则由于三元式之间引用太多，很难做到这一点。而采用间接三元式就方便多了。

由于间接三元式执行表中已经依次列出每次要执行的那个三元式，因此，若有若干个相同三元式，则仅需在三元式表中保存其中之一，显然节省了空间。例如，例 5.5 赋值语句右部有两个 a*b 子表达式，而三元式表中只出现一次(*, a, b)。

对于间接三元式，语义子程序应增添产生执行表的动作。在填写三元式表时，应首先看一下此三元式是否在其中，如已在其中，则无须填入。

5.2.3 树形表示

我们可以用树形数据结构来表示一个表达式或语句。在树形表示中，叶结点表示运算对象，即常量或变量，其他结点表示运算符。表达式 a+b、a−b、−a 的树形表示如图 5.4 所示。

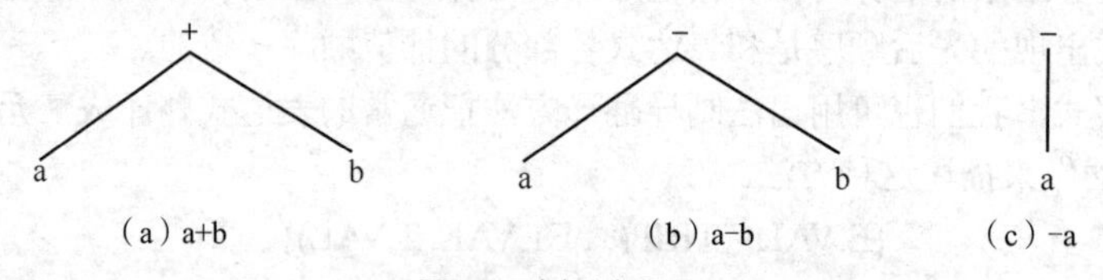

图 5.4 树形表示

双目运算对应二叉树，多目运算对应多叉树，单目运算对应单叉树。表达式的树形表示基本上都为二叉树。表达式 a*b−(c+d)/(e−f)的二叉树如图 5.5 所示。

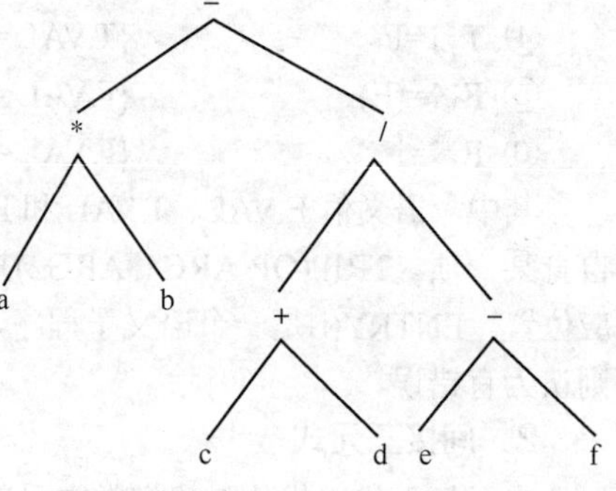

图 5.5 表达式 a*b−(c+d)/(e−f)的二叉树

后序遍历上述二叉树便得到该表达式的逆波兰表示：ab*cd+ef−/−。因而逆波兰表示可看作树的线性表示。

此外，表达式的三元式又可以看作树的直接表示。图 5.5 所对应的三元式为

(1) (*, a, b)
(2) (+, c, d)
(3) (−, e, f)
(4) (/, (2), (3))
(5) (−, (1), (4))

显然，每一个三元式对应一棵子树，子树的根便是三元式的运算符，三元式的运算对象是子树的两个分枝，它们或为末端结点（终结符号），或为下代子树的根。

把一个表达式翻译成树形表示也很容易。下面所列的语义动作描述了文法 G[E]翻译成树形表示的算法。

① E∷=E1+T　　{E.VAL = NODE(+, E1.VAL, T.VAL)}
② E∷=T　　{E.VAL = T.VAL}
③ T∷=T1*F　　{T.VAL = NODE(*, T1.VAL, F.VAL)}
④ T∷=F　　{T.VAL = F.VAL}
⑤ F∷=(E)　　{F.VAL = E.VAL}
⑥ F∷=i　　{F.VAL = LEAF(i)}

其中，语义值 E.VAL、T.VAL 和 F.VAL 是指示器，指向树的一个结点。NODE(OP, LEFT, RIGHT)是一个函数子程序，OP 是一个二元运算符，LEFT、RIGHT 为指示器。每调用此函数一次，就建立一个新结点，其标记为 OP，LEFT 和 RIGHT 分别指向左右子树根结点，此函数返回的值是一个指示器，指向这棵新树的根。LEAF(i)是建立一个末端结点（叶结点）。

5.2.4　四元式

四元式是一种用得比较多的中间代码形式。四元式的一般形式为

(OP, ARG1, ARG2, RESULT)

其中 OP 是运算符，其含义与三元式中的 OP 类似。ARG1 和 ARG2 是运算对象，RESULT 是运算结果。运算对象和运算结果或者是一个指示器，指向符号表的某一入口，或者是代表临时变量的整数。只需要一个运算对象时，规定使用 ARG1。和三元式一样，四元式的出现顺序和表达式的计值顺序一致。

例 5.6　赋值语句 a = −b*(c+d)用四元式表示可写成

(1) (⊖, b, , T_1)
(2) (+, c, d, T_2)
(3) (*, T_1, T_2, T_3)
(4) (=, T_3, , a)

前面我们讲到，三元式改动比较困难，因为需要改变一系列指示器的值。四元式改动比较容易，因为四元式之间的联系是通过临时变量 T_i 实现的，调整四元式的相对位置并不一定要改变一系列指示器的值。因此，对中间代码进行优化处理时，四元式比三元式方便得多。

下面主要讨论如何用四元式表示各种语句，并产生四元式的语义子程序。

5.3　自底向上语法制导翻译

1．简单算术表达式和赋值语句的翻译

（1）翻译成四元式

我们首先讨论将仅含有简单变量的表达式和赋值语句翻译为四元式，复杂的表达式和赋值语句的翻译将在以后讨论。

为简便起见，假定赋值语句所含的全部变量都是整型变量，此外，在翻译过程中不做语义检查。

赋值语句的文法 G[A]：

① A∷=V = E　　⑤ T∷=F
② E∷=E1+T　　⑥ F∷=(E)
③ E∷=T　　⑦ F∷=i
④ T∷=T1*F　　⑧ V∷=i

为了实现到四元式的翻译，需要引进一系列语义变量和语义子程序。语义变量和语义子程序说明如下。

① NEWTEMP：一个函数，每次调用时都定义一个新临时变量，返回一个代表新临时变量名的整数作为函数值。为直观起见，我们将 NEWTEMP 产生的临时变量依次记为 $T_1,T_2,\cdots$。

② ENTRY(i)：一个函数过程，查找符号 i 在表中的入口地址。

③ X.PLACE：和非终结符号 X 相联系的语义变量，表示存放 X 值的变量在符号表中的入口地址或作为变量名的整数（若此变量是一个临时变量）。例如，F∷=i {F.PLACE = ENTRY(i)}表示存放 F 值的变量 i 在符号表中的入口地址，即从变量 F.PLACE 可知 i 在符号表中的位置。

④ GEN (OP, ARG1, ARG2, RESULT)：一个语义过程，该过程把四元式(OP, ARG1, ARG2, RESULT)填入四元式表。

因此，定义文法 G[A]语义子程序的描述如下：

① A∷=V = E　　　{GEN(=, E.PLACE,　, V.PLACE)}

② E∷=E1+T　　　{E.PLACE = NEWTEMP;
GEN(+, E1.PLACE, T.PLACE, E.PLACE)}

③ E∷=T　　　{E.PLACE = T.PLACE}

④ T∷=T1*F　　　{T.PLACE = NEWTEMP;
GEN(*, T1.PLACE, F.PLACE, T.PLACE)}

⑤ T∷=F　　　{T.PLACE = F.PLACE}

⑥ F∷=(E)　　　{F.PLACE = E.PLACE}

⑦ F∷=i　　　{F.PLACE = ENTRY(i)}

⑧ V∷=i　　　{V.PLACE = ENTRY(i)}

在进行自底向上语法制导翻译时，还需一张 LR 分析表。文法 G[A]是一个 SLR(1)文法，其分析表如表 5.2 所示。例 5.7 将以某个具体的赋值语句为例，结合表 5.2，给出翻译四元式的过程。

在分析表 5.2 中，V^x、E^a、T^b、F^c 之类记号，表示与非终结符号 V、E、T、F 相关联的 V.PLACE、E.PLACE、T.PLACE、F.PLACE 中存放着 ENTRY(x)、ENTRY(a)、ENTRY(b)、ENTRY(c)符号指针，均指向符号表。

在四元式如(*, b, c, T_1) 中，*实际上是某种整数编码，反映运算符本身及其特征，如类型等。b、c 实际上也是指示器，指示符号表入口。T_1 是临时变量，实际上也是整数。

表 5.2　文法 G[A]的 SLR(1)分析表

状态	ACTION							GOTO				
	i	+	*	(	)	=	#	A	V	E	T	F
0	S_2							1	3			
1							acc					
2						r_8						
3						S_4						
4	S_9			S_8						5	6	7
5		S_{10}					r_1					
6		r_3	S_{11}		r_3		r_3					
7		r_5	r_5		r_5		r_5					
8	S_9			S_8						12	6	7
9		r_7	r_7		r_7		r_7					
10	S_9			S_8							13	7
11	S_9			S_8								14
12		S_{10}			S_{15}							
13		r_2	S_{11}		r_2		r_2					
14		r_4	r_4		r_4		r_4					
15		r_6	r_6		r_6		r_6					

例 5.7　以赋值语句 x = a+b*c 为例，利用表 5.2 和文法 G[A]的语义子程序给出翻译四元式的过程，如表 5.3 所示。

表 5.3　翻译四元式的过程

步骤	状态栈	符号栈	PLACE	输入串	归约规则	调用子程序	四元式
1	0	#	–	x=a+b*c#			
2	02	#x	–	=a+b*c#	V::=i	SUB_8	
3	03	#V	$-V^x$	=a+b*c#			
4	034	#V=	$-V^x-$	a+b*c#			
5	0349	#V=a	$-V^x-F^a$	+b*c#	F::=i	SUB_7	
6	0347	#V=F	$-V^x-T^a$	+b*c#	T::=F	SUB_5	
7	0346	#V=T	$-V^x-E^a$	+b*c#	E::=T	SUB_3	
8	0345	#V=E	$-V^x-E^a$	+b*c#			
9	03450	#V=E+	$-V^x-E^a-$	b*c#			
10	034509	#V=E+b	$-V^x-E^a-F^b$	*c#	F::=i	SUB_7	
11	034507	#V=E+F	$-V^x-E^a-T^b$	*c#	T::=F	SUB_5	
12	034503	#V=E+T	$-V^x-E^a-T^b$	*c#			
13	0345031	#V=E+T*	$-V^x-E^a-T^b-$	c#			
14	03450319	#V=E+T*c	$-V^x-E^a-T^b-F^c$	#	F::=i	SUB_7	
15	03450314	#V=E+T*F	$-V^x-E^a-T_1$	#	T::=T1*F	SUB_4	$(*,b,c,T_1)$
16	034503	#V=E+T	$-V^x-T_2$	#	E:=E1+T	SUB_2	$(+,a,T_1,T_2)$
17	0345	#V=E	$-V^x-T_2$	#	A::=V=E	SUB_1	$(=,T_2,x)$
18	01	#A		#			

（2）类型检查与类型转换

类型检查是最重要的语义检查，是语义分析的重要组成部分。任何编译程序都要完成这一工作。类型检查就是对访问数据的操作和被访问数据的类型进行检查，检查操作的合法性和数据类型的相容性。例如，在 Pascal 语言中，若算术运算符的运算对象为布尔量，或者赋给实型变量某个指针，则编译程序报告“类型不相容”。类型错误不像语法错误那样直观，所以对类型检查来说，当发现语义错误时，不但应该报告错误的性质，还应该能从错误中恢复过来，以便检查剩余输入中的错误。当允许一个运算的对象具有不同类型时，编译程序还要完成类型转换工作。例如，加法运算“+”允许运算对象是整型或实型，如果一个运算对象是实型，另一个运算对象是整型，其运算结果的类型是实型，由于实型和整型的内部表示不相同，因此为了使整型能参加实型运算，必须事先将整型转换成实型。

类型检查可在生成中间代码时进行，也可在生成目标代码时进行，但最好是在生成中间代码时进行。因为语法和语义检查最好尽早进行，这样能避免徒劳的工作。在上面将简单算术表达式和赋值语句翻译成四元式的讨论中，我们假定各个变量都是整型变量，并且规定四元式的 OP 中本身就有类型信息。所以，在例 5.7 的各语义子程序中，我们并未考虑类型方面的语义处理。

关于类型转换，为简单起见，我们仅考虑整型和实型的情况。这种混合运算中，每个非终结符号的语义值必须增添类型信息。我们用 X.MODE 表示非终结符号 X 的类型信息。X.MODE 的值或为 f（浮点型）或为 i（整型）。这样，我们就必须对表达式的每一规则的语义子程序进行修改，增加关于类型信息的语义规则，必要时应产生对运算对象进行类型转换的四元式。我们可以定义运算符 itf，其相应的四元式为

(itf, A, , T)

其作用是把整型变量 A 转换成浮点型变量，并将结果存在 T 中。

此外，在书写语义子程序时，为阅读上的直观性，我们用$+^i$、$*^i$等表示整型运算符，用$+^f$、$*^f$等表示浮点型运算符。

例 5.8 对于规则 E∷=E1 OP E2，给出语义子程序的具体描述如下：

```
T = NEWTEMP;
if (E1.MODE==0 && E2.MODE==0) {//0 表示整型；1 表示浮点型
    GEN(op^i, E1.PLACE, E2.PLACE, T);
    E.MODE = 0;
}
else if ( E1.MODE == 1 && E2.MODE == 1) {
    GEN(op^f, E1.PLACE, E2.PLACE, T);
    E.MODE = 1;
}
else if (E1.MODE == 0) {      //此时 E2.MODE = 1
     U = NEWTEMP;
     GEN (itf, E1.PLACE, -, U);
     GEN (op^f, U, E2.PLACE, T);
     E.MODE = 1;
}
else {                        // 此时 E1.MODE = 1 and E2.MODE=0
    U = NEWTEMP;
    GEN (itf, E2.PLACE, -, U);
    GEN (op^f, E1.PLACE, U, T);
    E.MODE = 1;
}
E.PLACE = T;
```

这样，对于输入串 X*2+A*(I+1)，I 为整型变量，X、A 为浮点型变量，产生四元式序列为

(itf, 2, -, T_1)
($*^f$, X, T_1, T_2)
($+^i$, I, 1, T_3)
(itf, T_3, -, T_4)
($*^f$, A, T_4, T_5)
($+^f$, T_2, T_5, T_6)

显然，非终结符号的语义值除 X.PLACE 外还含有 X.MODE，它们都必须保存在语义栈中。如果运算对象的类型增多，语义子程序中必须区别的情形也就迅速增多，这会使语义子程序变得烦琐。因此，在运算对象的类型比较多的情况下，仔细推敲语义规则就是一件重要的事情。

2．布尔表达式和赋值语句的翻译

在程序设计语言中，布尔表达式有两个基本用途：一个是求逻辑值；另一个更常见，是在控制语句中用作条件表达式，例如，在 if、if-else、while 和 do-while 语句里表示控制条件。

布尔表达式由布尔运算符∧（与）、∨（或）和¬（非）等作用于布尔量或关系表达式构成，关系表达式的形式是 E_1 rop E_2，其中 rop 是关系运算符（如<、<=、=、>、>=及!=），而 E_1 和 E_2 是算术表达式。

布尔表达式文法 G[E]:

E∷=E∧E|E∨E|¬E|(E)|i|i rop i

对该文法的说明如下。

（1）布尔表达式的文法是一个二义文法。例如，该文法的一个句子 a∧b∨c 有两棵不同的语法树与之对应，所以该文法是一个二义文法。

（2）规定布尔运算符的优先顺序为¬、∧、∨，并假定∧和∨为左结合。所有关系运算符优先级相同，且高于任何布尔运算符，低于算术运算符。

（3）i 可以是布尔表达式，也可以是具体数值（1 为真，0 为假）。

（4）i rop i 中 rop 是关系运算符，i 是布尔量或数值。

布尔表达式求值方法有以下两种。

（1）把真和假数值化，使布尔表达式的计算类似于算术表达式的计算。常用 1 表示真，0 表示假，或者用非零整数表示真。

例如，$1\vee(\neg0\wedge0)\vee0=1\vee(1\wedge0)\vee0=1\vee0\vee0=1$。

（2）采取某种优化措施。有时并不需要将一个布尔表达式从头算到尾，而只需计算它的一个子表达式，便能确定整个布尔表达式真或假。

例如，对于 A∨B，只要计算出 A 为真，则不管 B 值如何，A∨B 之值一定为真。又如，对于 A∧B，只要计算出 A 为假，则 A∧B 必然为假。

对于三种逻辑运算，可做如下等价的解释。

```
A∨B: if A then true else B
A∧B: if A then B else false
¬A: if A then false else true
```

用这种方式实现控制语句的布尔表达式尤其方便。对应上述两种求值方法，布尔表达式有两种不同的翻译方法。

（1）像翻译算术表达式一样，来翻译布尔表达式。

例 5.9　布尔表达式¬a∧(b∨c=d)，可被翻译成如下四元式：

(1) (¬, a, -, T_1)
(2) (=, c, d, T_2)
(3) (∨, b, T_2, T_3)
(4) (∧, T_1, T_3, T_4)

仿照翻译算术表达式的方法，很容易写出布尔表达式文法 G[E]的每个规则的语义动作。

```
① E::= E1∧E2        {E.PLACE = NEWTEMP;
                     GEN(∧, E1.PLACE, E2.PLACE, E.PLACE)}
② E::= E1∨E2        {E.PLACE = NEWTEMP;
                     GEN(∨, E1.PLACE, E2.PLACE, E.PLACE)}
③ E::= ¬E1          {E.PLACE = NEWTEMP;
                     GEN(¬, E1.PLACE,  , E.PLACE)}
④ E::=(E1)          {E.PLACE = E1.PLACE}
⑤ E::=i             {E.PLACE = ENTRY(i)}
⑥ E::=i rop i       {E.PLACE = NEWTEMP;
                     GEN(rop, ENTRY(i1), ENTRY(i2), E.PLACE)}}
```

（2）作为控制条件的布尔表达式的翻译。

条件语句

if (E) {S_1} else {S_2}

中的布尔表达式 E，它的作用就是控制 S_1 和 S_2 的选择。我们赋予 E 两种出口，一个是“真出口”，另一个是“假出口”，它们分别指出当 E 值为 true 和 false 时控制转向的目标（即某一四元式所在位置或序号）。条件语句可翻译成图 5.6 所示的代码结构。

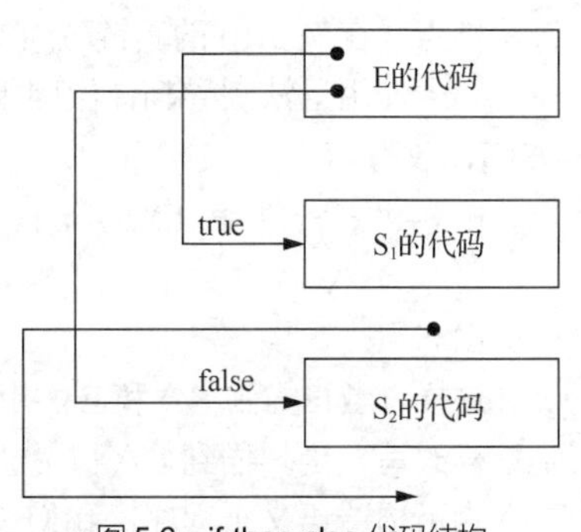

图 5.6　if-then-else 代码结构

作为控制条件的布尔表达式 E 的翻译结果归纳起来只有三种形式的四元式。

（1）(jnz, a_1, , p)：若 a_1 为真，则转向第 p 个四元式。

（2）(jrop, a_1, a_2, p)：若关系 a_1 rop a_2 成立，则转向第 p 个四元式。

（3）(j, , ,p)：无条件转向第 p 个四元式。

除（1）和（2）两种真转外，还可用（3）表示假转。

例 5.10 对条件语句

```
if (a || b < c) {S1} else {S2}
```

进行翻译后，可得如下四元式序列：

```
(1) (jnz, a, , 5)
(2) (j, , , 3)
(3) (j<, b, c, 5)
(4) (j, , , p+1)
(5) (关于 S1 的四元式序列)
(p) (j, , , q)
(p+1) (关于 S2 的四元式序列)
(q)
```

对四元式说明如下。

（1）a 为真，(a || b<c)就为真，转(5)执行。

（2）a 为假，(a || b<c)的值取决于 b<c 的值，所以转(3)执行。

（3）a 为假，且 b<c，则(a || b<c)为真，转(5)执行。

（4）a 为假，且 b<c 也是假，则(a || b<c)为假，执行 S_2，即应转(p+1)执行。

（p）执行完 S_1（对应四元式为(5)）则应转到条件语句的下一条语句，所以无条件跳转到(q)执行。

四元式(1)～(4)中显然有多余的四元式，例如，四元式(2)显然是不必要的。

在自底向上的语法制导翻译过程中，在产生一个条件转移四元式或无条件转移四元式时，所要转移到的那个四元式尚未产生，故无法立即产生一个完全条件转移四元式。例如，对于例 5.10，在产生第一个四元式时，因为语句 S_1 的中间代码尚未产生，故此时产生一个空缺转移目标的四元式(jnz, a, , 0)，且将此四元式的编号作为语义信息保存起来，待开始翻译语句 S_1 时，再将 S_1 的第一个四元式的编号（即(5)）填入这个不完全条件转移四元式。这种事后再填转移目标的动作称为回填。

在翻译过程中，有时会出现若干转移四元式，如例 5.10 中的(1)和(3)两个四元式，它们有着同一个转移目标(5)，但此目标的具体位置在形成四元式时还不知道。此时，我们将这些四元式链接起来，并且用一个指针指示这条链的链头，此后便可以从链头开始，沿着这条链逐个为四元式填入转移目标。

在实际操作时，有如下两种情况。

（1）将要填真出口的各四元式链接起来，组成一个真链（T 链），记为 TC。

（2）将要填假出口的各四元式链接起来，组成一个假链（F 链），记为 FC。

首先定义两个语义变量 E.TC 和 E.FC，分别指示 T 链和 F 链的链头。

链中各个四元式的 RESULT 字段为相应结点指针字段，当其不为零时，它表示链中后继四元式的序号（在例 5.10 的真链(5)−(3)−(1)中，四元式(3)的后继四元式序号为(1)），否则，相应四元式是链尾结点（在例 5.10 的真链(5)−(3)−(1)中，(1)是链尾节点）。

为了使用语法制导翻译做回填工作，便于编制相应的语义子程序，我们将上面的布尔表达式文法 G[E]改写为

E∷=$E^{\wedge}$E|$E^{\vee}$E|¬E|(E)|i|i rop i

$E^{\wedge}$∷=E∧

$E^{\vee}$∷=E∨

这样，当扫描到 E∧和 E∨并分别归约到 $E^{\wedge}$和 $E^{\vee}$时，就可以及时回填，知道真假出口；如果不是这样改写，当扫描到 E∧和 E∨时，还不能归约，因此就不能及时回填。

为了构造语义子程序，我们引入下面的语义变量和语义过程。

（1）NXQ 是指示器，用来指示所要产生的下一个四元式的编号。NXQ 的初值为 1，每执行一

次 GEN，NXQ 值增 1。

举例如下：

　　　　100　(×，×，×，×)

　　　　101　(×，×，×，×)

　　　　102　(×，×，×，×)

NXQ　　103

（2）GEN 功能同前，每被调用一次，NXQ 值增 1，形成一个四元式，送入四元式表。

（3）BACKPATCH(p, t)是一函数，把四元式的编号 t 填入以 p 为链头的链中各个四元式第四区段。过程描述如下：

```
void BACKPATCH(LinkList *p, int t){
    LinkList *Q = p;
    while (Q!=NULL){
        LinkList *q = NULL;
        q = 四元式 Q 的第四区段的内容;
        把 t 填进四元式 Q 的第四区段;
        Q = q;
    }
}
```

（4）MERGE(p1, p2)是一个函数过程，对链头分别为 p1 和 p2 的两条链进行合并，并返回合并以后的链头。过程描述如下：

```
LinkList* MERGE(LinkList *p1, LinkList *p2){
    if(p2 == NULL){
        return p1;
    }else{
        LinkList *p = NULL;
        p = p2;
        while(四元式 p 第四区段的内容非 0){
            p = 四元式 p 第四区段的内容;
        }
        把 p1 填进四元式 p 的第四区段;
        return p2;
    }
}
```

下面给出布尔表达式修改后文法 G[E]每个规则的相应语义子程序。

① E∷=i　　{E.TC = NXQ; E.FC = NXQ+1;
GEN(jnz, ENTRY(i), , 0);
GEN(j, , , 0)}

② E∷=i1 rop i2　　{E.TC = NXQ; E.FC = NXQ+1;
GEN(jrop, ENTRY(i1), ENTRY(i2), 0);
GEN(j, , , 0)}

③ E∷=(E1)　　{E.TC = E1.TC; E.FC = E1·FC}

④ E∷=¬E1　　{E.TC = E1.FC; E.FC = E1·TC}

⑤ $E^{\wedge}$∷= E1∧　　{BACKPATCH(E1.TC, NXQ); $E^{\wedge}$.FC = E1.FC}

⑥ E∷=$E^{\wedge}$E2　　{E.TC = E2.TC; E.FC = MERGE($E^{\wedge}$.FC, E2.FC)}

⑦ $E^{\vee}$∷=E1∨　　{BACKPATCH(E1.FC, NXQ); $E^{\vee}$.TC = E1.TC}

⑧ E∷=$E^{\vee}$E2　　{E.FC = E2.FC; E.TC = MERGE($E^{\vee}$.TC, E2.TC)}

可见，当一个布尔表达式由上述语义子程序翻译完毕以后，其真链（T 链）和假链（F 链）分别由语义变量 E·TC 和 E·FC 指示。若 E 是 if -else 语句中的控制条件，则当扫描到右括号时，根据当前 NXQ 的值对真链进行回填。至于 F 链回填，则在扫描到 else 之后进行。

例 5.11 根据上述文法语义子程序，布尔表达式

a∨(b∧¬(c∨d))

的语法制导翻译过程和对应生成的四元式序列如表 5.4 所示。

表 5.4 a∨(b∧¬(c∨d))的语法制导翻译过程

语法制导翻译过程	四元式
(1) $\underline{E}$∨(b∧¬(c∨d)) {E.TC = 100; E.FC = 101}	100 (jnz, a, , 0) 102 101 (j, , , 0)
(2) E∨(b∧¬(c∨d)) {BP(E1.FC=101, NXQ=102); $E^{\vee}$.TC = E1.TC = 100}	
(3) E∨($\underline{E}$∧¬(c∨d)) {E.TC = 102; E.FC = 103}	104 102 (jnz, b, , 0) 103 (j, , , 0)
(4) E∨($\underline{E}$∧¬(c∨d)) {BP(E1.TC=102, NXQ=104); $E^{\wedge}$.FC = E1.FC = 103}	
(5) E∨(E∧¬($\underline{E}$∨d)) {E.TC = 104; E.FC = 105}	103 104 (jnz, c, , 0) 106 105 (j, , , 0)
(6) E∨(E∧¬($\underline{E}$∨′d)) {BP(E1.FC=105; NXQ=106); $E^{\vee\prime}$.TC = E1.TC = 104}	
(7) E∨(E∧¬(E′∨$\underline{E}$2) {E2.TC = 106; E2.FC = 107}	104 106 (jnz, d, , 0) 100 107 (j, d, , 0)
(8) E∨(E∧¬($\underline{E}$1)) {E1.FC = E2.FC = 107; E1.TC = MERGE($E^{\vee\prime}$.TC=104, E2.TC=106) = 106}	
(9) E∨(E∧¬$\underline{E}$) {E.TC = E1.TC = 106; E.FC = E1.FC = 107}	
(10) E∨(E∧$\underline{E}$2) {E2.TC = E1·FC = 107; E2.FC = E1.TC = 106}	
(11) E∨($\underline{E}$1) {E1.TC = E2.TC = 107; E1.FC = MERGE($E^{\wedge}$.FC=103, E2.FC=106) = 106}	
(12) E∨$\underline{E}$2 {E2.TC = E1.TC = 107; E2.FC = E1.FC = 106}	
(13) $\underline{E}$ {E.FC = E2.FC = 106; E.TC = MERGE($E^{\vee}$.TC=100, E2.TC=107) = 107}	

说明：非终结符号下方加“_”表示用某一产生式归约的结果；BP = BACKPATCH。

由此，该布尔表达式经过语法制导翻译得到的四元式序列为

100 (jnz, a, , 0)	104 (jnz, c, , →103)
101 (j, , , 102)	105 (j, , , 106)
102 (jnz, b, , 104)	106 (jnz, d, , →104)
103 (j, , , 0)	107 (j, , , →100)

其中，真链为{107,100}，链头 E.TC=107；假链为{106,104,103}，链头 E.FC=106。为了区分执行 BACKPATCH()和执行 MERGE()所产生的四元式区段填入的四元式编号，我们将 MERGE()函数产生的第四区段的四元式编号前面加上“⇀”。

3．控制语句的翻译

控制语句是高级程序设计语言的重要语句，一般包括无条件转移语句、条件语句和循环语句等。下面我们将对一些常用的控制语句的翻译进行讨论，仍然是翻译成四元式中间代码。因为语句标号和 goto 语句的使用已经被大多数程序设计语言所禁止，因此我们主要关注 if 语句、while 语句和 for 语句。

（1）if 语句的翻译

通常条件语句有下面的形式：

if (E){S_1} else{S_2}

其中 E 是布尔表达式，S_1 和 S_2 分别是 E 的值为“真”和“假”时应执行的语句。

条件语句翻译过程如下。

① 完成布尔表达式 E 的翻译，获得一组四元式，留下两个待填的语义值 E.TC 和 E.FC，即真链头和假链头。

② 扫描 then 以后，可获得布尔表达式真出口，即可用 BACKPATCH(E.TC, NXQ)来回填，但假出口 E.FC 尚不知道。

③ 遇 else 表示 S_1 已翻译结束，应生成无条件转移四元式(j, , , 0)，转移目标等处理 S_2 时回填。

④ 当开始处理 S_2 时，可获得假出口，即可用 BACKPATCH(E.FC, NXQ)来回填。

⑤ 嵌套条件语句可以有若干层嵌套：

if (E_1){if (E_2){S_1} else {S_2}} else {S_3}

由于条件语句中的 S_1、S_2 又可以是条件语句，因此在没有处理完第一层条件语句时可进入第二层条件语句，同样，在没有处理完第二层条件语句时又可进入第三层条件语句……所以，在翻译完内嵌 if-else 语句中的 S_1 之后，立即产生一个完全无条件转移四元式往往是不可能的。即使内嵌 if-else 语句被翻译完，此转移目标也未必能确定，这是因为此时对嵌套它的外层语句的情况尚不明确。而在内层语句中的控制转移，有时不但要通过转移离开内层语句，还要跳出外层语句。因此，我们像处理布尔表达式 E 那样，把所有将控制转出内层语句 S 的四元式链接起来，用语义变量 S.CHAIN 来指示这条链的链头，以便在处理 S 的外层语句的适当时机回填相应转移目标。

描述条件语句的文法如下所示：

① S∷=if (E){S}
② 　|if (E) {S} else {S}
③ 　|{L}
④ 　|{A}
⑤ L∷= L;S
⑥ 　|S

其中，非终结符号 S、A 及 L 分别代表语句、赋值语句及语句串，E 则通常代表表达式。

为了能及时地进行归约并回填有关四元式串转移目标，如同处理布尔表达式，我们需要对上述条件语句的文法进行改写：

① S∷=C{S}
② 　|T{S}
③ 　|{L}
④ 　|{A}
⑤ L∷=L^S{S}

⑥ |{S}

⑦ C∷=if (E)

⑧ T∷=C{S} else

⑨ L^S∷=L;

为了记录与文法符号相关的四元式或四元式位置，除前面提到的语义变量 S.CHAIN 外，还需引入语义变量 T.CHAIN、L.CHAIN。

① S∷= C{S1} {S.CHAIN = MERGE(C.CHAIN, S1.CHAIN)}

② S∷=T{S2} {S.CHAIN = MERGE(T.CHAIN, S2.CHAIN)}

③ S∷={L} {S.CHAIN = L.CHAIN}

④ S∷={A} {S.CHAIN = 0}

⑤ L∷=L^S{S1} {L.CHAIN = S1.CHAIN}

⑥ L∷={S} {L.CHAIN = S.CHAIN}

⑦ C∷=if (E) {BACKPATCH(E.TC, NXQ); C.CHAIN = E.FC}

⑧ T∷=C{S1}else {q = NXQ; GEN(j, , , 0);
BACKPATCH(C.CHAIN, NXQ);
T.CHAIN = MERGE(S1.CHAIN, q)}

⑨ L^S∷=L; {BACKPATCH(L.CHAIN, NXQ)}

最后，应当提及，若不考虑程序中的说明部分，则可将一个过程视为上述文法的单个语句，此时应考虑补充如下规则及相应语义子程序：

⑩ P∷=S {BACKPATCH(S.CHAIN, NXQ); GEN(return, , ,)}

其中的(return, , ,)是返回主程序。如果这个过程就是主程序，则此四元式应改为中止程序运行的系统调用。

对语义子程序的说明如下。

① C∷=if (E) {BACKPATCH(E.TC, NXQ); C.CHAIN = E.FC}

当将 if (E)归约为 C 时，显然“)”后第一个四元式位置已知，为 NXQ，所以将此序号回填到 E.TC 链上。但此时假出口无法确定，所以将 E.FC 传给 C.CHAIN，以后在归约时依然如此传递下去。

② S∷= C{S1} {S.CHAIN = MERGE(C.CHAIN, S1.CHAIN)}

此时翻译 if()语句，E 假出口是由 C.CHAIN 指示的，也就是执行 S1 后所应转向的目标。所以应把 C.CHAIN 和 S1.CHAIN 合并，合并后链头由 S.CHAIN 指示，待处理 S 后回填。

③ T∷=C{S1}else {q = NXQ; GEN(j, , , 0); BACKPATCH(C.CHAIN, NXQ)
T.CHAIN = MERGE(S1.CHAIN, q)}

此时归约 if-else 语句真部，S1 四元式已产生，其后紧跟一个无条件转移四元式，但转移目标还需以后回填，因此要记下此位置作为 q 值，{q = NXQ, GEN(j, , ,0)}。另外，执行 S1 后，同样要转移出整个 if-else 语句。由于 S1 有可能是控制语句，所以将 S1.CHAIN 和 q 指示的四元式并链，链头由 T.CHAIN 指示，等待回填。

④ S∷=T{S2} {S.CHAIN = MERGE(T.CHAIN, S2.CHAIN)}

按此规则归约时，if-else 语句相应的四元式已全部产生。控制转移后，本语句各四元式转移目标尚待回填，所以将 T.CHAIN 及 S2.CHAIN 所指示的两条链合并，用 S.CHAIN 指示合并后的链头，待处理 S 外层语句时再回填。

⑤ S∷={A} {S.CHAIN = 0}

由于执行赋值语句不产生控制转移，故对 S 产生空链。

⑥ L∷=S　　　　　　　{L.CHAIN = S.CHAIN}

按此规则归约时，语句 S 的四元式已产生，此时把由 S.CHAIN 指示的四元式链头传递给 L.CHAIN，以便在适当时候回填。

⑦ L^S∷=L　　　　　　{BACKPATCH(L.CHAIN, NXQ)}

按此规则归约时，语句 S 的四元式尚未产生，而当扫描到 S 语句的结束符，即执行 S 之后，应将控制转移到排列在此分号后的语句。在产生此语句代码时，它的第一个四元式地址（序号）必然是 NXQ 当前值，因此可用 NXQ 值回填由 L.CHAIN 指示的四元式链。（L.CHAIN 指示链即 S.CHAIN 指示链。）

⑧ L∷=L^S{S1}　　　　{L.CHAIN = S1.CHAIN}

按此规则归约时，语句 S1 的四元式已产生，但执行完 S1 后，转移目标尚待回填，故将 S1.CHAIN 所指示的四元式链头传递给 L.CHAIN，以便以后回填。

⑨ S∷={L}　　　　　　{S.CHAIN = L.CHAIN}

按此规则归约时，一个复合语句的代码已产生。此时该复合语句应转向的目标尚待回填，故将相应四元式链头借 S.CHAIN 传递下去。

⑩ P∷=S　　　　　　　{BACKPATCH(S.CHAIN, NXQ); GEN(return, , ,)}

若不考虑程序说明部分，则可将一个过程视为文法单个语句。此时应考虑补充此规则。

例 5.12　根据条件语句的语义子程序，若存在如下文法：

```
if (a∧b∧(c>d))
{
   if(a<b)
   {
       f = 1;
   }
   else
   {
      f = 0;
   }
}
else
{
      g = 2;
}
```

则其语法制导翻译过程和对应生成的四元式如表 5.5 所示。

表 5.5　例 5.12 条件语句的语法制导翻译过程

语法制导翻译过程	四元式
(1) if E1∧b∧c>d then … {E1.TC = 100; E1.FC = 101}	100 (jnz, a, , 0) 回填 102 101 (j, , , 0) 回填 112
(2) if $E^{\wedge}$ b∧c>d then … {BP(E1.TC=100, NXQ=102); $E^{\wedge}$.FC = E1.FC = 101}	
(3) if $E^{\wedge}$ E2∧c>d then … {E2.TC = 102; E2.FC = 103}	102 (jnz, b, , 0) 回填 104 103 (j, , , 0) 回填 112　**101 假链**
(4) if E3∧c>d then … {E3.TC = E2.TC = 102; E3.FC = MERGE($E^{\wedge}$.FC=101, E2.FC=103) = 103}	
(5) if $E^{\wedge\prime}$c>d then … {BP(E3.TC=102, NXQ=104); $E^{\wedge\prime}$.FC = E3.FC = 103}	

续表

语法制导翻译过程	四元式
(6) if E^'E4 then … {E4.TC = 104; E4.FC = 105}	104 (j>, c, d, 0) 回填 106 105 (j, , , 0) 回填 112 **103 假链**
(7) if E5 then … {E5.TC = E4.TC = 104; E5.FC = MERGE(E^'.FC=103, E4.FC=105) = 105}	
(8) C1 if a <b then … {BP(E5.TC=104, NXQ=106); C1.CHAIN = E5.FC = 105}	
(9) C1 if E6 then … {E6.TC = 106; E6.FC = 107}	106 (j<, a, b, 0) 回填 108 107(j, , , 0) 回填 110
(10) C1 C2 f=1 else f=0… {BP(E6.TC=106, NXQ=108); C2.CHAIN = E6.FC = 107}	
(11) C1 C2 A else f=0 …	108 (=, 1, , f)
(12) C1 C2 S1 else f=0 … {S1.CHAIN = 0}	
(13) C1 T1 f=0 else g=2 {q = NXQ = 109; BP(C2.CHAIN=107, NXQ=110); T1.CHAIN = MERGE(S1.CHAIN=0, q=109) = 109}	109 (j, , , 0) 回填 113
(14) C1 T1 A else g=2	110 (=, 0, , f)
(15) C1 T1 S2 else g=2 {S2.CHAIN = 0}	
(16) C1 S3 else g=2 {S3.CHAIN = MERGE(T1.CHAIN=109, S2.CHAIN=0) = 109}	
(17) T2 g=2 {q = 111; BP(C1.CHAIN=105, NXQ=112); T2.CHAIN = MERGE(S3.CHAIN=109, q=111) = 111}	111(j, , , 0) 回填 113 **109 真链**
(18) T2 A	112 (=, 2, , g)
(19) T2 S4 {S4.CHAIN = 0}	
(20) S {S.CHAIN = MERGE(T2.CHAIN=111, S4.CHAIN=0) = 111}	
(21) P {BP(S.CHAIN=111, NXQ=113)}	113 (return, , ,) （或结束程序运行）

最终，文法经语法制导翻译得到该条件语句的四元式序列：

```
100 (jnz, a, , 102)
101 (j, , , 112)
102 (jnz, b, , 104)
103 (j, , , 112) →101
104 (j>, c, d, 106)
105 (j, , , 112) →103
106 (j<, a, b, 108)
107 (j, , , 110)
108 (=, 1, , f)
109 (j, , , 113)
110 (=, 0, , f)
```

```
111 (j, , , 113)  →109
112 (=, 2, , g)
113 (return, , , )
```

其中，布尔表达式的真链为{111, 109}，链头 E.TC=111；假链为{105,103,101}，链头 E.FC=105。

（2）while 语句的翻译

while 语句形式：

```
while(E){S}
```

其中 E 是布尔表达式，S 是 E 值为“真”时应执行的语句。

它的代码结构如图 5.7 所示。

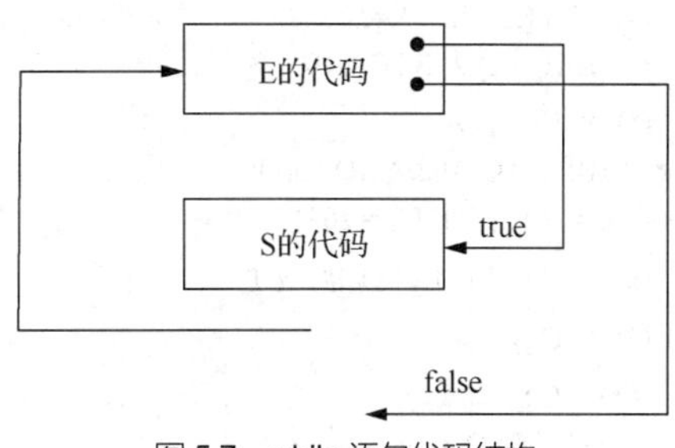

图 5.7 while 语句代码结构

布尔表达式 E 的真出口转向 S 的代码的第一个四元式。紧接着 S 的代码应产生一条转向 E 的无条件转移指令。E 的假出口将导致程序控制离开整个 while 语句，但在确定此假出口时，我们面临与 if-else 类似的问题。因此，也需将回填转移目标的各四元式链接起来，并以语义变量 S.CHAIN 来指示其链头，待处理 while 语句的外层语句时再进行回填。

描述 while 语句的文法如下所示：

```
S∷=while (E) {S}
```

和处理条件语句一样，为了及时归约并回填有关四元式串转移目标，我们对 while 语句文法进行改写：

① W∷=while

② W^d∷=W (E)

③ S∷=W^d{S}

S 及其他规则和条件语句一样。

下面我们给出这个文法各个规则的语义子程序，同样，引入语义变量 W.QUAD 和 W^d.QUAD，用来指示相应四元式串的第一个四元式位置。

① W∷= while　　　{W.QUAD = NXQ}

② W^d∷= W (E)　　　{BACKPATCH(E.TC, NXQ); W^d.CHAIN = E.FC;
　　W^d.QUAD = W.QUAD}

③ S∷= W^d{S1}　　　{BACKPATCH(S1.CHAIN, W^d.QUAD);
　　GEN(j, , , W^d.QUAD); S.CHAIN = W^d.CHAIN}

用规则③归约时，语句 S1 的四元式也已产生，故紧接着 S1 的代码产生一个无条件转移四元式，它将控制转移到 while 语句第一个四元式 W^d.QUAD，即(j, , , W^d.QUAD)。此外，S1 执行完毕，也需要将控制转移到 while 语句第一个四元式，因此要用 W^d.QUAD 对 S1.CHAIN 进行回填，同时将假出口传递下去，即 S.CHAIN = W^d.CHAIN。

例 5.13 将语句 while (a<b) {if (c<d) x = y+z;}翻译成四元式序列。

翻译过程如表 5.6 所示（根据条件语句和 while 语句各规则对应语义子程序，假定所产生的四元式序列编号从 100 开始）。

表 5.6 while (a<b) {if (c<d) x = y+z;}语法制导翻译过程

语法制导翻译过程	四元式
(1) W a<b do … {W.QUAD = NXQ = 100}	

续表

语法制导翻译过程	四元式
(2) W E1 do if … {E.TC = NXQ = 100; E.FC = NXQ+1 = 101}	100 (j<, a, b, 0) **102** 101 (j, , , 0) **107**
(3) W^d if (c<d) … {BP(E.TC=100, NXQ=102); W^d.CHAIN = E.FC = 101; W^d.QUAD = W.QUAD = 100}	
(4) W^d if E2 then X=… {E.TC = 102; E.FC = 103}	102 (j<, c, d, 0) **104** 103 (j, , , 0) **100**
(5) W^d C x=y+z {BP(E.TC=102, NXQ=104); C.CHAIN = E.FC = 103}	
(6) W^d C x=T (将 y+z 归约成 T)	104 (+, y, z, T)
(7) W^d C A	105 (=, T, , x)
(8) W^d C S1 {S1.CHAIN = 0}	
(9) W^d S2 {S2.CHAIN = MERGE(C.CHAIN=103, S1.CHAIN=0) = 103}	
(10) S {BP(S2.CHAIN=103, W^d.QUAD=100); S.CHAIN = W^d.CHAIN = 101}	106 (j, , ,0) **100**
(11) P {BP(S.CHAIN=101, NXQ=107)} GEN (return, , ,)	107(return, , ,)

最终，翻译成如下四元式序列：

```
100 (j<, a, b, 102)
101 (j, , , 107)
102 (j<, c, d, 104)
103 (j, , ,100)
104 (+, y, z, T)
105 (=, T, , x)
106 (j, , , 100)
107 (return, , , )
```

（3）for 语句的翻译

for 语句形式：

```
for (i=E1; i<=E2; i++) {S1}
```

for 语句在不同语言中形式和语义有较大差别。下面我们对 C 语言中 for 语句的形式进行讨论。循环步长为 1；E1 和 E2 分别是初值表达式和终值表达式，必须在进入循环体之前定值；S 是循环执行语句。它的代码结构如图 5.8 所示。

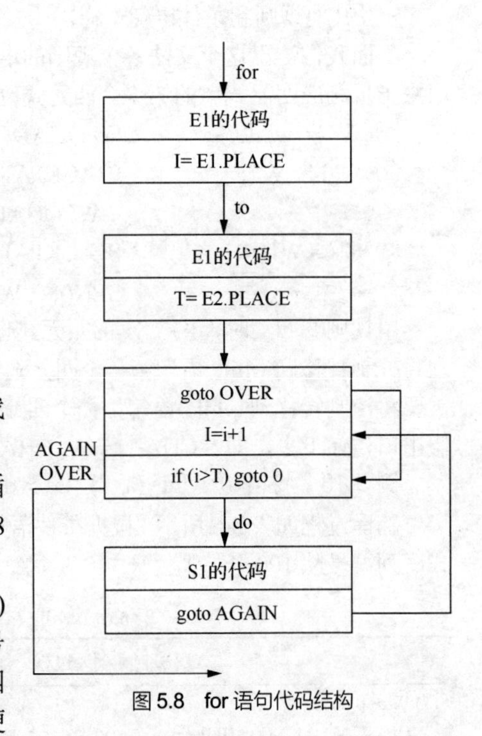

图 5.8 for 语句代码结构

从图 5.8 可知，T=E2 是 i 的终值，四元式(j, , , OVER)中的转移目标 OVER 的地址是可知的，即比该四元式序号大 2，因此 OVER 的地址（四元式序号）可直接写到该四元式中。但是重新循环地址的 AGAIN 项需要记忆，以便在 S1 的代码之后回填那个无条件转移四元式的转移目标。

描述 for 语句的文法如下所示：

```
S∷=for i=E1 to E2 do S1
```

和处理条件语句一样，为了及时**归约并回填**有关四元式串转移目标，我们对 for 语句文法进行改写：

① F∷=for i=E1 to E2 do

② S∷=FS1

下面我们给出这个文法各个规则的语义子程序。

① F∷=for i= E1 to E2 do

```
{F.PLACE = ENTRY(i);                    //*将 i 的入口地址保留，以供以后查表
GEN(=, E1.PLACE, , F.PLACE);            //*生成一个四元式，将初值送 i
T = NEWTEMP;                            //*产生一个中间变量，以后供储终值
GEN(=, E2.PLACE, , T);                  //*生成一个四元式，将终值送中间变量
q = NXQ;                                //*记下无条件转移四元式的序号，即 goto OVER 位置
GEN(j, , , q+2);                        //*生成一个四元式，无条件转移到 OVER 位置
F.QUAD = q+1;                           //*记下 GEN 位置，即 i=i+1 位置
GEN(+, F.PLACE, 1, F.PLACE);            //*i=i+1
F.CHAIN = NXQ;                          //*将 NXQ 位置传递下去，以供以后回填
GEN(j>, F.PLACE, T, 0)}                 //*条件转移四元式，判断是否达到终值
```

② S = FS1

```
{BACKPATCH (S1.CHAIN, F.QUAD);          //*用 i=i+1 位置回填
GEN(j, , , F.QUAD);                     //*无条件转移到 GEN 位置，即 i=i+1 位置
S.CHAIN = F.CHAIN}                      //*将 OVER 位置传递下去，以供以后回填
```

例 5.14　循环语句：

```
for (i=1; i<=100; i++) {m = m+i;}
```

该语句翻译过程如表 5.7 所示。

表 5.7　for (i=1; i<=100; i++) {m = m+i;}语法制导翻译过程

语法制导翻译过程	四元式
F m=m+1 {q = NXQ = 102; F.QUAD = q+1 = 102+1 = 103; F.CHAIN = NXQ = 104}	100 (=, 1, , i) 101 (=, 100, , T) 102 (j, , , 104) 103 (+, i, 1, i) 104 (j>, i , T, 108)
F m=T (表达式 m+1 归约)	105 (+, m, i, T_1)
F A (赋值语句归约)	106 (=, T_1, , m)
F S1 (见前条件语句归约) {S1.CHAIN = 0}	
S {BACKPATCH(S1.CHAIN=0, F.QUAD=103); S.CHAIN = F.CHAIN = 104}	107 (j, , , 103) 108 (return, , ,)
P (见前条件语句归约) {BACKPATCH(S.CHAIN=104, NXQ=108)	

最终，翻译成如下四元式序列：

```
100 (=, 1, , i)
101 (=, 100, , T)
102 (j, , , 104)
103 (+, i, 1, i)
104 (j>, i, T, 108)
```

105 (+, m, i, T_1)
106 (=, T_1, , m)
107 (j, , , 103)
108 (return, , ,)

4．数组元素的翻译

在前面我们已经讨论了仅含有简单变量的算术表达式和赋值语句的翻译问题。而数组元素所表示的变量和其他变量一样，既可以出现在表达式中，也可以出现在语句中。对数组元素（下标变量）的翻译核心是计算它们的地址。下面我们首先介绍数组元素地址的计算方法及数组元素引用的中间代码形式，然后介绍含有数组元素的赋值语句的语法制导翻译方法。

（1）数组元素地址的计算

数组中各个元素在计算机中存储的顺序有多种形式，常用的有两种：一种是按行存放，如 Pascal、C 等语言；另一种是按列存放，如 FORTRAN 等语言。现假定数组按行存放，每一数组元素占用一个机器字，同时假定计算机是按字编址的。对一个 n 维数组 A，C 语言的说明为

类型说明符 $A[I_1\cdots u_1][I_2\cdots u_2]\cdots[I_n\cdots u_n]$

假定数组 A 是一个 10×20 的二维数组，各维下界为 0，其数组的首地址 A[0][0]为 a，则数组元素 A[i][j]的地址为 a+(i×20+j)。

设 A 是一个 n 维数组，令 $d_i = u_i-I_i+1$（i=1,2,…,n），则 a 表示了元素 A[0]…[0]的地址。这样，对 A 中任一数组元素 $A[i_1][i_2]\cdots[i_n]$，其地址 D 为

$$D = a+(i_1d_2d_3\cdots d_n+i_2d_3d_4\cdots d_n+\cdots+i_{n-1}d_n+i_n)$$

同时，若仅考虑静态数组，则由于 I_i、u_i 及 d_i 均为常量，上式经因子分解后可得

$$D = CONSPART+VARPART$$

其中

$$CONSPART = a$$

$$VARPART = (\cdots((i_1d_2+i_2)d_3+i_3)d_4+\cdots+i_{n-1})d_n+i_n$$

这样使得数组元素地址计算分为两部分：CONSPART 和下标 $i_1,i_2,\cdots,i_n$ 无关，因此对每个数组只需计算一次；VARPART 与 $i_1,i_2,\cdots,i_n$ 有关，因此计算数组元素地址主要是计算 VARPART。对 VARPART 的计算也是非常容易的。

为了方便计算数组元素的地址，当编译程序扫描到数组说明时，必须把与数组有关的信息记录下来，如数组的数据类型 TYPE、数组的维数 n、各维下标的上下界 I_i 和 u_i，同时还要算出各维下标的界差 d_i，供处理数组元素时使用。通常把一个数组的上述信息填入内情向量表，如表 5.8 所示。

为简单起见，我们假定数组各维下标的下界均为 0，此时，计算数组元素 $A[i_1][i_2]\cdots[i_n]$的地址可写为

$$a = A[0]\cdots[0]$$

$$d_i = u_i+1$$

$$VARPART = (\cdots((i_1d_1+i_2)d_2+\cdots+i_{n-1})d_n+i_n$$

表 5.8　数组内情向量表

I_1 I_2 ⋮ I_n	u_1 u_2 ⋮ u_n	d_1 d_2 ⋮ d_n
n	C	
type	n	

（2）数组元素的翻译过程

在处理数组元素在赋值语句中的语法制导翻译时，首先考虑的是“数组元素的引用”和“对数

组元素赋值”的四元式表示。由于我们假定的是静态数组，CONSPART 计算结果赋给临时变量 T1 将产生一个四元式串，VARPART 计算结果赋给临时变量 T 将产生另一个四元式串，我们以 T_1[T] 来表示数组元素地址，产生按变址操作 T_1[T]访问数组元素的四元式。

① 引用数组元素的四元式为

(= [ ], T_1[T], , X)

其中= [ ]为运算符，其含义为 X = T_1[T]，T_1 为接收 CONSPART 值的临时变量，T 为接收 VARPART 值的临时变量。

② 对数组元素赋值的四元式为

([ ] =, X, , T_1[T])

其中[ ] =也是运算符，其含义为 T_1[T] = X，T_1 为接收 CONSPART 值的临时变量，T 为接收 VARPART 值的临时变量。

下面我们讨论一个含有数组元素的简单算术表达式的文法 G[A]：

A∷= V=E

V∷=i [elist | i

elist∷=elist][E]|E

E∷=E+E|(E)|V

说明：

a．赋值语句 A 是一个 V（指变量）后跟赋值号=和一个算术表达式 E。V 是一个简单变量名 i 或一个数组元素名 i [elist。

b．用方括号括起来的 elist 是一串用逗号分隔的表达式，每个表达式是一个下标，每个下标中可能含有别的数组元素。因此，数组元素定义是嵌套的。

c．表达式 E 只含一个二元运算符+，我们可以把它看成所有算术运算符的代表。

在将下标表达式串归约为非终结符号 elist 的过程中，需逐步产生计算 VARPART 的四元式序列，因而也就需经常查询相应数组内情向量表。例如，将数组名与第一个下标表达式 E 联系起来，就可以把 i 的符号表登记项序号借一个语义变量传递下去，而数组 i 的内情向量一般是按某种方式与数组 i 的符号表登记项相连接的，故有了此登记项序号便可查到相应内情向量。为此，我们需要把关于 V 的文法改写为

V∷= elist]|i

elist∷=[elist][E|i[E

下面探讨数组元素翻译的语义子程序。

首先改写文法规则。

和处理条件语句一样，为了及时归约并回填有关四元式串转移目标，我们对数组元素文法进行改写：

A∷=V=E

V∷= elist]|i

elist∷=[elist][E|i[E

E∷=E+E|(E)|V

然后引入语义变量和过程。

为了产生计算 VARPART 的四元式序列，我们引入如下语义变量和过程。

a．elist.ARRAY：数组名，在符号表的入口。

b．elist.DIM：数组维数计数器。

c．elist.PLACE：在计算 VARPART 时，记录存放中间结果临时变量名。

d．LIMIT(elist.ARRAY, K)：一个函数过程，它给出数组 ARRAY 第 K 维上界差 d^K。

V 有两个语义值 V.PLACE 和 V.OFFSET。如果 V 是一个简单变量名 i，V.PLACE 就是用来记录 i 的符号表登记项入口，而 V.OFFSET 的值为 null。如果 V 是一个数组元素名，则 V.PLACE 保存 CONSPART 临时变量名，而 V.OFFSET 保存 VARPART 临时变量名。

最后给出数组元素翻译的语义子程序。

下面给出关于数组元素的赋值语句文法每个规则相应的语义子程序（略去语义检查）。

① A∷=V=E

```
{if(V.OFFSET==null) {GEN(=, E.PLACE,   , V.PLACE);} else{
GEN([ ]=, E.PLACE,   , V.PLACE[V.OFFSET])}}
```

② E∷=E1+E2

```
{T:=NEWTEMP; GEN(+, E1.PLACE, E2.PLACE, T); E.PLACE = T}
```

③ E∷= (E1)

```
{E.PLACE = E1.PLACE}
```

④ E∷=V

```
{if(V.OFFSET==null) {E.PLACE = V.PLACE} else{
T = NEWTEMP; GEN(=[ ], V.PLACE[V.OFFSET],   , T); E.PLACE = T}}
```

⑤ V∷=elist]

```
{T = NEWTEMP; GEN(-, elist·ARRAY, 0, T); V.PLACE = T}
```

此处 GEN 中出现参数 0 是由于 C 语言中限定各维数组下标的下界为 0，内情向量表中相应记录为 0，只执行 T=a。

⑥ V∷=i

```
{V.PLACE = ENTRY(i); V.OFFSET = null}
```

⑦ elist∷=[elist1][E

```
{T = NEWTEMP; K = elist1.DIM+1（记录下标维数）
d^K=LIMIT(elist1.ARRAY, K);
GEN (*, elist1.PLACE, d^K, T);
GEN(+ , E.PLACE, T, T);
elist.ARRAY = elist1.ARRAY;（传递 ENTRY(i)）
elist.PLACE = T;（传递存放 VARPART 中间结果 T）
elist.DIM = K}
```

这里所产生的两个四元式相当于执行

$elist1.PLACE*d^K+i^K$

其中 i^K 为 E.PLACE，结果值保存在 T 中。这是用乘、加运算累计 VARPART 的过程。

⑧ elist∷=i[E

```
{elist.PLACE = E.PLACE; (相应于 VARPART=1)
elist.DIM = 1;
elist.ARRAY = ENTRY(i)}
```

这里，elist.ARRAY 指向数组名 i 符号表入口，指示 VARPART 初值的 elist.PLACE 指向第一个下标表达式 E 的结果值单元。

例 5.15 设 A 为三维数组，各维下标下界均为 0，且 d_1=10，d_2=20，d_3=30，则赋值语句 X=A[i_1][i_2][i_3]经上述语义子程序翻译后所得四元式序列为

(*, i_1, 20, T_1)　　　　/*其中 d_2 的维度是 20 */

```
(+, i2, T1, T1)            /* T1= i1 *20+ i2*/
(*, T1, 30, T2)            /* 其中 d3 的维度是 30*/
(+, i3, T2, T2)            /* T2= VARPART*/
(−, a, 0, T3)              /* T3= a−C*/
(=[ ], T3[T2], , T4)       /* T4= T3[T2]*/
(=, T4, , X)
```

例 5.16　设 A 为二维数组，各维下标下界均为 1，且 d_1=10，d_2=20，则赋值语句 A[i+2][j+1]=m+n 的四元式序列为

```
(+, i, 2, T1)
(+, j, 1, T2)
(*, T1, 20, T3)
(+, T2, T3, T3)            /* T3= VARPART*/
(−, a, 0, T4)              /* T4= CONSPART*/
(+, m, n, T5)
([ ]=, T5, , T4[T3])       /* T4[T3] = T5*/
```

例 5.17　设 A 是一个 10×20 的二维数组，各维下标下界均为 0，且 d_1=10，d_2=20, 则赋值语句 X=A[i][j]的四元式序列为（二维数组地址计算公式 a+(20*i+j)即 CONSPART+VARPART）

```
(1) (*, i, 20, T1)         //* 20*i 送 T1
(2) (+, T1, j, T1)         //* 20*i+j 送 T1，即 VARPART 的值(id2+j), d2=20
(3) (−, a, 0, T2)          //* a 送 T2，即 CONSPART 的值(a)，存放在内情向量表中，可以直接使用
(4) (=[], T2[T1], , T3)    //* 为引用数组元素的四元式，T2[T1]是数组元素 A[i, j]的地址，送 T3
(5) (=, T3, , X)           //* 为赋值语句的四元式
```

上面我们仅讨论了静态数组按行存储时的下标变量地址计算。对于动态数组，由于它的某些维的下标界是变量或表达式，这些维的界差 d_i 只有在运行时才能算出，故其下标变量地址也就无法在编译时具体计算。这就是说，动态数组元素的地址计算只能在运行时完成。对于按列存储的数组，计算其下标变量 $A[i_1][i_2][i_3]$的地址的公式为

D = CONSPART+VARPART

CONSPART = a　　（a 是数组 A 首地址）

$$VARPART = i_1+ i_2d_1+ i_3d_1d_2+\cdots+ i_nd_1d_2+\cdots d_{n-1}$$

$$= i+ d_1(i_2+ d_2(i_3+\cdots+ d_{n-2}(i_{n-1}+ i_nd_{n-1}))\cdots)$$

其中各符号意义同前。这个 VARPART 的值不能按下标表达式出现顺序从左到右进行累计。它必须待所有下标表达式都处理完毕，再从右到左进行累计。我们可以设置一个堆栈，它记录每个下标表达式结果值的存放单元在符号表中的位置。待全部下标表达式处理完毕，再从栈顶而下，按 VARPART 的算式累计它的值。

5．过程语句的翻译

过程或函数是程序中常用并且很重要的结构，而且过程或函数的运行时间往往占程序运行时间的一半，因此过程语句的翻译是很重要的。

（1）参数传递方式

一个过程或函数一经定义，就可以被调用，调用者和被调用者之间的信息交换是通过全局变量或参数传递方式进行的。在执行过程调用时，一项很重要的工作是把实际参数（简称实参）传送给被调用过程，以便被调用过程对实参执行相应的过程体。通常，可采用两种不同的代码结构来传递实参信息：一种是在控制转入被调用过程之前，将各实参的信息送入相应形式参数（简称形参）的形式单元，如图 5.9（a）所示；另一种是把实参信息依次排列在转子指令之前，在执行转子指令进入过程之后，被调用过程将根据本次调用返回地址（即紧跟转子指令的那条指令地址），找到存放信息的单元位置，并把实参信息送入相应形参的形式单元，然后执行过程的目标代码，如图 5.9（b）所示。我们将以第二种代码结构来讨论过程语句的翻译。

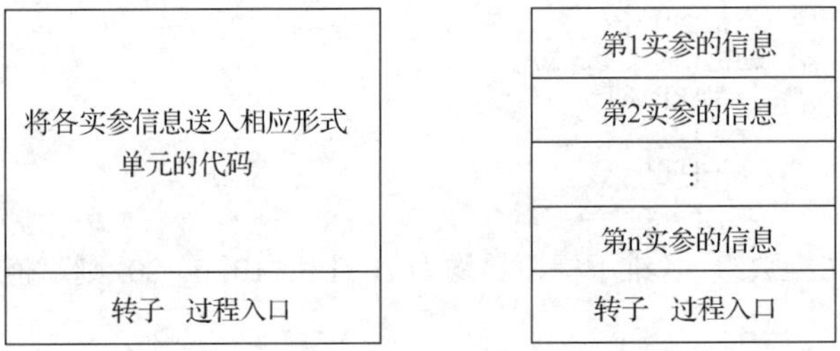

将各实参信息送入相应形式单元的代码
转子　过程入口

（a）第一种代码结构

第1实参的信息
第2实参的信息
⋮
第n实参的信息
转子　过程入口

（b）第二种代码结构

图 5.9　过程调用的代码结构

下面分别简要说明几种不同的参数传递方式：换名、传值、传地址和传结果。采用不同的参数传递方式会得到不同的结果。

例 5.18　为便于说明，以下面的程序段为例。

```
1    void p(int x, int y, int z){
2        y = y+1;
3        z = z+x;
4    }
5    int main(){
6        a = 2;
7        b = 3;
8        p(a+b, a, a);
9        printf("%d", a);
10   }
```

① 换名。

换名是 ALGOL 60 定义的一种特殊的参数传递方式。在调用过程时，其作用相当于把被调用的过程体复制到调用处，而将过程体的形参在文字上替换成相应的实参，即形参名、实参名的替换。若在替换时发现过程体中的局部变量与实参同名，则改用不同的标识符来表示这些局部变量。为了表示实参的整体性，必要时，在替换前将实参用括号括起来。

实现换名的一般方法：不是一开始就计算出实参的地址，而是每当过程体内引用到相应形参时才计算它的地址。在具体实现时，通常让每一个实参对应一个子程序，称为形实替换程序（thunk）。调用时，若实参不是变量，thunk 就计算实参，并送回计算值所在地址。过程体每当引用形参时，就调用相应的 thunk，然后利用此 thunk 送回的地址去引用该值。

在例 5.18 的程序段中，若采用换名调用方式，则将实参 a+b、a、a 的参数子程序入口传递给 x、y、z。执行过程体时，第 2 行中两处 y 都将调用关于 a 的 thunk，得实参 a 的地址和实参 a 的值，所以实际上做的是 a=2+1。第 3 行与之相仿，得 a=a+(a+b)。故返回后，第 9 行输出 a 为 3+(3+3)=9。

② 传值。

这是一种常用而又简单的参数传递方式。传值是指把实参的值传递给形参。具体实现时，每个形参都有一个相应的单元，称为形式单元。调用过程首先计算出实参的值，然后将其值送入对应的形式单元。在执行过程体时，除了实参的值作为形参的初值参与运算之外，程序将不再与实参发生任何联系。因此，过程执行结果不会改变实参之值。

C 语言和 Pascal 语言常常用这种方式传递参数。

例 5.18 的程序段中第 8 行进行过程调用时，若是传值调用，则将实参表达式 a+b、a、a 的值 5、2、2 传递到被调用过程 p 的 x、y、z 形式单元中，执行过程体后，它们不可能改变实参 a 的值，因此，第 9 行输出为 2。

③ 传地址。

传地址也是一种常用的参数传递方式，有很多语言采用这种方式，也称引用调用。它指的是把实参的地址传递给相应形参，即将实参的地址抄写进对应的形式单元。如果实参是一个变量，则直接传送它的地址；如果实参是数或表达式，则先计算出它的值，并把它存入一个临时单元，然后传递这个临时单元地址。在执行过程体时，对形参的任何引用或赋值，都按间接访问形式单元的寻址方式为其产生代码。显然，按此种方式实现形实结合，在执行过程时，对形参的赋值将会影响实参之值。

例 5.18 的程序段第 8 行进行过程调用时，如果采用传地址调用方式，则先计算出表达式 a+b 的值为 5，存于 t 中，然后将 t、a、a 的地址传递到 x、y、z 的形式单元。第 2 行、第 3 行过程体对 x、y、z 的引用都是间接引用。第 2 行 y 所指 a 中值加 1，结果是 3，存入 y 所指 a。第 3 行 z 所指 a 的值为 3，x 所指 t 的值为 5，相加结果为 8，存入 z 所指的 a。所以第 9 行输出为 8。

④ 传结果。

传结果是一种综合了传值调用和传地址调用的混合形式的参数传递，也称复写恢复。这种方式是让每个形参对应两个相邻形式单元，第一个存放实参的地址，第二个存放实参之值。当执行过程体时，过程体中对形参的任何引用都被处理成对它的第二个形式单元的直接引用。在过程调用结束返回前，再把第二个形式单元的内容存放到第一个形式单元中的实参地址之中。

FORTRAN 语言既采用传结果调用，也采用传地址调用。

例 5.18 的程序段中，如果用传结果方式传递参数，则过程调用时先计算表达式 a+b 的值存于 t 中，然后将实参 t、a、a 的地址传递给过程参数第一形式单元 x1、y1、z1，再将实参 5、2、2 传递给过程参数第二形式单元 x2、y2、z2。第 2 行、第 3 行过程体中引用过程参数第二形式单元：

y2=y2+1

z2=z2+x2

返回时将 x2、y2、z2 的值 5、3、7 按过程参数第一形式单元依次传递给 t、a、a，故输出为 7。

（2）过程语句的翻译

上面我们介绍了过程调用时参数传递的几种方式。下面我们以传地址为例来讨论过程语句的翻译。

假定用四元式(call, , , p)表示转入过程 p 的转子指令。用四元式(par, , , a)表示实参 a 的地址。在语义翻译时，把过程 p 的各实参地址放到转子指令的上面。

例 5.19　过程调用 call p (a+b, x, c+d)将被翻译成如下四元式序列：

```
(+, a, b, T1)
(+, c, d, T2)
(par, , , T1)
(par, , , x)
(par, , , T2)
(call, , , P)     /* 转子指令 */
```

计算实参表达式的四元式必须排在参数四元式的前面，这意味着在翻译过程调用语句时，必须设置队列之类，用于暂存各实参的地址，以便最后生成过程调用四元式。设转子指令地址为 K，则参数 T1、x、T2 的地址依次为 K−3、K−2 和 K−1。被调用过程就根据转子指令的地址 K，依次取得各实参的地址。

设定义过程调用语句的文法为

① S∷=call i (arglist)

② arglist∷=arglist,E

③ arglist∷=E

其中，E 代表算术表达式。由于算术表达式的翻译在前面已讨论过了，所以这里不再把 E 展开。

为了按例 5.19 的结构产生四元式序列，在处理每一实参时，就需要把它们的“地址”依次记录下来（这里记录的是 E.PLACE，如果实参是简单变量，则 E.PLACE 表示它的符号表登记项序号，如果实参是一个表达式，则 E.PLACE 表示存放其值的临时变量的编号，待正式产生目标代码时，再把这些 E.PLACE 换成真正的地址），以便在全部实参处理后，将它们连续地排列在四元式序列之中。为此，可在上述三个规则语义子程序工作时，建立一个名为 QUEUE 的队列，并将 QUEUE 作为一种语义信息和非终结符号 arglist 相关联。于是，过程语句语法制导翻译各语义子程序如下（同样略去语义检查）。

① S∷= call i (arglist)

```
{for (arglist.QUEUE 中每一项 P ){
GEN (par, , , p);
GEN (call, , , ENTRY(i))}}
```

② arglist∷=arglist1,E

```
{将 E·PLACE 排在 arglist1,QUEUE 的末端;
 arglist.QUEUE = arglist1.QUEUE}
```

③ arglist∷=E

```
{建立一个队列 arglist.QUEUE，当前它只含有一项 E.PLACE}
```

上述关于过程调用的语法制导翻译方式基本上也适用于函数调用的处理。但是，应当指出，函数调用时函数名及参数可以出现在某一表达式中，而函数调用和数组元素引用在外形上又并无差别，于是，就出现了在处理表达式时如何区分函数调用和数组元素引用的问题。另外，在 C 语言中，过程语句并不用 call 之类关键字标识，因此，编译程序在处理形如 $A(a_1, a_2,\cdots, a_n)$的语法结构时，必须判明其后是什么分隔符（;、=等），才能确切知道是过程调用还是数组元素引用。

为了解决这个问题，一个较好的办法是，让词法分析程序在发送单词 A 之前先查询符号表，如果 A 是一个过程名，则词法分析程序对其标记 proci 后送出，否则标注为通常标识符 i 送出，标记送出后再对其实现语法制导翻译。

上面我们仅侧重讨论了形参是简单变量而实参是变量或表达式的参数传递问题。事实上，形参和实参还有其他类别，如数组、过程、标号、开关等。对于这些类型的参数，本书不再介绍。

6．说明语句的翻译

说明部分给语言带来一定冗余度。有些语言（如 LISP）没有说明语句；有些语言虽然有说明语句（如 BASIC、FORTRAN），但很少需要使用；而其他语言（如 Pascal，C）则要求对程序中所使用的每个实体必须说明，说明的作用是把程序中的实体与某个标识符联系起来，用标识符作为这个实体的名字。说明的作用是明确地声明程序员怎样使用实体，而编译程序根据某个实体上下文可以推断它的使用情况，如果后者和前者不一致，编译程序就可以检查出来。如果不使用说明，这类错误就无法检查出来。因此，需要说明部分的语言可以编出较为可靠的程序。

从语义分析及代码生成角度来看，编译程序在处理说明部分时的主要任务如下。

（1）分离出说明语句中所说明的每一个实体，并把它填到符号表中。

（2）在符号表中填入尽可能多的实体属性。

编译程序可以根据符号表中的信息来检查对某个实体的引用是否正确，并根据有关属性为源程序生成目标代码。

下面简单介绍几个说明语句的翻译。

（1）变量说明的翻译

首先要引入变量说明的文法。在许多程序设计语言中，最简单的说明语句是变量说明，即用一个关键字来定义一串名字的性质，举例如下。

t　$V_1,V_2,\cdots,V_n$

其中 t 是用来说明变量名 $V_1,V_2,\cdots,V_n$ 的类型说明符。语言种类不同，其类型说明符 t 也不同。t 可以是 int、double、char、bool 等诸多类型，而 V_i 可以是简单变量名、数组名等。

下面我们讨论 V_i 是简单变量名的情形，仅考虑 t 为 int 和 float。这种说明语句的一般文法如下：

```
D∷=int namelist
        |float namelist
namelist∷= namelist,i
        |i
```

这里 int 和 float 是类型标识符，分别表示整型和实型。但这个文法在语法制导翻译中有这样一个问题：只能在把所有名字都归约成 namelist 后才能把它们的性质登记进符号表。因此，要对上述文法进行改写：

① D∷=D,i

② 　|int i

③ 　|float i

这样，每当读进一个标识符 i 时，就可把它的类型登记在符号表中，用不着把它们集中起来成批登记了。

下面给出变量说明文法的语义子程序。

① 语义变量和语义过程。

a．对于非终结符号 D，语义变量 D.ATT 记录了说明语句所规定的类型。

b．过程 FILL(P, A)的功能是把代码 A 所标识的类型（int、float）填写到由 P 所指的符号表登记项“类型”子栏中。

c．ENTRY 的意义前面已经介绍过。

② 语义子程序的描述。

```
D∷=int i
    {FILL (ENTRY(i), int); D.ATT = int}
D∷=double i
    {FILL(ENTRY(i), float); D.ATT = float}
D∷=D1,i
   {FILL (ENTRY(i), D1.ATT); D.ATT = D1.ATT}
```

（2）数组说明的翻译

不同的程序设计语言，数组说明的形式不完全一样。例如，Pascal 语言的数组说明为

t　$A[I_1 \cdots u_1][I_2 \cdots u_2]\cdots[I_n \cdots u_n]$

如前所述，当处理数组说明时，我们需要把数组的相关信息汇集在内情向量表中，以便后来计算数组元素地址时查询。每个数组对应一个内情向量表。数组 A 的信息将记入内情向量表，同时，内情向量表的首址将记入 A 的符号表登记项，以便从 A 的符号表登记项中能查到相应的内情向量表。如果 A 是一个确定的数组，其内情向量表中各项信息在编译阶段就可计算出来，所以在编译时就能填入所有信息。假定 A 是一个可变数组，由于它的某些维的上下界可变，因此内情向量表中的一些信息将无法在编译时填入。

此外，由于在编译时不能确定变界数组的体积，故无法为其分配存储空间。可见，变界数组的内情向量表填写工作只能在运行时动态地进行。

5.4　自顶向下语法制导翻译

自顶向下语法制导翻译的最大优点是可根据需要在产生式右部的任何位置上调用语义动作。而在自底向上语法制导翻译中，因要在产生式右部某一点处调用语义动作，必须在该点处把规则截断，所以要对文法进行改写。在自顶向下语法制导翻译中，假定有规则 A∷=BCD，要为非终结符号 A

寻找匹配，那么，我们可以分别在识别出B、C和D之后直接调用某些语义子程序，而无须等待识别出整个BCD。

1．递归下降的语法制导翻译

在第4章中我们简单提及了递归下降分析法（即递归子程序法），这是一种经典的自顶向下的语法分析方法。该分析方法为文法的每个非终结符号设计一个相应的递归过程，从输入串中读入一段该非终结符号所能推导出的符号串。我们把语义动作加进这一递归过程，使得它在识别一段符号串的同时还能产生一定的四元式，并最终能把相关语义值作为执行结果返回给程序段。我们把这种过程看成函数过程，语义值则作为函数值返回。

例 5.20 设关于"算术表达式E"的文法：

① E∷=T{+T}　（对应消除左递归之前的规则为E∷=E+T|T）

② T∷=F{*F}　（对应消除左递归之前的规则为T∷=T*F|F）

③ F∷=i|(E)

我们可以画出各非终结符号的递归过程。此处以F为例，其递归过程如图5.10所示。

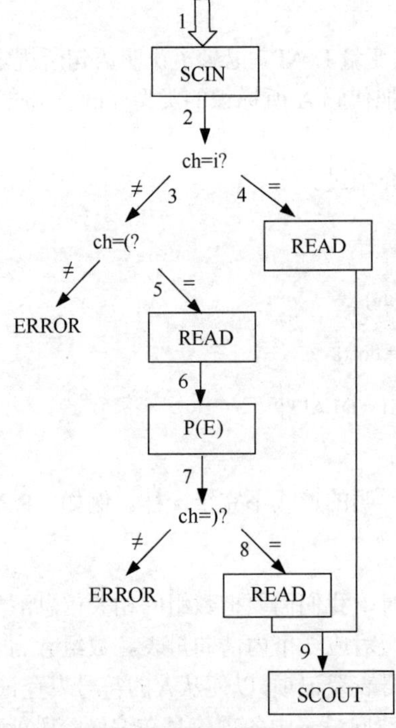

图5.10　非终结符号F的递归过程

下面给出该文法递归下降的语法制导翻译过程。

```
int F() {
    if (SYM == 'i') {
        ADVANCE;
        return (ENTRY(i));
    }
    else {
            if (SYM == '(') {
                ADVANCE;
                PLACE = E();    //调用E过程
                if (SYM ==')') {
                    ADVANCE;
                    return (PLACE);
                } else {
                    return ERROR;
```

```
                }
            }
        }
    }
int T(){
    PLACE1 = F();   //调用 F 过程
    while (SYM =='*') {
        ADVANCE;
        PLACE2 = F();//调用 F 过程
        T1 = NEWTEMP;
        GEN(*, PLACE1, PLACE2, T1);
        PLACE1 = T1;
    }
    return PLACE1;
}

int E(){
    PLACE1 = T();//调用 T 过程
    while (SYM=='+') {
        ADVANCE;
        PLACE2 = T();//调用 T 过程
        T1 = NEWTEMP;
        GEN(+, PLACE1, PLACE2, T1);
        PLACE1 = T1;
    }
    return PLACE1;
}
```

其中，ADVANCE 是指输入串指针进一，指向下一个输入符号；SYM 是指当前输入符号；ERROR 是出错诊断处理程序。

2．LL(1) 文法的语法制导翻译

在 LL(1)文法的语法制导翻译中，预先在源文法（有时称输入文法）中相应位置上嵌入语义动作符号（每个动作符号对应于一个语义子程序），用于提示语法分析程序，当分析到这些位置时，应调用相应的语义子程序。带有动作符号的源文法称翻译文法。为了区别，我们把翻译文法的每个动作符号 a 都用花括号括起来，即用{a}来表示。

在源文法中引入动作符号特别适用于像 LL(1)这样的自顶向下分析法，这是因为它不需要对分析算法和分析表做大的改动，对分析程序只需增加语义调用动作（当遇到动作符号时）。同时，还需要在分析表中增加语义子程序的入口。

与递归下降的语法制导翻译不同，LL(1)分析法需要使用显式堆栈记录分析过程中的语义信息。LL(1)分析法的语义栈操作与自底向上分析法的语义栈操作大不相同。在自底向上语法制导分析中，分析栈和语义栈是同步操作的，即文法符号和相应的语义信息是同时进栈，同时出栈的。但在 LL(1)文法的语法制导翻译中，分析栈和语义栈关系不大。下面以赋值语句为例，来说明 LL(1)文法的语法制导翻译方法。

例 5.21　现有赋值语句带有动作符号的文法为

① S∷=V={a_1}E{a_2}

② E∷=V|…

⋮　⋮

ⓝ V∷=i{a_3}

其中，a_1、a_2、a_3 是语义动作，操作是在语义栈上进行的。具体分析如下。

a_1：置等待赋值标记，即 WAIT = on，表示赋值语句左部已处理完。

a_2：执行 a_2 时，语义栈顶两项为赋值语句左右两边的类型，栈顶第三项为左部变量地址。执行步骤如下。

① 如果语义栈顶两项类型不同，则产生类型转换四元式。

② 产生赋值四元式，即将表达式值存入栈顶的第三项所指的地址。

③ 弹出栈顶三项。

④ 复位等待赋值标记，即 WAIT =off。

a_3：处理变量名（终结符号）的语义。执行步骤如下。

① 查符号表，取变量入口与变量类型。

② 如果 WAIT =off，即该变量位于赋值语句左部，则将该变量地址和变量类型依次进栈，否则变量类型进栈。

例 5.22 给定输入串为赋值语句#a=b#，其 LL(1)语法制导翻译过程如表 5.9 所示。假定终结符号不进分析栈，当动作符号位于栈顶时，就调用相应动作子程序。

表 5.9 输入串#a=b#的 LL(1)语法制导翻译过程

步骤	输入串	分析栈和语义栈	语义动作
1	a=b#	分析栈：S # 语义栈：-	
2	a=b#	V = {a_1} E {a_2} # -	选择产生式①右部进栈
3	a=b#	{a_3} = {a_1} E {a_2} # $TYPE_a$ Addr(a) -	选择产生式ⓝ，a不进栈，调用{a_3} 执行{a_3}后，a的地址与类型进入语义栈
4	a=b#	{a_1} E {a_2} # $TYPE_a$ Addr(a) -	执行动作{a_1} 置等待赋值标记WAIT=on
5	a=b#	V {a_2} # $TYPE_a$ Addr(a) - WAIT=on	选择产生式②，用V替换E 不操作语义栈
6	a=b#	{a_3} {a_2} # $TYPE_b$ $TYPE_a$ Addr(a) - WAIT=on	选择产生式ⓝ，b不进栈，调用{a_3} b的类型进栈
7	a=b#	{a_2} # - WAIT=off	设b为整型，a为浮点型，则执行{a_2}后，产生b变为浮点型四元式(itf,b, ,T_1) (=,T_1,__,addr(a))并复位WAIT

从上面的翻译过程可以看出，分析栈和语义栈各自增长与消减。在自顶向下分析中，最左非终

结符号总是不断被替换，去匹配当前输入符号。因此，各步骤中的语义信息和分析栈并无明显关系。上述步骤 3 到步骤 5 中，分析栈变化，而语义栈并未变化。这种无关性使得语义栈的管理比起自底向上分析中的语义栈的管理要困难一些。

5.5 属性文法与属性翻译

在 LL(1)语法制导翻译中，语义栈不能和分析栈同步操作，管理有些困难。语义栈的管理问题可以通过消除语义栈来解决。我们为文法的终结符号、非终结符号和动作符号附加参数来实现消除语义栈。一个文法符号可以和多个语义参数相关联，这些参数称作文法符号的属性。在属性文法中，以各种属性而不是语义栈作为语义动作之间的通信介质。

1．属性文法与 L 属性文法

属性文法是克努特于 1968 年提出的，也有人称它为属性翻译文法。属性文法以上下文无关文法为考察对象，为每个文法符号配备了一些属性。属性同变量一样，可以进行计算和传递。属性加工的过程就是语义处理的过程。属性加工同语法分析同时进行，加工规则也附加于语法规则之上，在构造语法树时，各属性的值通过文法中的规则层层传递（有时从规则左部向右部或者从右部向左部传递）。语法树构造完成时，得到文法开始符号的属性值，它也是该文法所描述的对象的最终语义。属性一般用标识符（或数）表示，通常写在相应文法下边，它的意义局限于它所在的产生式。

属性文法分两种。一种是继承属性，其属性值计算规则是“自上而下”，即文法产生式右部符号的某些属性根据其左部符号的属性和右部的其他符号属性计算而得。这种属性又称推导型属性。另一种是综合属性，其属性值计算规则是“自下而上”，即文法产生式左部符号的某些属性根据其右部的符号属性和其他属性计算而得。这种属性又称归约型属性。

例 5.23　设带属性的简单表达式文法，每个属性用小写字母表示，并且放在相应文法符号的右下角。每个产生式的右部是属性间的运算规则（属性规则），“←”表示赋值。

	属性规则
$S_q \to E_p$	$p \leftarrow q$
$E_p \to E_r + E_t$	$p \leftarrow r+t$
$E_p \to (E_r)$	$p \leftarrow r$
$E_p \to C_r$	$p \leftarrow r$

假定输入串为 3+4，其翻译过程如图 5.11 所示。

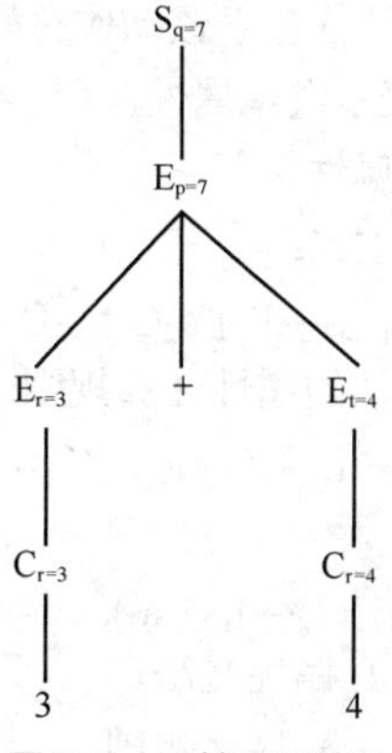

图 5.11　属性翻译过程

从例 5.23 可以看出，每个非终结符号的属性值由它的子结点的属性所决定，其属性信息是向上传递的。

例 5.24 设一个继承属性，它是带有属性说明语句的文法，花括号内是动作符号。

	属性规则
$S \to float_r\ \ V\text{-}LIST_s$	$s \leftarrow r$
$V\text{-}LIST_S \to ip_1\{fill\text{-}type\}_{p,t},\ V\text{-}LIST_s$	$(S_1, t) \leftarrow s,\ p \leftarrow p_1$
$V\text{-}LIST_S \to ip_1\{fill\text{-}type\}_{p,t}$	$t \leftarrow s,\ p \leftarrow p_1$

其中，动作符号$\{fill\text{-}type\}_{p,t}$表示把属性 t（类型值）填入符号表入口 p。属性规则$(S_1, t) \leftarrow s$表示把属性 s 同时赋给属性 S_1 和属性 t。而属性 s 继承了属性 r。图 5.12 是说明语句 float i，i 的翻译树。从图 5.12 可以看出，类型值 float 先由属性 s 继承，然后沿树自顶向下传给 t 和 S_1，并由动作{fill-type}把各变量的属性登入符号表。例 5.24 说明继承属性的信息是沿树向下传递的，或在同层结点内传递。

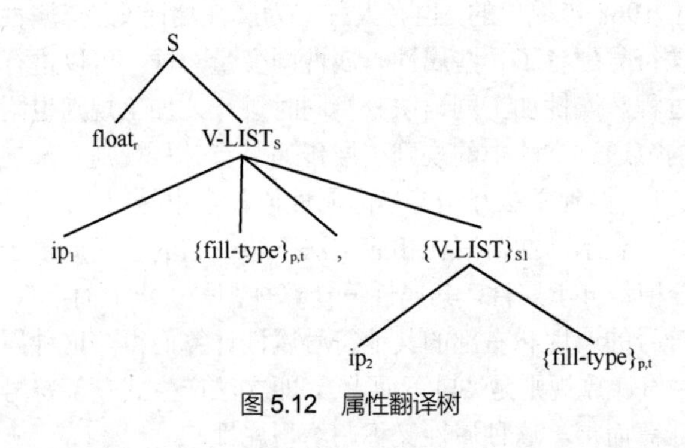

图 5.12 属性翻译树

为了有效指导自上而下的分析过程，同时保证及时计算各符号的属性，下面引入 L 属性文法，也称自上而下的属性翻译文法。其定义如下。

（1）给定一个产生式，其右部某一文法符号的继承属性仅依赖于下面两种属性值：

① 产生式左部的继承属性；

② 产生式右部但位于该文法符号左边的任何属性。

（2）给定一个产生式，其左部符号的综合属性依赖于下面的属性值：

① 产生式左部符号的继承属性；

② 产生式右部符号（除自身外）的任何属性。

（3）给定一个动作符号，其综合属性依赖于该动作符号的继承属性。

为方便起见，假定用下箭头（↓）表示继承属性，用上箭头（↑）表示综合属性。例如，↑a,b 表示 a 和 b 是综合属性，↓c 表示 c 是继承属性。

假定文法包括下面带属性符号的产生式：

$$A \downarrow a_1 \uparrow s_1, s_2 \to B \downarrow a_2 C \uparrow s_3 D \uparrow s_4 \downarrow a_3, a_4$$

根据 L 属性的定义，可以有以下各种合法的属性计算规则：

$$a_2 \leftarrow f(a_1),\quad a_3 \leftarrow f(a_1, a_2),\quad s_1 \leftarrow f(a_2, s_3, s_4)$$

但不能有如下规则：

$$a_2 \leftarrow f(s_1),\quad s_2 \leftarrow f(s_1, a_3),\quad a_2 \leftarrow f(a_1, a_3)$$

例 5.25 下面的表达式属性文法是 L 属性文法。

	属性规则
① $S \to E\uparrow v\{print\}\downarrow w$	$w \leftarrow v$

② E↑v→T↑x E'↓y↑z　　　　y←x; v←z
③ E'↓s↑t→+T↑a E'↓b↑c　　　　b←s+a; t←c
④ E'↓s↑t→ε　　　　t←s
⑤ T↑v→F↑x T'↓y↑z　　　　y←x; v←z
⑥ T'↓s↑t→* F↑a T'↓b↑c　　　　b←s*a; t←c
⑦ T'↓s↑t→ε　　　　t←s
⑧ F↑v→I↑w /* I 是终结符 */　　　　v←w
⑨ F↑v→（E↑w）　　　　v←w

2．属性翻译

属性的规则可以是很复杂的函数关系，所以求值规则的化简和属性值的计算都不方便。因此，对 L 属性文法和求值规则必须进行改造，以便自顶向下进行语法制导翻译。首先要在产生式右部插入相应语义动作符号及其属性，把 L 属性文法改造成等价的简单赋值形式的 L 属性文法。例 5.25 的 L 属性文法可修改为下述等价的简单赋值形式的 L 属性文法。

	属性规则
① S→E↑v{print}↓w	w←v
② E↑v→T↑x E'↓y↑z	y←x; v←z
③ E'↓s↑t→+T↑a{add}↓b,c↑d E'↓e↑f	b←s; c←a; e←d; t←f
④ E'↓s↑t→ε	t←s
⑤ T↑v→F↑x T'↓y↑z	y←x; v←z
⑥ T'↓s↑t→ *F↑a{mult}↓b,c↑d T'↓e↑f	规则同③
⑦ T'↓s↑t→ε	t←s
⑧ F↑v→I↑w /*I 是终结符号*/	v←w
⑨ F↑v→(E↑w)	v←w

我们可以把属性规则嵌入文法符号，就是将属性间的显式关系变成隐式关系。这样，所得 L 属性文法如下。

① S→E↑v{print}↓v
② E↑z→T ↑ x E'↓ x ↑ z
③ E'↓s↑f→+ T↑a{add}↓s,a↑d E'↓d↑f
④ E'↓s↑f→{echo}↓s↑f
⑤ T↑z→F↑x T'↓x↑z
⑥ T'↓s↑f→* F↑a{mult}↓s,a↑d T'↓d↑f
⑦ T'↓s↑f→{echo}↓s↑f
⑧ F↑w→I↑w / * I 是终结符号*/
⑨ F↑w→(E↑w)

其中{print}↓v 为打印子程序，将属性 v 打印输出；{add}↓s, a↑b 是加法子程序，即 b←s+a；同理，{mult}↓s, a↑d 是乘法子程序，即 d←s*a；{echo}↓s↑f 是将继承属性 s 的值赋给综合属性 f。

例 5.26　根据上述 L 属性文法，自顶向下 LL(1)分析输入串 9+8 的过程如表 5.10 所示。

在表 5.10 中，带箭头的折线表示相关属性间的联系。从分析过程可以看出，分析栈和语义栈是合在一起的。分析栈除了存放文法符号外，就是存入指示器，即属性之间的联系，而属性的实际名字不必存入栈，表 5.10 中给出属性名，仅仅是为了阅读方便。指示器联系着各继承属性和它们的值，这些值将在后面的步骤中被综合为相应的综合属性的值。

表 5.10　L 属性文法 LL(1)语法制导翻译分析输入串 9+8 的过程

步骤	分析栈	输入串	说　明
1	S#	9+8#	
2	E↑v{print}↓v#	9+8#	应用产生式①替换S
3	T↑xE'↓x↑z{print}↓v#	9+8#	应用产生式②替换E，其中z表示v
4	F↑xT'↓x↑zE'↓x↑z{print}↓v#	9+8#	应用产生式⑤替换T，其中z表示x
5	I↑xT'↓x↑zE'↓x↑z{print}↓v#	9+8#	应用产生式⑧替换F
6	T'↓9↑zE'↓x↑z{print}↓v#	+8#	I是输入串中9，把↓x置9
7	{echo}↓9↑zE'↓x↑z{print}↓v#	+8#	应用产生式⑦替代T'
8	E'↓9↑z{print}↓v#	+8#	执行echo，把↑z和↓x置9
9	+T↑a{add}↓9,a↑dE'↓d↑f{print}↓v#	+8#	应用产生式③替代E'，其中f表示z
10	T↑a{add}↓9,a↑dE'↓d↑f{print}↓v#	8#	"+"获得匹配
11	F↑xT'↓x↑z{add}↓9,a↑dE'↓d↑f{print}↓v#	8#	应用产生式⑤替换T，其中z表示a
12	I↑xT'↓x↑z{add}↓9,a↑dE'↓d↑f{print}↓v#	8#	应用产生式⑧替代F
13	T'↓8↑z{add}↓9,a↑dE'↓d↑f{print}↓v#	#	I是输入串中8，把↓x置8
14	{echo}↓8↑z{add}↓9,a↑dE'↓d↑f{print}↓v#	#	应用产生式⑦替换T'
15	{add}↓9,8↑dE'↓d↑f{print}↓v#	#	执行echo，先z置8，然后a置8
16	E'↓17↑f{print}↓v#	#	执行add，置↓d为17
17	{echo}↓17↑f{print}↓v#	#	应用产生式④替换E'
18	{print}↓17#	#	执行echo，先把f置17，后把v置17
19	#	#	最后执行print，打印17

5.6 本章小结

语法制导翻译是在语法分析的同时嵌入语义动作。为了追求更高质量的编译结果，语法制导翻译往往不直接生成目标代码，而是先生成中间语言，用于代码优化。本章重点介绍了后缀式、三元式和四元式等中间语言。本章不再采用前面章节抽象符号文法的例子，全部采用高级程序设计语言的例子，详细讨论了在自底向上语法制导翻译中，赋值语句（含算术表达式）、布尔表达式、控制语句（包括条件语句、循环语句）、数组元素、过程语句和说明语句产生四元式的具体过程。此外，本章以递归下降分析法和 LL(1)文法为例，简要介绍了自顶向下语法制导翻译的基本原理，同时通过具体案例介绍了属性文法和属性翻译。

习题

1．按照语法制导翻译的一般原理，给出表达式(5*4+8)*2 的语法树各结点，并注明语义值 VAL。

2．给出下列表达式的后缀式。

（1）a+b*(c+d/e)　　（2）(a∧b)∨(¬c∨d)

（3）(a∨b)∧(c∨¬d∧e)　　（4）if((x+y)*z!=0) {(a+b)↑c} else {a↑b↑c}

3．将表达式-(a+b)*(c+d)-(a+b+c)分别表示成三元式、间接三元式和四元式序列。

4．将下列后缀式改写为中缀式。

（1）abc-*cd+e/-　　（2）ab∨c¬d∨∨

（3）abc+≤a0>∧ab+0< >a0<∧∨　　（4）a⊖bc*+

5．将表达式-a+b*(-c+d)/e*f 翻译成树形表示。

6．写出下列赋值语句的自下而上语法制导翻译过程，并给出产生的四元式序列。

a = b*(c+d)

7．将下列布尔表达式翻译成四元式序列，并给出语法制导翻译过程（作为控制条件）。

a∧b∧c>d

8．改写布尔表达式语义子程序，使得关系式 i(1) rop i(2)不是按通常的方法翻译成两个相继的四元式

(jrop, i(1), i(2), 0)　　(j, , , 0)

而是翻译成一个四元式

(jnrop, i(1), i(2), 0)

使得在 i(1) rop i(2) 为真的情况下不发生转移（即自动下滑），当 i(1) rop i(2)为假时才发生转移，从而产生较高效的目标代码。按改写后的布尔表达式语义子程序，将下面的布尔表达式翻译成四元式序列。

¬a∨(b<c∧¬(d>e))

9．写出以下条件赋值语句的四元式序列。

z = if (a>c) {x+y} else {x+y -0.5}

10．将以下条件（含 while 循环）语句翻译成四元式序列。

if(x==y+1) {x = x*y} else {while (x!=0){x = x-1; y = y+2;}}

11．将以下 while 语句翻译成四元式序列。

```
while ((a<c) &&(b<d)) {
    if (a= =1){c = c+1;}
    else {while (a<=d) { a = a+2;}}
```

12．写出以下 for 语句的四元式序列。

for (i =a+b*2; i<=c+d+10; i++) {if (h>g) p = p+1;}

13．写出翻译以下语句的语义子程序。

for (i=E1; i<= E2; i++) {S}

（其中 E1 和 E2 的值都是整数或整型简单表达式，且 E2 的值是可变的）

14．设 A 是一个 5×10 的数组，X 和 B 均为长度为 10 的数组，并且设对 X 的任一元素 X[ ]有 X[ ]≤10，请写出语句 A[i][j] = B[X[i]]的四元式序列。

15．写出以下赋值语句的中间代码四元式序列。

A[i][j] = B[A[i+1][j+1]] + B[i+j]

16．参照表 5.10，写出分析输入串 5*4 的 L 属性文法 LL(1)分析过程。

第6章

符号表

编译的各个阶段都离不开对表格的处理。在编译过程中，经常需要通过一些表格来存储和查询一些信息。这些表格统称为符号表。从编译系统造表过程进行区分，符号表分为静态表和动态表两种。所谓静态表，就是事先构造好的表，如保留字表、标准函数名表等。所谓动态表，是编译程序在编译过程中根据需要构造的表，如常数表、变量名表（标识符表）、标号表、数组信息表和过程信息表等。本章将对符号表的作用、内容、组织和结构等进行讨论。

6.1 符号表的作用

符号表对于编译各个阶段，不论是词法分析、语法语义分析，还是中间代码和目标代码的生成都是非常重要的。在前几章我们已经看到，在编译程序工作过程中，需要经常收集、记录和使用源程序中一些语法符号（简称符号）的有关信息，并将它们填入符号表。在符号表的每一登记项中，除了填入名字（标识符）本身以外，还要填入与该名字相关联的一些信息。这些信息全面反映各个符号的属性以及它们在编译过程中的特征，如名字的种属（常数、变量、数组、过程、标号等）、类型（整型、实型、逻辑型、字符型等）、特征（是定义性出现还是使用性出现等），给该名字分配的存储单元地址以及该名字的语义等。根据对编译程序工作阶段的划分，符号表中的各种信息将在编译过程中适时填入。

在词法分析阶段，有些编译程序就开始着手建立符号表，如标识符表等。对于一个标识符，通过查阅保留字表，可以确认它是保留字还是一个用户定义的标识符，编译程序会将用户定义的标识符登记于标识符表中。而有些编译程序在语法语义分析阶段才开始建立标识符表。根据不同的程序设计语言，查填标识符表分两种情况。对于显式说明的程序设计语言，如Pascal语言，对程序中引用的所有标识符均要先说明；但同一层程序内的同名标识符不能被说明两次及以上，因此在标识符表中登记一新项时，应先查找标识符表，判断是否已经说明过该标识符，若未说明过，则将其登入标识符表。此外，由于这类语言规定标识符必须先说明后使用，在程序的语句中不允许使用未经说明的标识符，因此在程序语句部分，每出现一个标识符必须先查表，查看该标识符是否已经在表中（即是否已被说明）。若在表中查不到，说明该标识符未被说明，则报告错误。不仅如此，还要检查该标识符在说明部分的属性与语句部分使用该标识符的属性是否相符，不允许出现说明属性和使用属性不一致的现象。例如，把数组标识符当作简单变量使用是绝对不允许的。对于隐式说明的程序设计语言，如FORTRAN语言，类型指定会使用不同的约定，一个自定义标识符的第一个字母若是i、j、k、l、m、n之一，则该标识符所指变量是整型，而其余字母开头的标识符所指的变量均为实型。语句部分每出现一个标识符，都要去查标识符表，且仅当该标识符是首次被引用时才将它登入标识符表。

符号表不仅对语义正确性的检查非常重视，对目标代码的生成质量也非常重视。我们知道，编译程序的最终目标是将源程序翻译成某台机器上可运行的目标程序。目标程序是否可运行，与标识符的存储单元分配密切相关，而存储单元分配又与标识符属性密切相关。例如，简单变量和数组分配的存储单元不相同，整型和浮点型分配的存储单元也不相同。而这些属性都将记录在标识符表中，在编译程序的目标代码生成过程中，可直接从符号表获取已有单元地址信息。

以上我们简单讨论了标识符表的作用。其他符号表的作用与之类似。由此可见，符号表在整个编译过程中主要有两个功能：一是辅助语义正确性检查；二是辅助目标代码生成。

6.2 符号表的组织

6.2.1 符号表的形式

编译程序花在造表和查表上的时间，往往占整个编译时间很大比重。因此，改善符号表的组织，加快查填符号表的速度，对于提高编译速度是至关重要的。

一般说来，由于程序设计语言和目标计算机不同，符号表的形式可能有较大差异。典型的符号表的形式如图 6.1 所示。

	名字栏	信息栏
第1登记项		
第2登记项		
⋮		
第n登记项		

图 6.1　符号表的形式

一张符号表的每一项（或称入口）由两栏组成：第一栏为名字栏，用来存放标识符本身或其内部编码；第二栏为信息栏，一般由若干子栏组成，用来记录与该项名字有关的各种属性和特征。由于查填符号表一般都是通过匹配名字来实现的，因此名字栏也称主栏。主栏的内容称为关键字。编译程序往往按名字的不同属性及类型将符号表分为常数表、变量名表、标号表等，这样处理起来比较方便。

对编译程序所用的符号表，大致有如下五类基本操作。

（1）确定给定的名字是否在符号表中。

（2）填入新名字。

（3）对给定的名字，访问有关信息。

（4）对给定的名字，填写或更新某些信息。

（5）删除一个或一组无用项。

符号表最简单的形式是：各项和各栏所占存储单元的长度是固定的。这种符号表易于组织、填写和查找。对于这种符号表，可将信息直接填写在相应栏中。例如，假设标识符最大长度为 6 字节，且假定每一个机器字为 2 字节，则可以用三个连续机器字作为名字栏，若标识符长度不到 6 字节，则用空白符补足。这种直接填写式符号表如图 6.2 所示。

	名字栏	信息栏
第1登记项	MATRIX	…
第2登记项	WEIGHT	…
⋮		

图 6.2　直接填写式符号表

有些程序设计语言对标识符长度几乎不加限制，或者标识符长度变化范围较大，在这种情况下，可另设一个特定的字符串表，把全部标识符集中放在字符串表中，而在符号表的名字栏中放置一个指示器，用于指示相应标识符的首字符在字符串表中的位置。为了指明每一标识符的长度，可在名字栏所放指示器之后，或在字符串表中该标识符首字符之前，放置一个表示相应标识符所含字符个数的整数，如图 6.3 所示。

不同属性和类型的名字所需的信息空间大小往往是不同的。例如，简单变量名的特征信息为名字性质（形参、实参）、类型（整型、实型、布尔型、字符型）和存储地址；而数组需要存储的信息更多，除了上述信息外，还有维数、上下界值等。如果将它们与其他标识符集中在一张符号表中，处理起来不太方便。因此可专门开辟一个信息表，称数组信息表（或内情向量表），将数组的有关信息全部存入此表，而符号表中只保留每一数组标识符在此表中的入口地址，如图 6.4 所示。

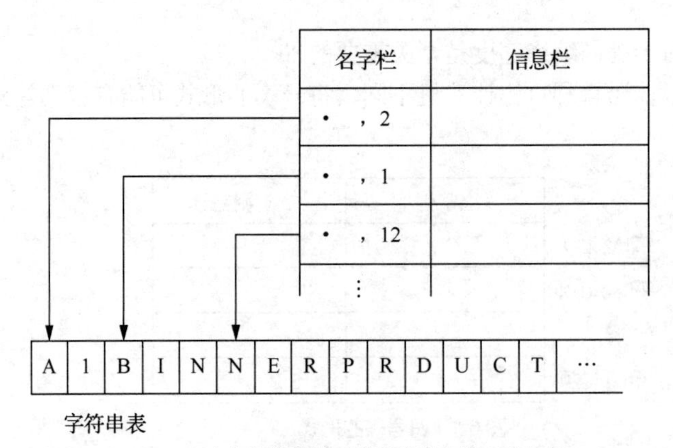

（a）标识符存放于字符串表中的一种方式

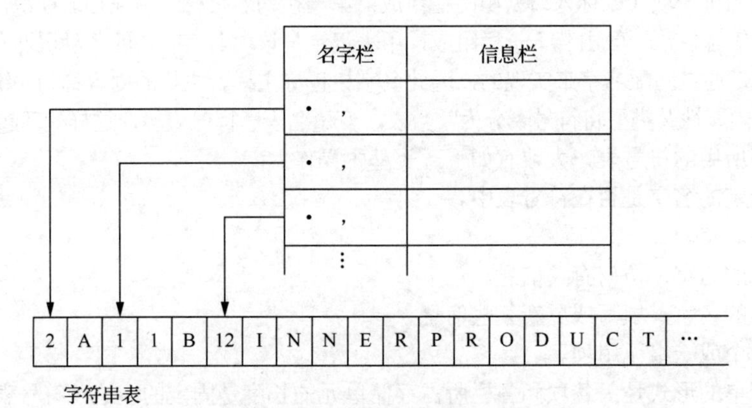

（b）标识符存放于字符串表中的另一种方式

图6.3 标识符存放于字符串表中

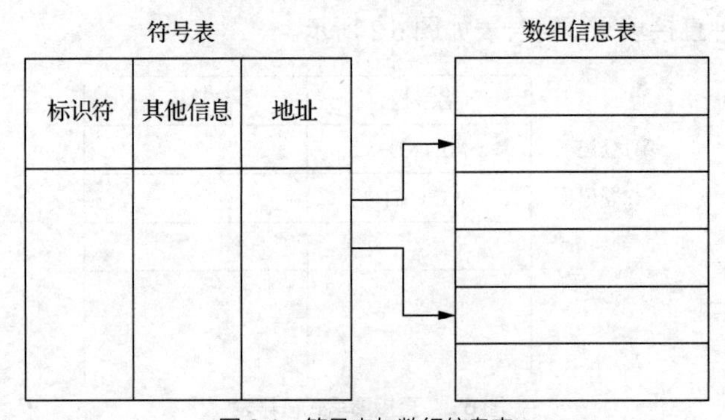

图6.4 符号表与数组信息表

对于过程标识符及其他一些含信息较多的标识符，都可类似地开辟专用信息表，同样在符号表中保留与这些信息相联系的入口地址。此处不再对各类信息表一一介绍。

6.2.2 符号表中的内容

符号表是由登记项组成的，而每一登记项又由名字栏和信息栏组成。信息栏又称登记项的值部分或描述信息，它描述了名字的相关属性。

变量或数组的描述信息通常包括以下内容。

（1）类型（整型、实型、双精度型、布尔型、字符型等）。

（2）种属（简单变量、数组、标号、结构等）。

（3）精确度、比例因子、长度等。

（4）若为数组，则记录它的信息向量。

（5）若为结构，则按某种方式与其分量连接。

（6）若为形参，则给出形参类型。

（7）若为标号，则指明它是定义性的还是应用性的。

（8）对于 FORTRAN 语言，该名字是否在公用语句或等价语句中出现？若是，则把它与相关名字连接在一起。

（9）指明其说明是否处理过。

（10）它运行时的地址。

过程的描述信息通常包括以下内容。

（1）指明是不是函数过程，若是，给出其函数类型。

（2）指明其说明是否处理过。

（3）指明是不是程序外部过程。

（4）指明是不是递归过程。

（5）指明是否有形参，若有，给出每个形参的描述信息。

对于一个具体的编译程序，其符号表中的描述信息可能更加复杂。描述信息的具体组织和安排取决于所编译的具体语言和目标机器。在很多程序设计语言中，标识符作用域通常有相应规定，同一标识符在不同作用域里可能用来标识不同属性的对象，从而也就可能为它们分配不同的存储空间。因此，为了在编译过程中能够正确地使用不同作用域的标识符，在组织符号表时，对各个标识符所处的作用域也应有所反映。

6.3 符号表的构造与查找

所谓符号表的构造（简称造表）是指把新的表项填入表的过程。所谓符号表的查找是指在符号表中搜索某一特定表项的过程。

6.3.1 顺序查表与造表法

线性表最原始但也最常用。顺序造表法从符号表的开始地址依次向下登记各项，总是把当前要填入的新表项填到与符号表中已填表项相邻的一个空位置上。顺序查表时，从符号表的第一项开始，将用来查找的信息（或称关键字）与登记项逐项进行比较，当二者一致时，就算找到。线性表结构如图 6.5 所示。

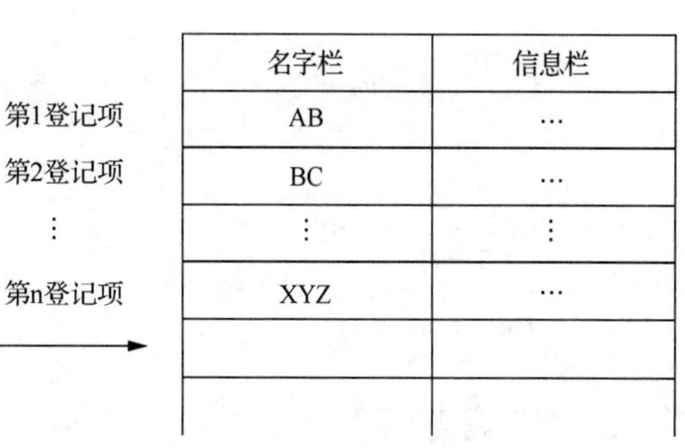

图 6.5 线性表结构

图 6.5 中，箭头是指向空单元首地址的指针。线性表的优点是查表与造表法简单，编程容易，所以许多编译程序仍采用线性表。但其缺点是当 n 相当大时效率很低。尤其是待查找的信息不在表中时，需要把整个线性表全部比较完了才能知晓。

下面给出线性表的算法描述。

（1）造表算法

设 T 为表中变量，n 为已填入符号表的表项个数，α 为当前要登记（或查找）的表项。

```
for(int i = n; i >= 1; --i){
        if(T[i] == α){
            printf("出错：标识符重");
            goto L;
        }else{
            n = n + 1;
            T[n] = α;
        }
    }
L:
```

（2）查表算法

```
for(int i = n; i >= 1; --i){
        if(T[i] == α){
            "已查到，取出内容";
            goto L;
        }else{
            printf("出错：标识符有使用无说明");
        }
    }
L:
```

6.3.2 折半查表与造表法

折半造表法按照名字的“大小”次序进行填写，“小”的排在前，“大”的排在后；折半查表时，每次取中间那个表项（即折半）进行比较，“大小”相同时，表示已查到所要名字；若被查名字“小于”中间项名字，则在前半区域内继续折半查找；若被查名字“大于”中间项名字，则在后半区域内继续折半查找。

值得强调的是，折半查表与造表法要求表中的登记项按次序排列。有各种各样的排列方法，如符号表一般按字典次序进行排列。下面给出相关的算法描述，其中排序填表算法并不是折半造表法的算法，但读者可据此推出折半造表法的算法。

1．排序填表算法

```
k = 1;
for(int i = n; i >= 1; --i){
        if(T[i] == α){
            printf("出错：标识符有使用无说明");
            goto L2;
        }
        if(T[i] < α){
        k = i + 1; goto L1;
        }
    }
    L1:
        for(i = n; i >= k; --i){
            T[i+1] = T[i];
        }
        T[k] = α; n = n + 1;
    L2:
```

2．查表算法

```
int i = 1;
int j = n;
for(int k = (i+j)/2; i <= j; ){
    if(T[k] = α){
        "取出查到信息";
        goto L;
    }else if(T[k] < α){
        i = k+1;
    }else{
```

```
            j = k-1;
        }
    }
    printf("出错：变量未说明");
    L:
```

6.3.3　散列表法（杂凑法）

1．散列表的基本思想

对于符号表的处理，根本问题在于如何保证查表与填表两方面的工作都能高效地进行。顺序法填表快，查表慢。折半法则填表慢，查表快。

散列表法是一种争取查表和填表都能高速进行的方法。其基本思想是，定义一个整函数——散列函数 H()，使对每个关键字 K 有 0≤H(K)≤N−1，其中 N 是表的长度，表项序号从 0 开始。这样，给出一个关键字就可以用散列函数 H()计算出关键字在表中的位置。

我们假定字符的内部编码如下。

A,B,C,…,Z：41,42,43,…,72（八进制）。

0,1,2,…,9：0,1,2,…,11（八进制）。

于是 CAT2 和 RZAB 的内部编码如下。

CAT2：43416402。

RZAB：62724142。

用 H_0()表示散列函数，取关键字第一字符内部编码的后 5 位二进制数并减 1，则有

H_0(CAT2)=H_0(C)=3−1=2

H_0(RZAB)=H_0(R)=18−1=17

如果一个表只有 5 个元素 AB、BB、DA、ED、FA，散列函数取 H_0()，表长取 6，将上述关键字按图 6.6 形式存放即可，其中位置 2 的表项置空。

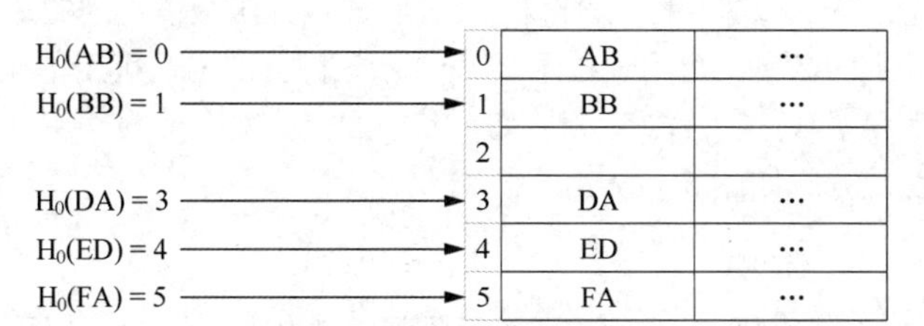

图 6.6　散列表法存放方式

但是，如果对于不同关键字 K_1 和 K_2，有

$H(K_1)=H(K_2)$

那么问题就复杂了。这种情形称为冲突。我们是否可找到绝对避免冲突的函数呢？不可能，因为关键字数目可能相当大，以至可视为无穷，避免冲突显然是办不到的事情。但是，如果把散列函数选好，则可减少冲突现象。下面给出解决冲突的两种方法。

2．解决冲突的方法

（1）线性散列法

这是一种解决冲突效率较低的简单方法。当发生冲突时，从冲突位置的下一位置开始逐一查找，直至找到第一个空位置，然后把冲突关键字填入。

设关键字 K_1 已散列到表中编号 1 的位置上，如图 6.7（a）所示，当关键字 K_2 由散列函数 H()计算出也在编号 1 的位置上，则要把 K_2 散列到编号 2 的位置上，如图 6.7（b）所示。

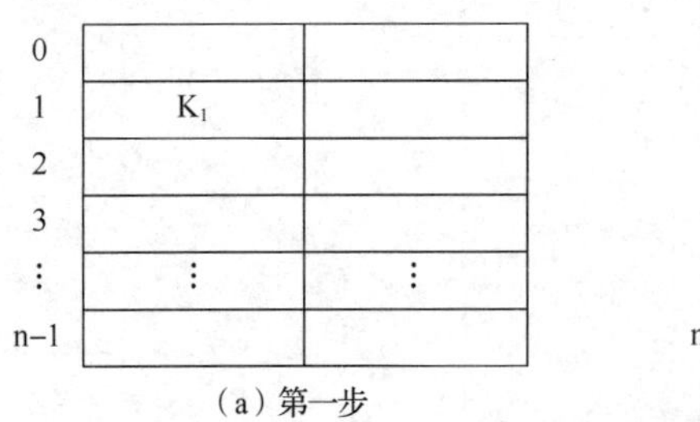

（a）第一步

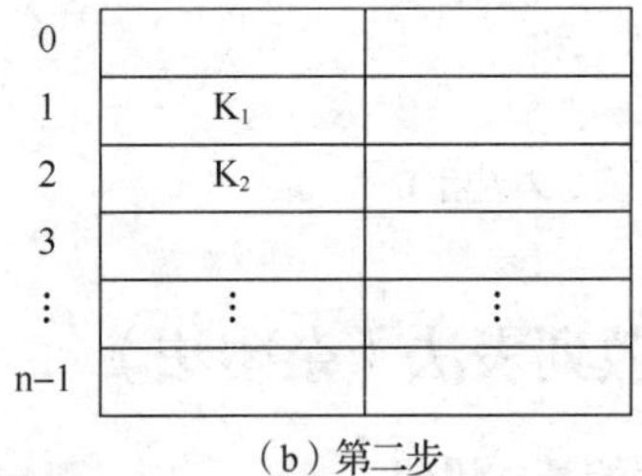

（b）第二步

图 6.7　线性散列法

现有关键字序列 BA、CB、B、DE、BC、DA，在散列函数 $H_0()$下其散列过程：BA 占编号 1，CB 占编号 2；B 与 BA 冲突，冲突编号为 1，此时编号 3 为空，于是 B 占编号 3；此时 DE 与 B 又冲突，所以 DE 占编号 4；同时 BC 又与 BA 冲突，BC 占编号 5；DA 又与 B 冲突，最后 DA 占编号 6，如图 6.8 所示。

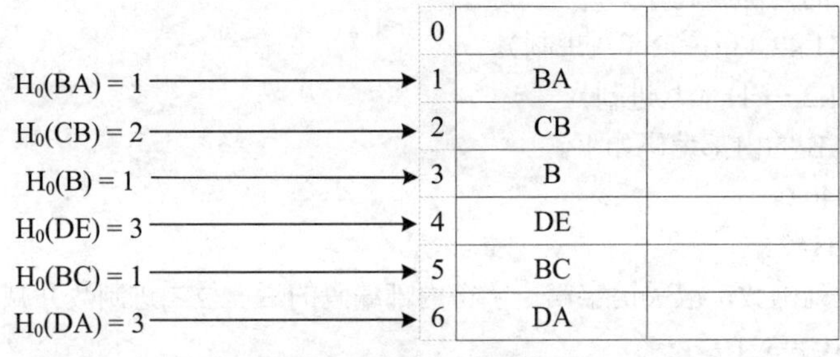

图 6.8　线性散列法示例

（2）链接法

链接法就是在造表时把冲突的名字链在一条“链”上，查表时，沿着这条“链”查找。这种方法通常把表分为两个部分：一部分称为“链根区”，存放散列函数值不同的那些名字；另一部分称为“链区”，存放所有冲突的名字，可用一指示字 L_J 指示该部分的当前可用单元的地址。

现假定 7 个名字 A、B、C、D、E、F、G，其中冲突情况：A、D、F 冲突，B、E 冲突。用链接法，这些名字的存放方式如图 6.9 所示。

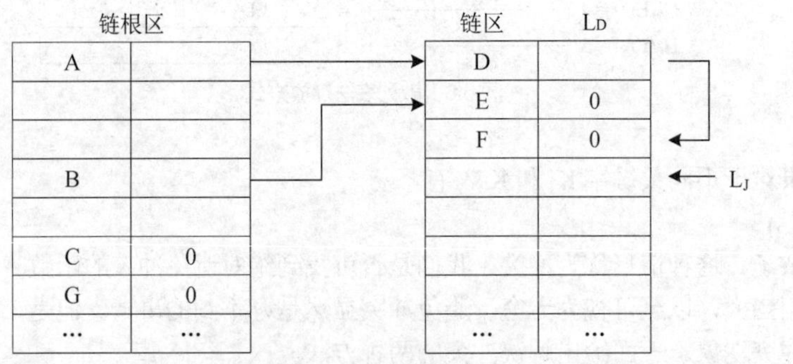

图 6.9　链接法存放方式

表 6.9 中，L_D 为链接地址，指出本条链下一“环节”的位置，L_D=0 表示该“环节”是链的终点。链接法是一种能较好地解决冲突的方法，缺点是链接地址（如 L_D）占用了一部分内存空间。

3．散列函数设计

对于散列函数 H()，主要要求有两点：第一点是计算方便简单；第二点是可由散列函数求出存储区某一单元地址，使冲突可能性尽量小。为了满足第二点，散列函数应设计成均匀地取 1 至 N 中值（N 为表长）的函数，否则会浪费单元或增加冲突，从而降低查表速度。

（1）乘法公式

$$H(x)=entier(C*((\varphi*x) \bmod 1))*l$$

其中，x 是标识符内部编码；φ=0.618033988747 为 $(\sqrt{5}-1)/2$（黄金分割数）的近似值；C 是表容（表容是表存储区中所能存放元素的最大数目），当前可取 $C=2048=2^{11}$；mod 是取余运算符；l 是表项长度，当前取 l=2；entier(E)为 E 值整数部分。

（2）除法公式

$$H(x)=(x \bmod K)*l$$

其中 K 是小于表容的最大质数，这里取小于 2048 的最大质数 K=2039。

（3）折叠函数

本方法是把标识符的内部编码分成若干段，每段≤11 位，然后按某种方式叠加，再取 11 位后乘 2 作为 H(x)值。

6.4 分程序结构语言的符号表

类似 Pascal 的语言是具有嵌套分程序结构并允许过程（函数）嵌套定义的语言。在 Pascal 语言中，相同的标识符可以多次说明并使用不同的分程序过程，且按照最小作用域的原则，一个标识符作用域是包含这个标识符说明的最小分程序。也就是说，如果一个标识符在某一个分程序首部已做了说明，则不论此分程序是否含有内分程序，也不论内分程序嵌套有多少层，只要在内层程序中未再次对该标识符加以说明，则此标识符在整个分程序中均有定义。换言之，该标识符的作用域是整个内层分程序。由此可见，Pascal 语言中的标识符（或标号）的作用域总是与说明或定义这些标识符的分程序的层次相关联。

为了找到与标识符的使用相对应的说明，我们必须先在当前的分程序中查找，再在外层分程序中查找，直到找到该标识符说明为止。为实现这种查找，必须把每个分程序的全部登记项连在一起。

现在，按照顺序对源程序中各分程序编号，即将这些分程序按其开始符号在源程序中出现的先后顺序编号，构造一个分程序表。分程序的登记项由三个字段组成：直接外层分程序编号；该分程序符号表登记项个数；指向该分程序符号表起始位置的指示器。例如，针对图 6.10 所示分程序结构，将产生图 6.11 所示的分程序表和符号表。

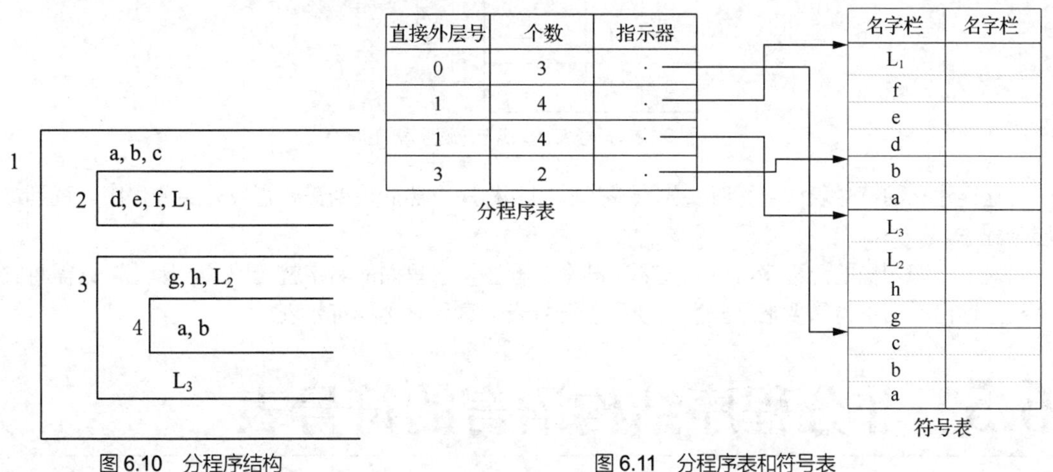

图 6.10　分程序结构　　　　图 6.11　分程序表和符号表

在图 6.11 中，分程序表的表项排列与符号表不一致，符号表的表项是在自左至右扫描源程序过程中，依各分程序结束符 END 的出现顺序进行排列的。其实现的方法是，设置一个临时工作栈 S，每当进入一层分程序时，就在栈顶预造该分程序的符号表，而当遇到该层分程序的结束符 END 时（此时该分程序全部登记项已出现在栈顶），再将该分程序的全部登记项移至正式符号表中。下面分别给出在标号 L_1、L_2、L_3 处符号表、S 栈与分程序表的状态，如图 6.12 所示。

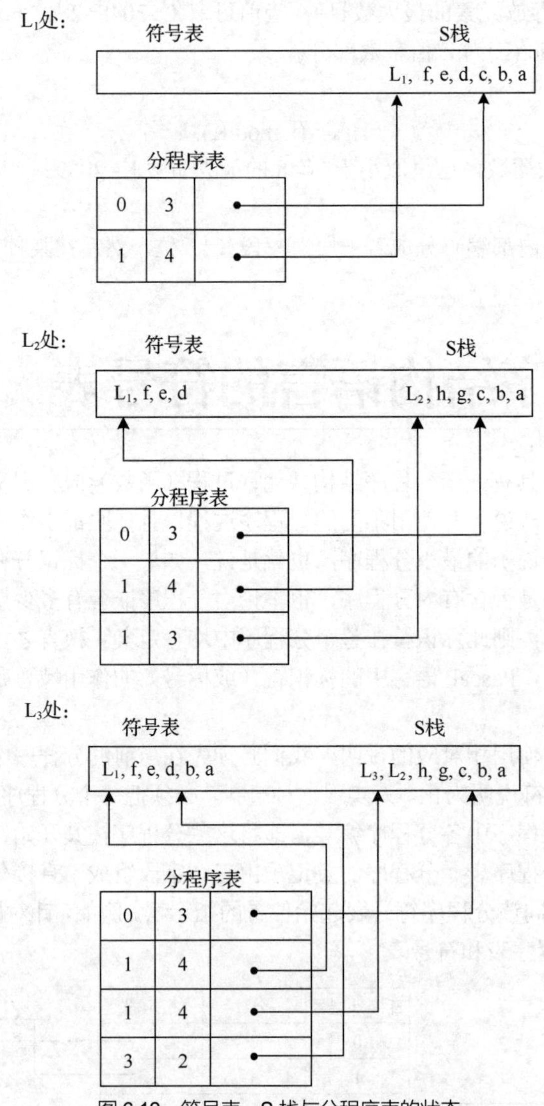

图 6.12 符号表、S 栈与分程序表的状态

这样建立的符号表，查找时要先查找当前的分程序，然后根据需要查找外层分程序，直到最外层分程序。

对于一遍扫描的源程序，一旦关闭了某个分程序，它里面的名字就无用了。因此，只需将它们从栈中逐出，而不再需要把这些登记项移入符号表，这种表称栈符号表。

6.5 非分程序结构语言的符号表

类似 FORTRAN 的语言是典型的非分程序结构语言。一个 FORTRAN 程序是由一个主程序段和若干相对独立的子程序段和函数段组成的。变量、数组、语句、函数名的作用范围就是它们所处的那个程序段。根据 FORTRAN 程序中名字作用域的这些特点，原则上可把每一程序段均视为一个独立单位进行编译，即对各程序段分别进行编译，产生相应目标代码，然后连接装配成一个完整的目标程序。对于一遍扫描的编译程序，在一个程序段处理完后，它的所有局部名均无须继续保存在符号表中。需要继续留在符号表中的只是全局名，如外部过程。

在这种情形下，我们可以把当前程序段的局部名登记在表区的一端，而把所有的全局名登记在表区的另一端，如图 6.13 所示。前者只用来登记当前正编译的程序段中的局部符号，后者用来登记各程序段共用的全局符号。局部名表区是一个可重复使用的区域。在一个程序段处理完之后，新的程序段又可在同一位置上建立新的局部名表。其中指示器 AVAIL1 和 AVAIL2 分别指向当前程序段局部名表空白区和全局名表空白区的首地址。

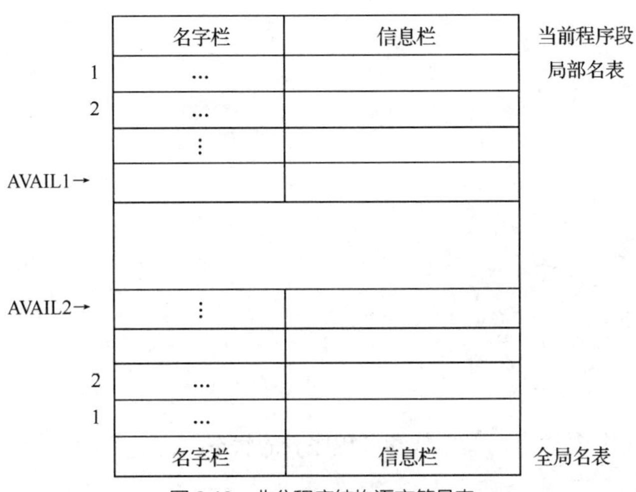

图 6.13　非分程序结构语言符号表

编译程序每碰到一个新名字，就将它登记在符号表某一端，每填入一项，均检查当前空白区是否填满，即检查 AVAIL1 和 AVAIL2 的值是否相等。如果相等，编译程序就报告表区已填满，并禁止继续填进新表项。当前段处理完毕，AVAIL1 再次指向表区的第一项的位置。

对于一个全局优化的多遍扫描编译程序而言，由于一般不是在编译当前程序段时就产生该程序的目标代码，而是先生成各程序段相应的中间代码，待进行优化处理后，再产生目标代码，因此，在处理完一个程序段之后应把它的局部名表保存在外存中，以便后续编译时使用。此外，在生成中间代码时，对于各程序段中的局部名，如果都用该名字的登记项序号去代替，那么，局部名表的名字栏就用不着继续保留，因为只要知道登记项序号，同样可以查到该登记项的信息。然而，同一登记项序号由于所在表不同可能代表完全不同的登记项，这点也是值得注意的。

6.6　本章小结

符号表在编译的整个过程中起到了很重要的辅助作用。符号表分为事先就构造好的静态表和在编译过程中根据需要临时构建的动态表。本章主要讨论了符号表的组织形式和符号表的构造与查找，包括顺序法、折半法和散列表法，重点针对分程序结构语言和非分程序结构语言的符号表的组织和工作原理进行了讨论。

习题

1．符号表的作用和内容是什么？

2．设计一个采用折半法的造表算法。

3．设计散列表法中解决冲突的第二种方法——链接法的造表、查表算法。

4．设有如下分程序：

```
PROCEDURE...
    VAR A,B,C,D: REAL;
PROCEDURE...
    LABEL L1;
    VAR E,F: REAL;
    BEGIN
    ...
    END;
PROCEDURE...
    LABEL L2;
    VAR G,H: RAEL;
    FUNCTION...
    VAR A:INTERGER;
    BEGIN
    ...
    END;
    LABEL L3;
    BEGIN
    ...
    END;
```

请给出分程序表和符号表，以及 S 栈和分程序表的状态。

第7章

存储组织与分配

编译程序在工作过程中必须为源程序中出现的一些量（如常数、变量及某些数组等）分配运行时的存储空间。对于某些程序设计语言，如 ALGOL 60、Pascal 和 C 等，由于它们容许有递归过程或可变数组等，其存储空间必须在程序运行时进行分配。显然，存储方案是否得当，将关系到计算机资源的合理使用，从而也将对编译系统运行能力产生一定的影响。因此，存储组织与分配对构造编译程序也是十分重要的。

7.1 存储组织概述

我们知道，编译程序最终的目的是将高级语言书写的源程序翻译成等价的目标程序。为了达到此目的，除了已介绍过的对源程序进行语法和语义正确性检查以外，在生成目标代码之前，还必须弄清楚，在将来运行时刻，源程序中的各个变量、常量等用户定义的量存储在什么地方，以及如何访问它们。在程序的执行过程中，程序中数据的存取是通过存取相应的存储单元来进行的。在早期的计算机上，这项存储管理工作是由程序员自己来完成的：在程序开始执行前，先将用机器语言或汇编语言编写的程序输送到内存某个固定区域，并预先给变量或数据分配相应的内存地址。自从出现了高级语言，程序员不必再直接给变量和数据分配内存地址。程序中使用的存储单元由相应的逻辑上的名字（标识符）来表示，而它们对应的内存地址由编译程序在编译时或在由其生成的目标代码运行时进行分配。

7.1.1 存储空间的一般划分与组织

编译后的程序需要运行空间。编译程序将从操作系统那里得到一块内存空间，然后对这块空间做出分配。通常该空间可划分为以下几个部分。

（1）目标程序区：用来存放所生成的目标程序。

（2）静态数据区：用来存放编译程序本身可以确定所占存储空间地址的数据。

（3）运行栈区：必须在运行时将分配存储空间的数据存储到运行栈。

（4）堆区：用户动态申请的存储空间。

这几个部分之间的关系如图 7.1 所示，但并不是所有高级语言的程序编译和运行都需要这些区域。

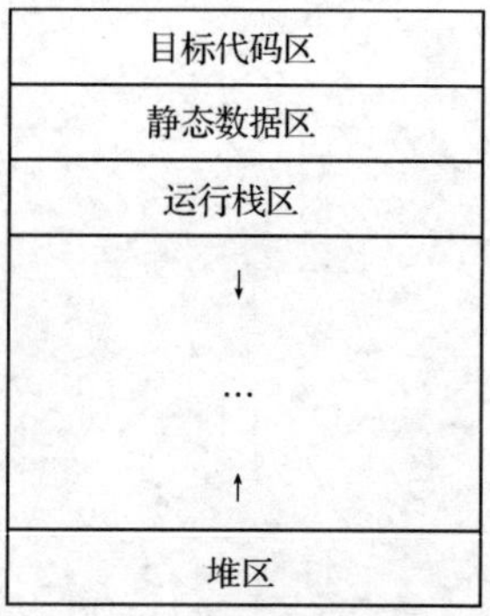

目标代码的长度，某些数据空间的大小，都是在编译时刻可确定的，即静态可分配的，因此编译时将它们安排在静态数据区。当然并不是所有的数据空间都是静态可分配的，但我们总是对尽可能多的数据空间进行静态分配，因为这将使得目标代码中的目标地址是静态可确定的。

目标代码区
静态数据区
运行栈区
↓ … ↑
堆区

图 7.1 运行时的存储分配示意图

然而，如果程序设计语言允许递归过程，允许有可变数据结构（如可变数组等），则在源程序编译时无法确定其运行时刻数据空间的大小。这种情况下，数据空间需要在运行时刻确定大小并做相应的存储分配，这称为动态存储分配。动态存储分配有两种模式。一种是按先进后出的模式完成数据空间的分配与释放，例如，过程调用就采用了这种模式，因此这种模式也称为栈式存储分配。过程调用发生时，从运行栈区取得所需要的存储空间，过程执行返回时就释放该存储空间。另一种模式中，数据空间的申请与释放是随机的，用户根据需要可自由地申请或释放数据空间，并不遵循先申请后释放、后申请先释放的原则，因此这种模式也称为堆式存储分配。

综上所述，我们按照程序语义中名字的作用域和生存期的定义规则来区分目标程序数据空间的分配策略，即静态存储分配策略和动态存储分配策略。其中动态存储分配策略又划分为栈式存储分配和堆式存储分配。

静态存储分配策略是一种最简单的分配策略。适用于静态存储分配策略的程序设计语言必须满足下列限制条件。

（1）编译时必须知道数据对象的大小及对存储空间中位置的限制，例如，数组的上下界必须是常数。

（2）不允许有递归过程。

（3）不允许动态建立数据实体。

例如，BASIC、COBOL 和 FORTRAN 等语言满足这些限制条件。

栈式存储分配允许定义递归过程和动态数组，因而必须在程序运行时动态地给各个变量分配数据空间。用栈进行存储管理，适用于过程调用和具有分程序结构的程序设计语言，如 ALGOL。如果在程序设计语言中出现如下情形，则必须采用堆式存储分配。

（1）一个过程调用结束后，还必须留下这个过程的局部名字的值。

（2）被调用活动的生存期超过调用活动的生存期。

（3）程序中可以动态地申请存储区域。

采用堆式存储分配即让运行程序持有一个大的存储区——堆。凡申请，就从堆中获得一块空间，凡释放，就把空间退还给堆。这种将数据存放在堆上的分配和释放是按任意次序进行的，因此一段时间之后，堆可能包含交错出现的正在使用和已经释放的区域。

某些语言，如 PL/I、LISP 和 Pascal 的源程序编译就采用了堆式存储分配。

栈和堆可用空白区的大小可以随程序执行而变化。在图 7.1 中，显示了栈和堆共用一块空白区，并在使用过程中相互迎面增减的情况。

7.1.2　过程活动和活动记录

在一个过程活动中，可能发生对另一个过程的调用，即过程的一次执行所需要的信息，要用一个连续的存储块来管理，我们把这样连续的存储块称为活动记录。在 Pascal 和 C 这样的程序设计语言中，过程被调用时，它的活动记录会被压入运行栈；过程返回时，这个活动记录从栈中弹出，表示退出活动态。

通常，活动记录的结构如图 7.2 所示。在实现中，有的域可以用寄存器表示。

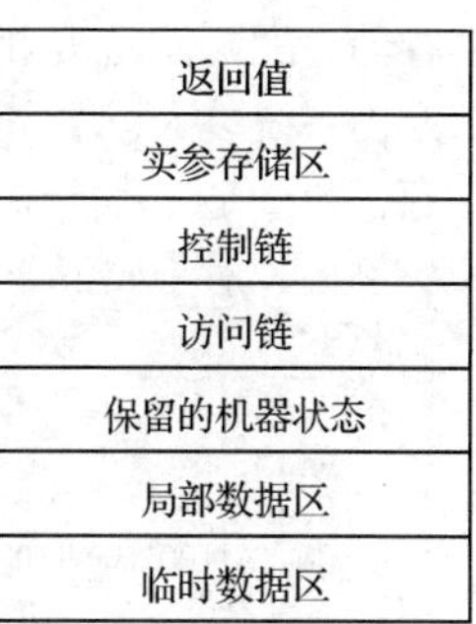

图 7.2　活动记录的结构

图 7.2 所示活动记录中每个域的信息说明如下。

（1）临时数据区：过程在执行时产生的一些临时数据，如在表达式计算过程中出现的那些值，将存放在临时数据区。

（2）局部数据区：存放过程一次执行时的局部数据。

（3）保留的机器状态：存放本过程刚刚被调用之前的机器状态信息。这些信息包括程序计数器的值和当控制从过程调用中返回时必须恢复的寄存器内容。

（4）访问链：指向外层过程活动记录的指针，用来访问其活动记录中的数据。FORTRAN 语言不需要访问链，因为 FORTRAN 语言把非局部数据放在一个固定的地方。对于 ALGOL、Pascal 这样的语言而言，访问链是必要的。

（5）控制链：存放指向主调过程活动记录的指针。

（6）实参存储区：主调过程提供给被调过程的实参值。在具体实现时，通常把实参值放在寄存器里，这样效率更高。

（7）返回值：存放本过程返回给主调过程的值。实际上，为了提高效率，这个值也常用寄存器返回。

图 7.2 中每个域的大小可以在过程调用时确定。事实上，几乎每个域的大小在编译时都能确定。

但是，若过程中有局部数据而且大小由实参值确定，则只有当运行到调用这个过程时，才能确定局部数据区的大小。

7.2 静态存储分配

由前文可知，静态存储分配即对各种数据或工作单元在编译阶段分配固定的存储单元，且在目标程序运行时总是使用这些存储单元作为它们的数据空间。这种在编译时安排所有数据对象的存储分配策略，称为静态存储分配策略。

例如，由于没有可变长度串，也没有动态数组，FORTRAN 程序由一个或多个程序单位构成，其中必有一个主程序，其他为子程序或函数。其子程序或函数不允许进行递归调用，每个数据对象所需要的存储空间在编译时就可以确定，因此，在编译时就可以完成存储分配工作，即可以采用静态存储分配策略。

静态存储分配是一种非常简单的策略：对于源程序中出现的所有不同常量，分配相应的确定存储空间；对于每一个简单变量，也分配确定的存储单元；而对于数组，则根据其大小分配确定的存储单元。在运行期间，这些存储单元与它们相应的量之间的对应关系始终不变。在前面已介绍过，编译的各个阶段都离不开符号表。在符号表中，每个变量名对应一个信息栏，其信息栏就包括变量分配的存储单元。假定一个程序的数据区从地址 A_0 开始，则各个变量的地址按下面的方法进行分配：

第一个变量的地址为 A_0

第二个变量的地址为 A_0+n_1（n_1 为第一个变量所需存储量）

第三个变量的地址为 $A_0+n_1+n_2$（n_2 为第二个变量所需存储量）

……

我们把各变量的地址填到符号表信息栏中。每个变量所需存储量取决于这个变量的数据类型，例如，实型变量所需存储量比整型变量多，而数组所需存储量是各个数组元素所需存储量的总和。另外，A_0 既可以是绝对地址，也可以是相对地址。若 A_0 是绝对地址，则说明编译程序完成了真正的存储分配；若 A_0 是相对地址，则说明编译程序只是在逻辑上完成了存储分配工作，而真正的存储分配由系统装入程序完成。装入程序在把程序装入内存并执行之前，首先把一个基地址装入基地址寄存器，于是，程序中各个变量的绝对地址可以根据编译时分配的相对地址加上基地址来确定。

例如，对于如下一段 C 程序：

```
void main()
{
    int I,J;
    float X,Y;
    float A[100],B[5][100];
    float Z;
    ...
}
```

假设整型占 4 个存储单元，浮点型占 8 个存储单元，A_0=264 为绝对地址，则相应的符号表如表 7.1 所示。

上面这种分配策略实际上是把内层看成一个一维数组。这种策略的特点是，一个存储单元一旦分配给某个变量，在整个程序运行期间就一直被这个变量所占用。这种策略对于块结构语言显然效果不好，较浪费内存空间。在块结构语言中，块内定义的变量不能在块外引用，因此，在一个块执行完后，这个块内定义的变量值就没有任何意义了。我们可以采用静态存储分配中的另一种分配策略，即分层静态分配，为内外分程序的局部量连续分配互不相同的存储单元，为并列分程序的局部量重叠分配相同存储单元。

表 7.1　符号表

名字栏	信息栏		
	类型	…	地址
I	i		264
J	i		268
X	f		272
Y	f		280
A	f		288
B	f		1088
Z	f		5088

我们考虑如下一段 C 程序：

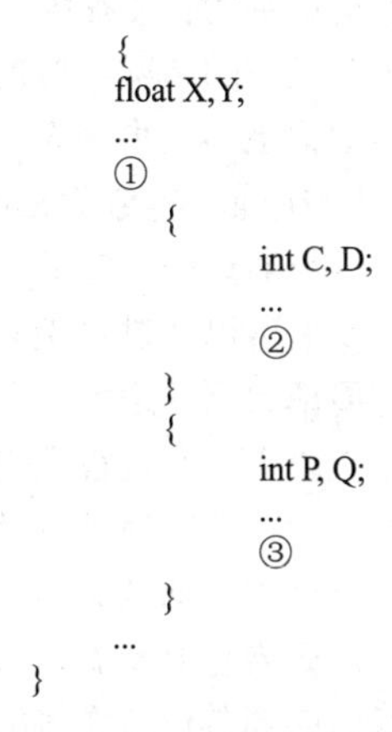

```
{
float X,Y;
...
①
    {
        int C, D;
        ...
        ②
    }
    {
        int P, Q;
        ...
        ③
    }
    ...
}
```

当这个程序执行到位置①、②、③时，存储状态如图 7.3 所示。

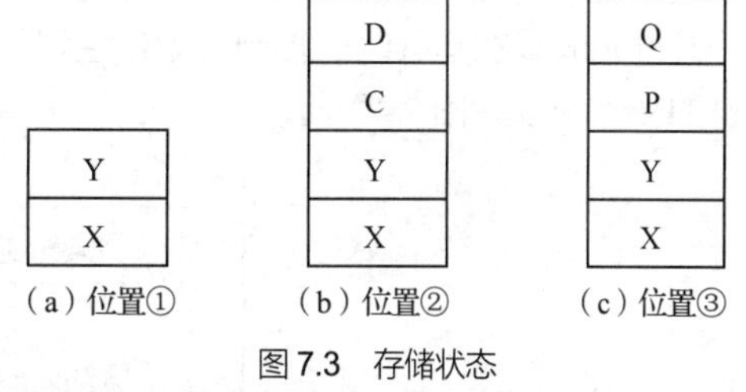

图 7.3　存储状态

变量 C 和 P、D 和 Q 占用的是相同存储单元。为了实现编译程序为 C 和 P、D 和 Q 分配同一个目标地址，可利用如下办法：假定有一个指示器指向下一个要分配的存储单元，当编译程序扫描到块开始位置时，将指示器的值保存起来，并对块内定义的变量进行存储分配；而当扫描到块结尾位置时，恢复指示器原有值（相当于归还了块内变量所占用的存储单元）。这种分配策略的特点是允许重复使用某些存储单元，这使得内层在程序运行时的状态像一个栈。

7.3　动态存储分配

动态存储分配策略包括栈式存储分配与堆式存储分配。

7.3.1　栈式存储分配

ALGOL 这样的语言，由于允许有递归过程和可变数组，因此其程序数据空间的分配必须采用某种动态策略。ALGOL 程序的所有变量都服从分程序结构所限定的作用范围，所以目标程序可以采用一个栈作为动态可变化的数据存储空间。程序运行时，每当进入一个过程或分程序，它所需要的数据存储空间于栈顶完成动态分配；一旦退出这个过程或分程序，它所占用的栈空间就被释放。

若一个过程P被激活，过程P的局部数据区也同时建立。在过程P的活动中，如果发生对过程Q的调用，此时过程Q被激活并建立过程Q的局部数据区。但是过程P的数据空间也必须保存，因为过程调用只是使过程P的活动暂时中断，其数据空间应维持中断时的状态。控制转移到过程Q，待过程Q的活动结束时，过程Q的数据空间被释放，此时又得恢复被中断的过程P的活动，保存的P过程的数据空间再次处于现行控制之中。由此可看出，这种机制符合先进后出的模式，因此称这种方法为栈式存储分配。

栈式存储分配基于控制栈的思想：存储空间被组成一个栈，一个过程被激活，便将该过程的活动记录及局部数据推入栈，组成过程空间，一个过程活动结束时，便将处于栈顶的过程空间从栈中弹出。因此，过程P调用过程Q时，是在处于栈顶的P过程空间上再堆筑起Q过程空间；当过程Q结束，返回过程P时，栈顶的Q过程空间被弹出，P过程空间便又呈现在栈顶。总之，处于活动状态的过程空间始终处于栈顶。

不同的程序设计语言，其过程活动记录所包含的内容不尽相同，因而活动记录的长度在编译时也有确定与不确定两种情形。我们首先来说明在编译时活动记录中各域大小都已知的情况。假定用寄存器存放栈顶指针TOP，这样，把一个活动记录压入栈或弹出栈只需按活动记录的大小增大或减小TOP的值。如果过程Q的活动记录大小为a，则当开始执行Q时，TOP值增加a，而Q返回时，TOP值减少a。当前过程活动的活动记录分配在栈顶，并且只要控制驻留在这个活动中，它的活动记录就保持在栈顶。这方便了对当前活动的活动记录中各项的引用。例如，我们可以通过将指向活动记录中某一个固定点的任何寄存器的值加上（或减去）某个偏移，来确定局部数据的地址。

活动记录里除了局部数据之外，还有过程调用和返回控制信息。在目标代码中，对过程调用要建立执行调用的操作代码，称调用序列。在调用序列中，一个过程被调用，则会在控制栈上存储它的活动记录，并将有关调用信息存入其中，同时执行转移控制等一系列操作。过程活动结束后返回原调用处，编译程序此时要执行返回操作代码，称返回序列。在返回序列中，要恢复原状态，撤销该过程的活动记录，同时执行转移控制等一系列操作。可见，调用序列和返回序列各自应完成的操作是分开的。在运行时的控制栈中，主调过程的活动记录刚好处于被调过程的活动记录下方，其各自的任务划分如图7.4所示。

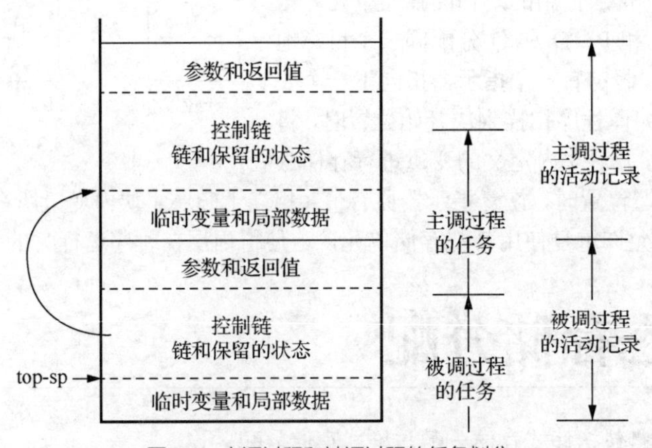

图7.4　主调过程和被调过程的任务划分

在图7.4中，指针top-sp可以用一个寄存器表示，指向活动记录里保留的机器状态域的末尾。主调过程可以决定这个位置，在控制转向被调过程之前设置top-sp。被调过程通过top-sp的位移访问临时变量和局部数据。

在过程调用序列里，调用操作按下列步骤进行。

（1）主调过程求实参的值，并以约定方式传递到被调过程活动记录中临时数据区域的指定位置。

（2）主调过程把返回地址和 top-sp 先前的旧值存入被调用过程的活动记录，然后主调过程将 top-sp 移到图 7.4 所指示位置，即 top-sp 越过主调过程的临时变量和局部数据及被调过程的参数和返回值、状态各域。

（3）被调过程保存寄存器的值和其他状态信息。

（4）被调用过程初始化它的局部数据，并开始执行。

过程返回则按下列步骤进行。

（1）被调过程把返回值存入紧靠主调过程活动记录的位置。

（2）被调过程根据其活动记录中的状态信息恢复 top-sp 和其他寄存器，并转向主调过程代码的返回地址。

（3）将现行的空间指针指向主调过程，这也就意味着被调过程的活动记录空间被释放。

上述过程调用序列将根据调用的情况来决定被调用过程的变量数。编译时，主调过程的目标代码已经明确要提供给被调过程的变量数，所以主调过程可获知参数域长度，但被调过程的目标代码必须应对变量数不同的各种调用，因此它直到被调用时才会检查参数域。使用图 7.4 所示的存储组织方式，参数和返回值必须放在控制链之上，这样被调过程才能够找到它。例如，考虑 C 语言的标准函数 printf()，它的第一个变量指出了剩余变量的性质，因此，只要把第一个参数的位置确定下来，其他参数的位置也就确定了。

除了 Pascal 语言之外，大多数程序设计语言都允许在过程调用时由参数的值确定局部数组大小，我们把这种数组称为可变数组。在此种情况下，只有到执行调用操作时才能确定可变数组大小。但是数组个数在编译时就能确定，所以在活动记录里只设可变数组的指针，而把可变数组的数据空间放在活动记录之外，如图 7.5 所示。

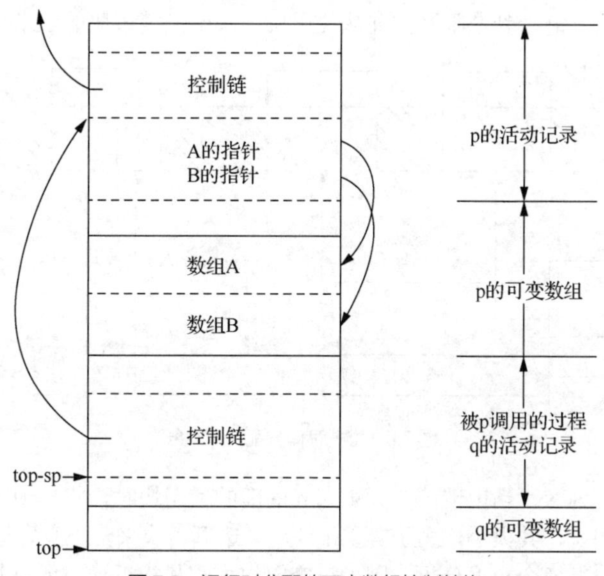

图 7.5　运行时分配的可变数组控制结构

图 7.5 是带有可变数组的控制结构。其中过程 p 有两个局部可变数组，分别为 A 和 B，编译时可以确定 A 和 B 的指针在活动记录中的位置，于是，在目标代码中可以通过指针访问数组的各个元素。过程 p 调用过程 q 时，把 q 的活动记录安排在 p 的可变数组之后，然后在 q 的活动记录之后安排它的可变数组。

访问栈中的数据可通过 top 和 top-sp 两个指针来实现。指针 top 指向实际栈顶，是下一个活动记录开始的地址。指针 top-sp 指向活动记录中局部数据开始的地址，用来查找局部数据。在 top-sp

所指的地址之前恰好是控制链的域，控制链是相邻的前一个活动记录中指针 top-sp 的值。根据活动记录中各域的大小，定位指针 top 和指针 top-sp 的代码可以在编译时产生。按照图 7.5 所示，当过程 q 返回时，top 的新值等于 top-sp 减去 q 的活动记录中保留的机器状态域及参数和返回值所占空间长度，这个长度在编译时是可以确定的。调整完 top 之后，复制 q 原活动记录中的控制链可以得到 top-sp 的新值。

7.3.2 堆式存储分配

静态存储分配必须在编译时确定存储空间需求量，而栈式存储分配必须在程序运行到分程序入口处时知道存储空间需求量。但是在处理 Pascal 之类语言中的指针、文卷、变体记录、可变长串等动态数据结构对存储空间的需求时，前面两种分配策略就无济于事了。事实上，它们对存储空间的需求不可能在编译时刻或进入分程序时刻知道，而只有在对它们赋新值或为它们创建实例时才能知道。因此，需要一种更复杂的动态存储分配策略，即堆式存储分配。

堆式存储分配的基本思想是，保留一个连续的存储块（称为堆），当程序运行需要空间时，堆管理程序就从堆中分出一块区域，当这块区域不再使用时，堆管理程序就将该区域退还给堆，以便今后重新使用。

例如，在 Pascal 语言中，标准过程 new 能够动态地建立一个新记录，这个操作实际上是从未使用的空闲区中找到一个大小合适的存储空间并相应地置以指针。标准过程 dispose 是释放记录。new 与 dispose 不断地改变着堆存储空间的使用情况。经过一段时间后，整个堆存储空间可能被划分为图 7.6 所示的若干块。这些块中，有些正在被使用，由使用块记录指出各使用块的开始位置及块大小等信息；有些则空闲。所有空闲的块均被链接起来，并有指针指向其开始位置。当有一个使用块被释放时，只需要将该使用块链接到空闲区，并从使用块记录中撤销该块的记录项。

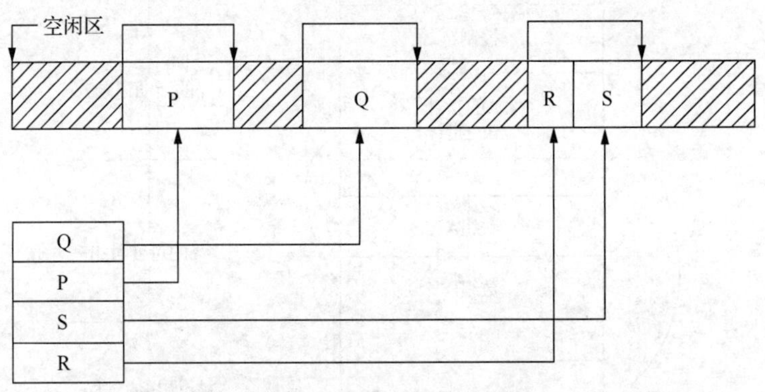

图 7.6 堆式存储分配空间映象

设整个空闲区体积为 N，当申请一个大小为 n 的新的使用块时，将出现下列几种可能。

（1）有若干个空闲块，其大小均大于等于 n，从中选哪一块来分配呢？似乎选大小最接近 n 的那个空闲块最为经济，但换个角度分析，因为该空闲块大小最接近 n，所以其剩余空间最小，再分配的可能性也最小，换言之，成为无用碎片的可能性最大。同时考虑到寻找大小最接近 n 的空闲块的开销，选择最先找到的比 n 大的那个空闲块反而更加简单高效。

（2）分配到达一定程度后，每个空闲块都很小，小于 n，但仍有 n≤N，因而使这些碎片形成一个体积大于 n 的连续空间是一个简单的办法。但这将造成各使用块的移位，因此运行程序对各自占用的使用块的全部引用点都必须调整，需要一定的技术支持使这种移位调整的开销尽可能小。

（3）如果 N<n，则必须从使用块中寻找那些已经不使用但尚未释放空间或者很少使用的块，将它们的内容保存到外存后收回它们重新分配，这便是“废品回收”。这种方式可能会带来新的问题，

例如，判断不再使用或很少使用的块的问题，回收后又遇随机使用的问题，废品回收需要的技术支持及软硬件保障的问题，等等。

7.4　本章小结

本章在第 6 章符号表的基础上讨论了如何对编译过程中的数据空间进行分配。编译过程中的存储分配策略根据是否可以在编译阶段确定所需要的存储空间并完成分配，可以划分为静态存储分配策略和动态存储分配策略，后者又包含栈式存储分配与堆式存储分配两种模式。基于不同的程序设计语言，本章通过递归调用、固定数组和可变数组等案例，详细讨论了静态存储分配以及动态栈式存储分配和动态堆式存储分配之间的区别。

习题

1．简述程序运行时内存划分的一般情况。一般过程活动记录中有哪些内容?

2．分别叙述静态存储分配、栈式存储分配和堆式存储分配的基本思想。

3．设用某语言书写的程序结构为

```
main( )
 全局量说明
 P1( )
 {P1 过程体
 }
 P2( )
 {P2 过程体
 }
 P3( )
 {P3 过程体
 }
 main 过程体
 }
```

程序执行从 main 过程体开始。设过程 main 执行时调用了过程 P1，过程 P1 执行时调用了过程 P3，而过程 P3 执行时又调用了过程 P2。问：当过程 P2 执行时，整个数据空间栈中调用活动记录分布情况如何?

4．给如下 ALGOL 程序过程说明分配单元，其中形参、数组元素和变量各占 1 个单元，从 000 单元开始，找出最大地址。

```
void f(int x, int y, int z)
{
   char a[50];
    {
    char b[100];
      {
      char c[100];
      ...
      }
      {
      char d[50];
      ...
      }
      {
      char i;
      ...
```

```
        }
      }
    {
    char a[20];
        {
        char b[50];
        ...
        }
        {
        char c[10];
        ...
        }
    }
}
```

5．给如下 C 语言分程序分配单元，每一数组元素占 1 个单元，地址从 000 开始。

```
#include <stdio.h>
void f()
{
char a1[100];
char a2[50];
}
void g()
{
char a3[100];
}
void main()
{
   {
    char a[100];
   }
   f();
   g();
   {
   a4[100];
      {
      a5[100];
      ...
      }
      {
      a6[50];
      ...
      }
   }
}
```

6．设有 C 程序：

```
#include <stdio.h>
bool f(int t)
{
    int x;
    x=a+t; //L2
    f=x+2
}
void p1(int z) //L1
{
    int a, x, y;
    float b[5][10];
    f(t);
    ...
    f(y); //L3
    ...
}
void p2(int y) //L4
{
    float x, z;
    p1(x); //L5
```

```
}
void main()
{
  ...
  p2(); //L6
  ...
} //L7
```

试用图示说明程序执行过程中当控制到达各标号处时数据空间栈的存储分配情况。

7．设有 C 语言：

```
#include <stdio.h>
float f(int n)
{
      if(n==0)
          n=1;
      else n=n*f(n-1);
}
void main()
{
      float k;
      k=f(10);
      printf(k,” %f” );
}
```

当递归调用函数 f(n)时，在第二次进入 f 时数据空间栈所存内容是什么？

第8章

代码优化

8.1 代码优化概述

编译程序生成的目标代码，往往是“机械生成”的结果，不可能如“手工实现”那般细致、简洁和高效。代码优化的目标恰是为了让编译程序生成更高质量的目标代码，它通过对程序进行各种等价变换，使得变换后的程序能转换为更高效的目标代码。此处所说的高质量通常是指有效减少目标代码所占用的存储空间和执行的时间。由此可见，代码优化工作是编译程序中很重要的环节。代码优化过程必须遵循程序的等价变换原则，也就是说对程序的代码优化不能改变程序的运行结果。目前，代码优化的技术较为成熟，但考虑到优化算法比较复杂，且会相应地延长编译的时间，因此，编译程序并不是对源程序的所有组成部分都进行优化。

代码优化其实可以在不同的阶段进行，既可以在源程序的编写阶段，也可以在源程序的编译阶段。在进行源程序的设计和编写时，算法的选择也是十分重要的。同一个问题的不同算法，其时间复杂性和空间复杂性差别很大。例如，对 N 个杂乱无序的元素进行排序，直接插入排序需要 $2.02N^2\mu s$，快速排序则为 $12N\log_2N\mu s$，当 N=100 时，两者速度相差 2.5 倍，而当 N=10000 时，两者速度相差 1000 余倍。很明显，源程序编写阶段的优化并不是编译程序能够和应该完成的。

编译阶段的代码优化又分为两个阶段，即与机器无关的优化和与机器有关的优化。与机器无关的优化是指在生成目标代码之前对语法分析后产生的中间代码进行优化。这一类优化，通常不依赖于具体的计算机，而是取决于语言的结构，也称中间代码优化。与机器有关的优化，则主要在生成目标代码时进行，并且在很大程度上与具体的计算机有关，也称目标代码优化。有效、合理地使用机器资源便是目标代码优化阶段的主要目标。例如，将最频繁使用的变量保存在寄存器中，可收到事半功倍之利，所以 C 语言允许程序员使用寄存器变量。编译器也可以充分利用寻址方式的长处，选择一条指令来完成两三条指令完成的动作。

中间代码优化有局部优化和非局部优化之分。局部优化是指基本块内优化，非局部优化是指超越基本块的优化。因此，对中间代码划分基本块，是优化所必需的环节。非局部优化又有循环优化与全局优化之分。将中间代码以基本块为结点，构造出程序流图，从中识别出循环结构，在循环结构内的优化便是循环优化，超越循环结构才能实现的优化便是全局优化。各阶段的优化如图 8.1 所示。

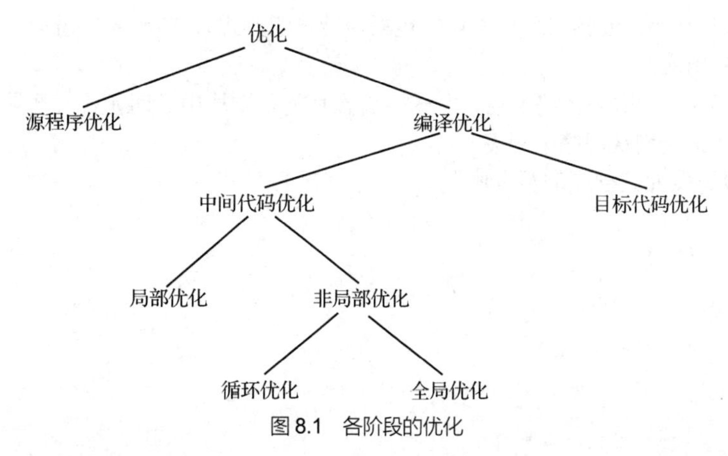

图 8.1　各阶段的优化

本章主要讨论中间代码优化，至于目标代码优化，因为它依赖于具体计算机，我们不准备详细讨论它，只在第 9 章讨论一下寄存器的分配问题。

讨论优化时，我们假设中间代码都是四元式，当然，对于三元式也适用。为了叙述方便，我们将把四元式写成更为直观的形式：

把 (op, b, c, a) 写成 a = b op c;

把 (jrop, b, c, l) 写成 if(b rop c) goto l;

把 (j, , , l) 写成 goto l;

8.2 局部优化

1．基本块及其求法

基本块是程序中的一个连续语句序列（这里所说的语句是指四元式），其中只有一个入口和一个出口，入口就是第一条语句，出口就是最后一条语句。对一个基本块而言，执行时只能从其入口进入，从其出口退出，不存在停止或分支的可能性。也就是说，基本块内的代码要么全执行，要么全不执行，不能在中间转入或转出。例如，下面的四元式序列就构成了一个基本块：

$t_1 = a * a;$

$t_2 = a * b;$

$t_3 = 2 * t_2;$

$t_4 = t_1 + t_3;$

$t_5 = b * b;$

$t_6 = t_4 + t_5;$

对于一个给定的程序，可将其划分成一系列基本块，在各个基本块范围内，可以分别进行优化。我们把这种局限于基本块范围内的优化称为基本块内优化或局部优化。这类优化是在顺序执行的线性程序段上进行的，所以处理起来比较简单。

下面介绍在四元式序列中确定基本块的方法，其步骤如下。

（1）求出四元式程序中各个基本块的入口语句：

① 程序的第一条四元式；

② 由控制转移所转向的四元式；

③ 紧跟在条件转移四元式后的四元式。

（2）对以上求出的每一个入口语句，构造其所属的基本块。它是由该入口语句到下一个入口语句（不包括该入口语句），或到一转移语句（包括该转移四元式），或到一停语句（包括该停语句）的所有四元式序列组成的。

（3）执行步骤（1）和步骤（2）后，凡未包含在任何基本块中的四元式，都是程序中不会被执行的语句，故可以把它们从程序中删去。

例 8.1 求以下四元式程序的基本块。

```
① x = a + b;
② y = c * d;
③ z = x / y;
④ if(z > 0) goto ⑧;
⑤ x = y;
⑥ y = z;
⑦ goto ③;
⑧ z = 2 * z;
⑨ return;
```

应用上面求基本块的步骤：首先应用步骤（1），求出①、③、⑤、⑧是基本块的入口语句；应用步骤（2），求出各基本块分别是① ②、③ ④、⑤ ⑥ ⑦和⑧ ⑨。

一般情况下，在基本块内进行优化易于产生高质量的目标代码。下面我们将分别讨论局部优化中的处理技术。

2．局部优化方法

（1）合并常量

合并常量可以在语法分析、语义分析中进行。程序中某些运算的运算对象是常数，或其值在编译时已知，则在编译时就可直接将其算出，而不必等运行时再进行计算。合并常量的例子如下：

	优化前	优化后
①	3.14 * 2	6.28
②	2 * 5 * a	10 * a
③	sin(0)	0
④	i = 10;	i = 10;
	j = 2 * i + 5;	j = 25;
	k = 2 * i + j;	k = 45;

（2）删除多余运算

删除多余运算是指如果某些运算在程序中多次出现，而在相继两次出现之间各运算对象之值又没有改变（即每次运算结果都一样），则其第一次出现时执行该运算一次，以后出现时仅引用相应的运算结果。例如，有如下四元式序列：

① $t_1 = c * b$;　　　⑥ $a = t_4$;
② $t_2 = d + t_1$;　　⑦ $t_5 = c * b$;
③ $d = t_2$;　　　　⑧ $t_6 = d + t_5$;
④ $t_3 = c * b$;　　　⑨ $c = t_6$;
⑤ $t_4 = d + t_3$;

其中①、④、⑦三个四元式运算完全相同，并且②、③中未对运算对象 c 和 b 赋值，⑤、⑥中也未对 c 和 b 赋值，所以④和⑦的 c*b 的计算是多余的，即 t_3==t_1 和 t_5==t_1。继而推出，⑧在⑤之后也是多余的。经删除多余运算，可得如下四元式序列：

① $t_1 = c * b$;　　　④ $t_3 = d + t_1$;
② $t_2 = d + t_1$;　　⑤ $a = t_3$;
③ $d = t_2$;　　　　⑥ $c = t_3$;

这种方法称为删除多余运算，或者称为删除公共子表达式。

（3）删除无用赋值

无用赋值是指如果在对变量 A 赋值以后，在 A 被引用前又对它重新赋值，则前一次对变量 A 的赋值是无用的；或者对变量 A 赋值以后，程序不引用它，则该赋值是无用的。

例如，有如下四元式序列：

① $t_1 = a * b$;　　　⑥ $t_4 = t_1$;
② $t_2 = 1.5$;　　　⑦ $t_5 = 20$;
③ $t_3 = t_1 - t_2$;　　⑧ $t_6 = t_4 * t_5$;
④ $x = t_3$;　　　　⑨ $y = t_6$;
⑤ $c = 2$;

由于⑤对 c 赋值后，在程序中不再引用 c，故⑤是无用赋值，可以删去。此外，⑧需要引用 t_4 的值进行运算，而 t_4 的值是执行⑥时复写 t_1 的值而得到的，且⑦未改变 t_4 和 t_1 的值，故可将⑧中对 t_4 的引用改为对 t_1 的引用（这种变换被称为复写传播）。同理，也可将⑧中对 t_5 的引用改为直接引用常数 20。经过变换之后，⑥和⑦分别对 t_4 及 t_5 的赋值已无必要，故可以删除。于是，可得如下四元式序列：

① $t_1 = a * b$;
② $t_2 = 1.5$;
③ $t_3 = t_1 - t_2$;
④ $x = t_3$;
⑤ $t_6 = t_1 * 20$;
⑥ $y = t_6$;

8.3 循环优化

所谓循环，是指程序中那些可反复执行的代码序列，如 Pascal、ALGOL 语言中的 for 语句、FORTRAN 语言中的 do 语句、C 语言中的 while 语句和 for 语句等。此外，用条件语句和无条件转移语句也可组成循环。循环，是程序中非常重要、可优化的环节。程序往往在循环部分消耗大部分执行时间。下面将讨论几种典型的循环优化方法。

1．循环查找方法

（1）程序流图与循环

为了找出程序中的循环，应对程序控制流进行分析，为此，我们引入程序流图的概念。

一个程序流图是具有唯一首结点的有向图。首结点就是到程序流图中任何结点均有一条通路的结点。程序流图简称流图，一个程序可用一个流图来表示。流图中有限个结点集就是程序的基本块集，即流图中的结点就是程序的基本块。流图的首结点就是包含程序第一个语句的基本块。当基本块 B_i 和基本块 B_j 满足下列条件之一时，则从结点 B_i 到结点 B_j 有一条有向边。

① 在程序中，基本块 B_j 紧跟在基本块 B_i 之后，且基本块 B_i 的出口语句不是无条件转移语句或停语句。

② 基本块 B_i 的出口语句是无条件转移语句或条件语句，且转移到的语句是 B_j 的入口语句。

例 8.2 构造以下程序的程序流图。

```
① cin >> c;
② a = 0;
③ b = 1;
④ a = a + b;
⑤ if(b >= c)   goto ⑧;
⑥ b = b + 1;
⑦ goto ④;
⑧ cout << a;
⑨ return;
```

其程序流图如图 8.2 所示。

图 8.2 是一个含有 4 个基本块的程序流图。在程序流图中，满足下列两个条件的结点序列为一个循环。

① 结点序列是强连通的，即其中任意两个结点间必有一条通路，而且在通路上的各结点都属于该结点的序列；如果序列只包含一个结点，则必有一有向边从该结点引向其本身。

② 结点序列有唯一入口。从循环外的结点到达循环中任一结点的唯一方式是通过该入口。

观察图 8.2 中的程序流图，根据上述定义，不难看出，结点序列$\{B_2,B_3\}$是程序中的一个循环，其中 B_2 是循环的唯一入口结点。又如，对于图 8.3 所示的程序流图，结点序列{6}、{4,5,6,7}及{2,3,4,5,6,7}都是循环；而结点序列{2,4}、{2,3,4}及{4,5,7}虽然都是强连通的，但因入口不唯一，所以都不是循环。

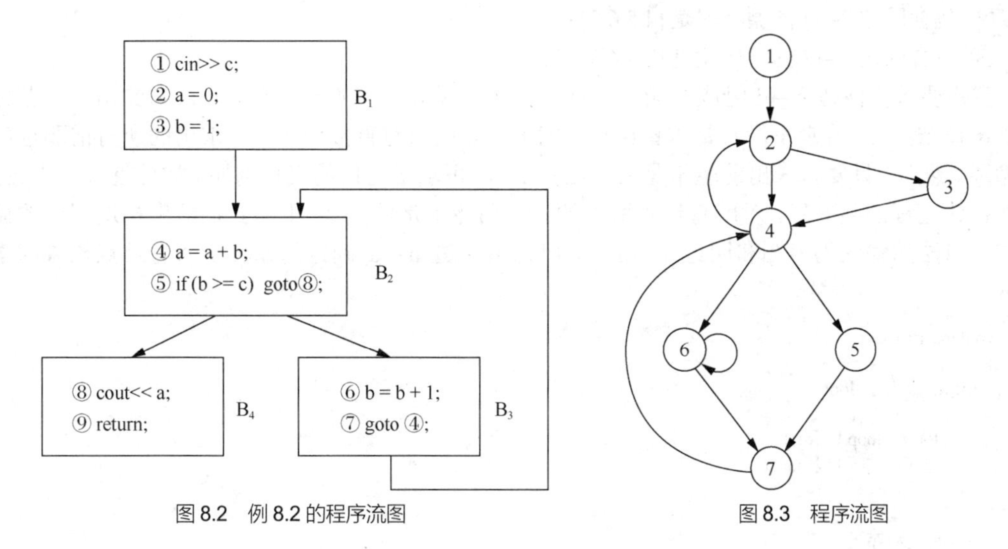

图 8.2　例 8.2 的程序流图

图 8.3　程序流图

（2）必经结点集

如果从流图的首结点到流图某一结点 n 的所有通路都要经过结点 d，我们把 d 称为 n 的必经结点，记作 d DOM n。特别指出，根据定义，流图上每一结点都是它自己的必经结点（即 n DOM n）；循环的入口结点是循环中每一结点的必经结点。流图中结点 n 的所有必经结点称为结点 n 的必经结点集 D(n)。

例 8.3　求图 8.3 中各结点 n 的 D(n)。

直接由定义就可以求得

D(1)={1}

D(2)={1, 2}

D(3)={1, 2, 3}

D(4)={1, 2, 4}

D(5)={1, 2, 4, 5}

D(6)={1, 2, 4, 6}

D(7)={1, 2, 4, 7}

（3）查找循环

查找流图中的所有循环的一种有效方法就是借助于求出的必经结点来求得流图中的回边，然后再根据回边求出流图中的循环。

设 d 是结点 n 的必经结点，即有 d DOM n。若在流图中存在着从结点 n 到 d 的有向边，则称此有向边 n→d 为流图中一条回边。

例 8.4　求图 8.3 中的所有回边。

① 由于有 6 DOM 6，故 6→6 为回边；

② 由于有 4 DOM 7，故 7→4 为回边；

③ 由于有 2 DOM 4，故 4→2 为回边。

求出一个流图中的全部回边以后，我们便能按下述规则求出流图中的全部循环。若 n→d 为一回边，则该循环由结点 d、结点 n 以及有通路到达 n 而不经过结点 d 的所有结点组成。此循环以结点 d 为其唯一入口。根据回边和循环的定义，读者可以证明上述全部循环规则。

例 8.5　根据图 8.3 和求得的回边，求出流图中各个循环。

① 包含回边 6→6 的循环就是{6}；

② 包含回边 7→4 的循环就是{4,5,6,7}；

③ 包含回边 4→2 的循环就是{2,3,4,5,6,7}。

我们要求由回边 n→d 组成的循环，这个循环将以 d 为其唯一入口，n 是它的出口。首先，对于出口结点 n，若它不同时是入口结点，则求出它的所有直接前驱，新求出的所有前驱也应属于循环。然后，只要新求出前驱不是入口结点 d，就再求出它们的直接前驱。如此逐步向上推进，直到在此过程的某一步，对所有结点所求的直接前驱都是结点 d。下面我们给出构造回边的循环算法。算法的输入为流图和回边 n→d，输出为由回边 n→d 确定的循环中所有结点构成的集合 loop。

```
void insert(m)
{
    if(m 不属于 loop)
    {
        loop = loop U {m};
        把 m 下推进栈 stack;
    }
}
//下面是主程序
stack = empty;
loop = {d};
insert(n);
while(stack 非空)
{
    把 stack 的栈顶元素 m 上托出去;
    for(m 的前驱结点集 p(m)中每个结点 p)
    {
        insert(p);
    }
}
```

其中 loop 是一个集合变量，用来存放正在查找的循环中各结点。此外，在此算法中，还设置了一个名为 stack 的栈。开始时，首先将 d 和 n 置于 loop，将 n 置于 stack 的栈底；之后每一次将栈顶元素 m（结点）上托，就把它的直接前驱结点集 p(m)中的各点逐步置于 loop 及 stack 中，通过调用 insert()函数来实现，直到 stack 为空。

2．循环优化方法

（1）代码外提

代码外提就是将循环中不变的运算提到循环外。举例而言，对于循环中某个运算：a = b op c，若 b 和 c 都是常数，或者是在进入循环之前就定值的变量且在循环中没有重新赋值，那么不论循环执行多少次，每次计算出来的 b op c 的值是不变的。对于这种不变运算 b op c，我们可以把它提到循环体外，这样，程序运行结果仍然保持不变，但是程序运行的速度却提高了。

例 8.6 假设有程序段：

```
i = 1;
while(i <= 1000)
    a[i++] = x * y;
```

则 x * y 的值在 while 循环中始终没有改变，因此它是该循环中的不变运算。我们将它提到外边，可以得到

```
i = 1;
t = x * y;
while(i <= 1000)
    a[i++] = t;
```

显然，在前一程序段中 x * y 要计算 1000 次，而在后一程序段中只需计算 1 次。由此可知，代码外提是一种很重要的循环优化。

执行代码外提时，我们在循环入口结点前面建立一个新结点（基本块），称为循环的前置结点。此结点的唯一后继结点是循环入口结点，原来流图中从循环外到循环入口结点的有向边，将改成引到这个循环前置结点，如图 8.4 所示。

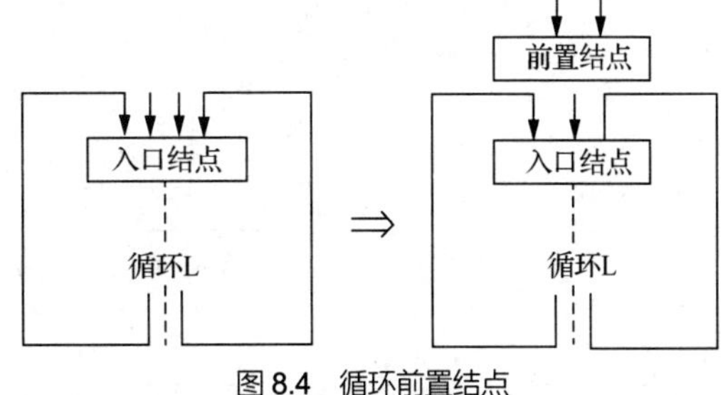

图 8.4　循环前置结点

因为循环结构的入口结点是唯一的，所以其前置结点也是唯一的。循环中所有被外提的代码将全部移到唯一的前置结点中。

例如，对于下面构成循环体的四元式序列：

① $t_1 = 2 * j$;

② $t_2 = 10 * i$;

③ $t_3 = t_2 + t_1$;

④ $t_4 = addr(a) - 11$;

⑤ $t_5 = 2 * j$;

⑥ $t_6 = 10 * i$;

⑦ $t_7 = t_6 + t_5$;

⑧ $t_8 = addr(a) - 11$;

⑨ $t_9 = t_8[t_7]$;

⑩ $t_4[t_3] = t_9 + 1$;

⑪ $i = i + 1$;

⑫ goto L;

其中 addr(a)表示数组 a 的起始地址。在寻找循环不变运算的过程中，可以发现对变量 j 的定值不在该循环体内，因而①和⑤都属于循环不变运算。而 addr(a)为常量，故④和⑧也属于循环不变计算。所以，可以用代码外提对循环体内进行优化，将①、④、⑤和⑧从循环体内提到循环前置结点中，此时循环前置结点为

① $t_1 = 2 * j$;

② $t_4 = addr(a) - 11$;

③ $t_5 = 2 * j$;

④ $t_8 = addr(a) - 11$;

于是，循环体变为

① $t_2 = 10 * i$;

② $t_3 = t_2 + t_1$;

③ $t_6 = 10 * i$;

④ $t_7 = t_6 + t_5$;

⑤ $t_9 = t_8[t_7]$;

⑥ $t_4[t_3]= t_9 + 1$;

⑦ $i = i + 1$;

⑧ goto L;

并不是在任何情况下都可以把循环不变运算外提，循环中代码外提是有条件的，只有当不变运算所在结点是循环所有结点的必经结点时，才有可能将这些不变运算外提，否则就不一定能外提了。在图 8.5 所示的程序流图中，结点 B_2、B_3、B_4 组成一个循环，B_2 为入口结点。

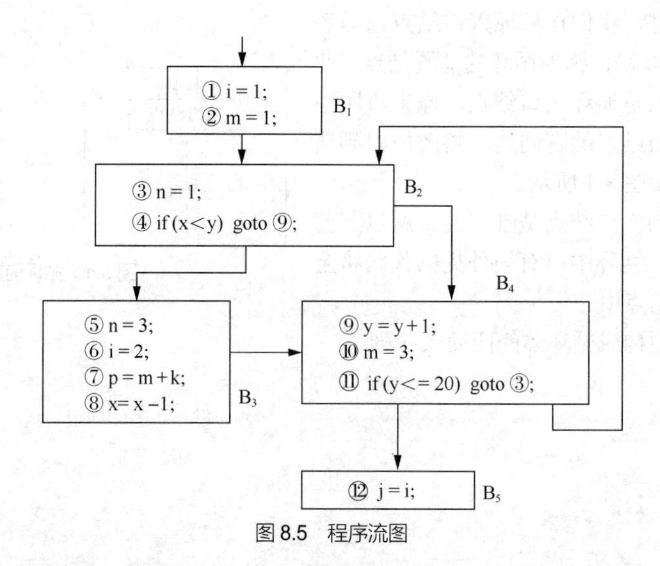

图 8.5 程序流图

当 x<y 和 y<=20 两个条件都满足时，循环不经过结点 B_3。如果将不变运算⑥i=2 外提到 B_2 结点之前，则在循环出口 i 的值总为 2，而在不经过结点 B_3 的情况下，循环出口 i 值应为 1，所以在循环外结点 B_5 中，将引用错误的 i 值。从此例可以看出，只有循环出口以后不再引用 i 值，或者 i=2 所在基本块是循环出口必经结点（当然还要求 i=2 是循环中唯一定值点）才可外提。

当把循环中的不变运算外提时，要求不变运算 a = b op c 在循环的其他地方不再对 a 定值。例如，图 8.5 中的 B_2，尽管不变运算 n=1 所在结点也是循环出口必经结点，但是，在结点 B_3 中又对 n 进行了定值，如果将③n=1 外提，那么当程序执行流程为 $B_2 \to B_3 \to B_4 \to B_2 \to B_4 \to B_5$ 时，循环出口 n 值为 3，不外提时 n 值应为 1。

当把循环中的不变运算 a = b op c 外提时，还要求循环中 a 的所有引用点都是而且仅仅是这个定值所能到达的。例如，图 8.5 结点 B_4 中不变运算 m=3 既是必经结点，又是循环中的唯一定值点。当程序执行流程为 $B_1 \to B_2 \to B_3 \to B_4 \to B_5$ 时，结点 B_3 中的 m 引用了 B_1 中 m=1 所定的值，因此，不能把结点 B_4 中的 m=3 外提。

从以上分析可以看出，要从循环中外提不变运算 a = b op c，除了应满足 a 在循环中的其他地方不再定值，且循环中所有 a 的引用点只有 a 的定值才能到达以外，还应满足下述条件之一：

① 不变运算所在结点是所有出口结点的必经结点；

② a 离开循环后，对 a 再定值以前不再引用 a 的值。

（2）强度削弱

所谓强度削弱，就是指在循环中用执行较快的等价运算代替较慢的运算，如将乘法运算转换成加法运算，以提高目标程序运算效率。

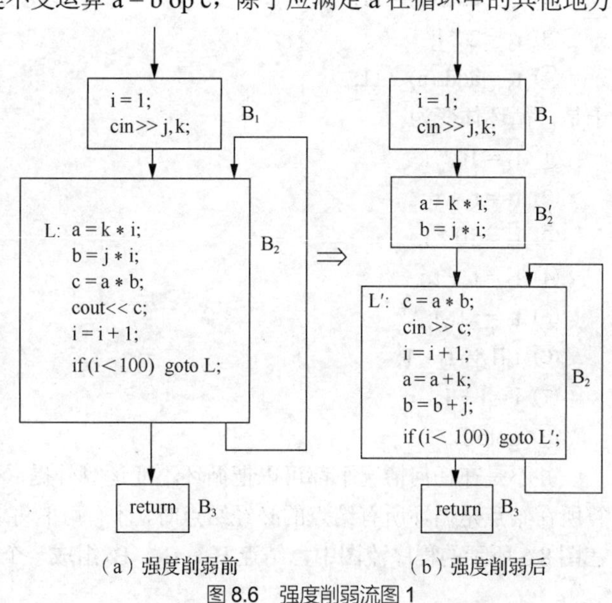

（a）强度削弱前 （b）强度削弱后

图 8.6 强度削弱流图 1

观察图 8.6（a）所示的流图，B_2 是一个循环，B_2 既是入口结点，又是出口结点。由于循环中有 a = k * i 和 b = j * i，其中 j、 k 在循环中不改变值，i 则每次增加 1，因此对 a、b 的赋值运算可进行强度削弱，即将右端表达式的乘法改为加法。把 a、b 两条赋值语句外提到前置结点 B_2'中去，而在 i = i + 1 的后面增加 a = a + k 和 b = b + j 这两条语句，于是程序流图可变为图 8.6（b）所示的形式。

我们再来看一个更一般的例子。设有图 8.7（a）所示部分流图，其中 i、j 为整型变量，k 为循环中的不变量，且变量 i 和 j 是按相互间接递归的方式定义的。根据循环中各变量间的依赖关系以及其值的变化规律，我们将乘法运算 j * k 削弱为两个加法运算，如图 8.7（b）所示。

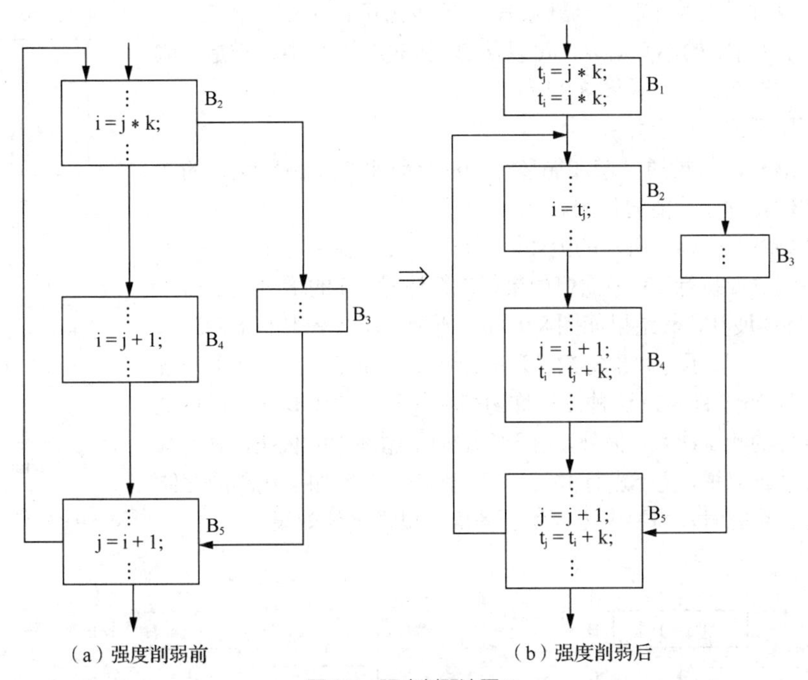

图 8.7　强度削弱流图 2

对于强度削弱这种优化方法，尚无一种较为系统的操作。不过，根据以上的讨论可以看出，想要对循环中某个含有整型变量 i 或 j 的算术表达式进行削弱运算强度的优化处理，此表达式至少应满足如下条件。

① 循环中含有对 i 或（和）j 的直接或间接的递归赋值，如 $i = i \pm c_1$、$j = j \pm c_2$、$i = j + b_1$、$j = i + b_2$ 等，其中 c_1、c_2、b_1、b_2 均为循环不变量。

② 在执行循环的过程中，此表达式的值线性地依赖于 i 或 j 的值，换句话说，此表达式可化成 $i * k_1 \pm k_2$ 或 $j * k_1 \pm k_2$ 的形式，其中 k_1 和 k_2 也是循环不变量。

（3）删除归纳变量

如果在循环中，对变量 i 只有唯一形如 $i = i \pm c$ 的赋值，并且其中的 c 为循环不变量，则称 i 为循环中的基本归纳变量。

如果 i 是循环中的一个基本归纳变量，而变量 j 在循环中的定值总是可以化归为 i 的同一线性函数，即 $j = c_1 * i \pm c_2$，其中 c_1 和 c_2 都是循环不变量，则称 j 是归纳变量，并称它与 i 同族。基本归纳变量是归纳变量的特例。

基本归纳变量的作用是为自身递归定值，经常在循环中用来计算其他归纳变量，以及用来进行循环控制。由于在执行循环时，同族各归纳变量的值同步变化，因此在一个循环中，如果属于同一族的归纳变量有多个，有时我们可以计算并删掉某些归纳变量，以提高程序运行效率，我们称这种优化为删除归纳变量或变换循环控制条件。

在图 8.6（b）所示的流图中，i 是基本归纳变量，a 和 b 是与 i 同族的归纳变量，且它们之间有如下线性关系：

a = k * i;

b = j * i;

于是，i < 100 完全可用 a < 100 * k（或 b < 100 * j）替代。这样 B_2 中的控制语句便可改写为 t_1 = 100 * k; if(a < t_1) goto L′;（或 t_2 = 100 * j; if (b < t_2) goto L′;）。

控制条件经过以上改变后，已删除 B_2 中的四元式 i = i + 1。同时 t_1 = 100 * k 是循环{B_2}中的不变运算，可以从 B_2 中外提到 B_2'中，于是，删除归纳变量后的图 8.6（b）如图 8.8 所示。

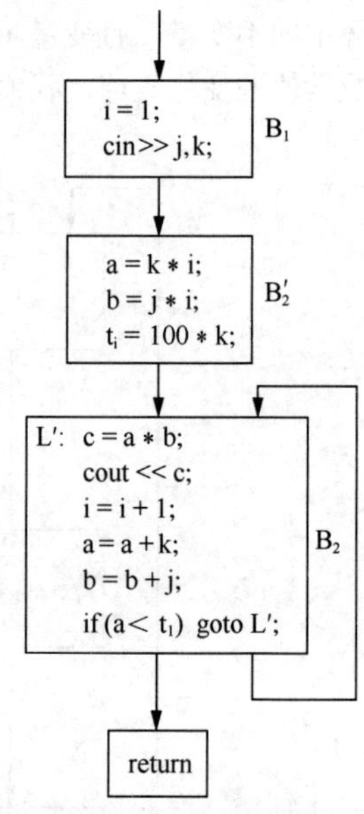

图 8.8 删除归纳变量

（4）循环展开和循环合并

所谓循环展开，是指通过增加循环体中的代码来减少循环执行的次数，进而达到优化程序性能的目的。

例如，考察图 8.9（a）所示的流图。循环{B_2, B_3}要执行 100 次，因此②中的条件测试要执行 101 次。但如果每次循环时给 i 的增量是 2 而不是 1，并将循环体展开，其结果如图 8.9（b）所示，那么②中的条件测试只要执行 51 次就可以了。如果每次循环时给 i 的增量是 4，则②中的条件测试只要执行 26 次即可。这种变换称为循环展开。循环展开的优点是减少了循环条件的测试次数，另外，由于它增加了循环中的代码，对于有并行部件的计算机来说，便于进行并行计算。其缺点是增加了代码的存储空间。因此在使用它时，需要多方面综合考虑，以求最佳效果。

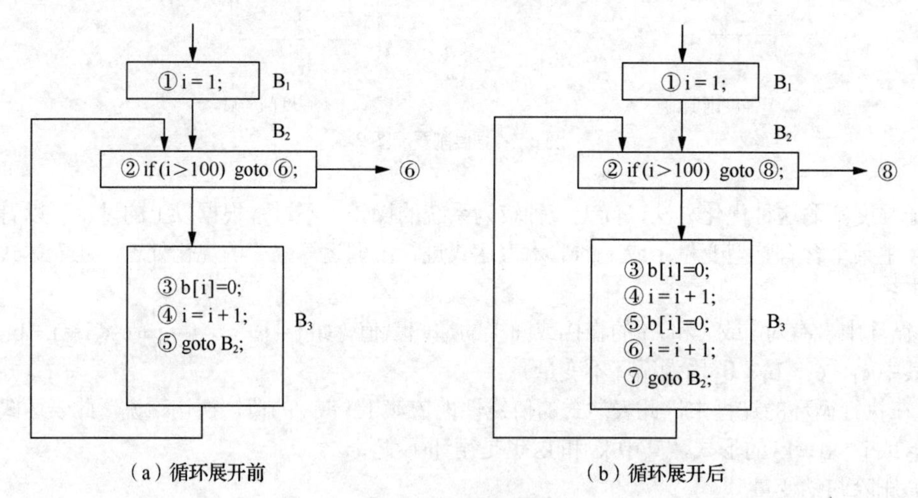

图 8.9 循环展开流图

所谓循环合并，是指把两个循环合并成一个循环，这样可减少执行循环检测和增量运算的次数。

例如，对于四元式序列

① i = 1;

② L_1: if(i > 10) goto L_3;

③ i =i + 1;

④ j = 1;

⑤ L_2: if(j > 10) goto L_1;

⑥ a[i][j] = 0;
⑦ j = j + 1;
⑧ goto L_2;
⑨ L_3: i = 1;
⑩ L_4: if(i > 10)　goto L_5;
⑪ a[i][i] = 1;
⑫ goto L_4;
⑬ L_5: …

其中循环变量为 i 的两个循环的执行次数均为 10，所以可以把它们合并成一个循环，即：

① i = 1;
② L_1: if(i > 10)　goto L_4;
③ j = 1;
④ L_2: if(j > 10)　goto L_3;
⑤ a[i][j]= 0;
⑥ j = j + 1;
⑦ goto L_2;
⑧ i = i + 1;
⑨ L_3: a[i][i]= 1;
⑩ gotoL_1;
⑪ L_4: …

需要指出的是，在进行循环合并时，必须注意变换的等价性。

8.4 利用 DAG 进行优化

1．基本块的 DAG 表示

有向无环图（Directed Acyclic Graph，DAG）是实现基本块优化的有力工具。DAG 是有向图的一种。在一有向图中，称有向边序列 $n_1 \to n_2, n_2 \to n_3, \cdots, n_{i-1} \to n_i$ 为从结点 n_1 到结点 n_i 的通路，若其中 $n_1 == n_i$，则称该通路为环路。例如，图 8.10 中(n_2,n_2)和(n_3,n_4,n_3)就是环路。

若一有向图中任一通路都不是环路，则称该有向图为 DAG。如图 8.11 所示。

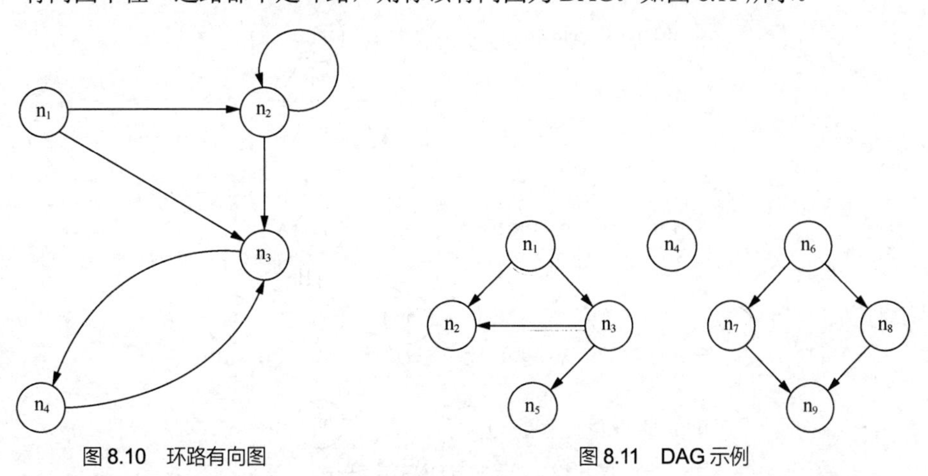

图 8.10　环路有向图　　　　图 8.11　DAG 示例

对于基本块的 DAG，为了描述计算过程，我们在结点上给出如下标记和附加标识符。

（1）对 DAG 中的每一叶结点（没有后继结点）用一变量名或常数作为标记，以表示该结点代表所标记的变量值或常数。至于变量是左值还是右值，可由作用于变量名的运算符决定，若变量 A 为左值（地址），则用 addr(A)标记。若叶结点代表变量的初值，则加下标 0，以示区别。

（2）对 DAG 每一内部结点（有后继结点）以运算符 op 作为标记，该结点代表以其直接后继结点所代表的值进行该运算所得到的结果。

（3）在 DAG 各结点上，还可附加若干标识符作为标记，表示这些附加的标识符具有该结点所代表的值。

2. DAG 的构造

基本块的 DAG 是通过依次处理它的每一个四元式而建立起来的，和各种四元式相对应的 DAG 结点形式如图 8.12 所示。

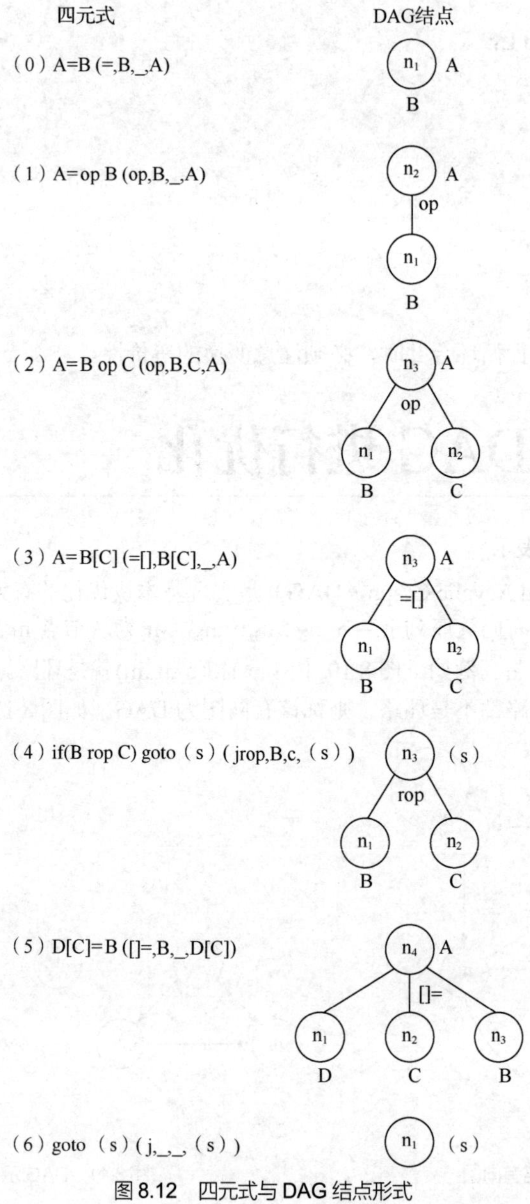

图 8.12　四元式与 DAG 结点形式

图 8.12 中各结点圆圈中的 n_i 是构造 DAG 过程中给予各结点的编号，各结点下面的符号（运算符、标识符或常数）是各结点的标记。各结点右边的标识符是附加标识符，若四元式为“条件转移”四元式，则（s）为四元式的编号（转移的目标）。此外，除对应于数组元素赋值的结点有三个后继结点以外，其余结点最多只有两个后继结点。

为了便于构造 DAG，假设 DAG 各结点的信息将用某种适当的数据结构来存放（如链表），根据给定的标记或附加标识符查出相应结点编号，设置一张对照表。同时，为了进行这种查询，还需要定义一个函数 NODE(A)。它的值可以是一个与 A 相关联的结点的编号 n，也可以无定义。我们把图 8.12 中各种形式的四元式按其对应结点的后继结点个数分成四种类型，即其中四元式（0）称为 0 型；四元式（1）称为 1 型；四元式（2）、（3）、（4）称为 2 型；四元式（5）称为 3 型。因为对数组元素赋值情形需要特殊考虑，所以暂且假定目前讨论的基本块不含 3 型四元式。四元式（6）因其对应结点是孤立的且构造简单，所以算法也不涉及。下面介绍仅含 0 型、1 型、2 型四元式的基本块的 DAG 构造算法。

开始，DAG 为空。

对基本块中每一四元式，依次执行以下算法步骤。

（1）如果 NODE(B)无定义，则构造一标记为 B 的叶结点并定义 NODE(B)为这个结点。

如果当前四元式是 0 型，则记 NODE(B)的值为 n，转（4）。

如果当前四元式是 1 型，则转（2）①。

如果当前四元式是 2 型，若 NODE(C)无定义，则构造一标记为 C 的叶结点后转（2）②，否则直接转（2）②。

（2）根据四种情形进行操作。

① 如果 NODE(B)是标记为常数的叶结点，则转（2）③，否则转（3）①。

② 如果 NODE(B)和 NODE(C)都是标记为常数的叶结点，则转（2）④，否则转（3）②。

③ 执行 op B（即合并已知量），令得到的新常数为 p。如果 NODE(B)是处理当前四元式时新构造出来的结点，则删除它。如果 NODE(p)无定义，则构造一用 p 做标记的叶结点 n。置 NODE(p) = n，转（4）。

④ 执行 B op C（即合并已知量），令得到的新常数为 p。如果 NODE(B)或 NODE(C)是处理当前四元式时新构造出来的结点，则删除它。如果 NODE(p)无定义，则构造一用 p 做标记的叶结点 n。置 NODE(P) = n，转（4）。

（3）根据两种情形进行操作。

① 检查 DAG 中是否已有一结点，其唯一后继结点为 NODE(B)，且标记为 op（即找公共子表达式）。如果没有，则构造该结点 n，否则把已有的结点作为四元式结点并设该结点为 n。转（4）。

② 检查 DAG 中是否已有一结点，其左后继结点为 NODE(B)，右后继结点为 NODE(C)，且标记为 op（即找公共子表达式）。如果没有，则构造该结点 n，否则把已有的结点作为四元式结点并设该结点为 n，转（4）。

（4）如果 NODE(A)无定义，则把 A 附加在结点 n 上并令 NODE(A) = n；否则先把 A 从 NODE(A)结点的附加标识符集中删除（注意，如果 NODE(A)是叶结点，则 A 不删除），把 A 附加到新结点 n 上并令 NODE(A) = n。结束后处理下一条四元式。

例 8.7　设如下基本块 G：

① $T_1 = A * B$;

② $T_2 = 3 / 2$;

③ $T_3 = T_1 - T_2$;

④ $X = T_3$;

⑤ $C = 5$;

⑥ $T_4 = A * B$;

⑦ $C = 2$;

⑧ $T_5 = 18 + C$;

⑨ $T_6 = T_4 * T_5$;

⑩ $Y = T_6$;

利用上述算法对块中各四元式逐个进行处理，所产生的 DAG 子图依次如图 8.13（a）～图 8.13（i）所示。其中，图 8.13（i）就是要构造的 DAG。

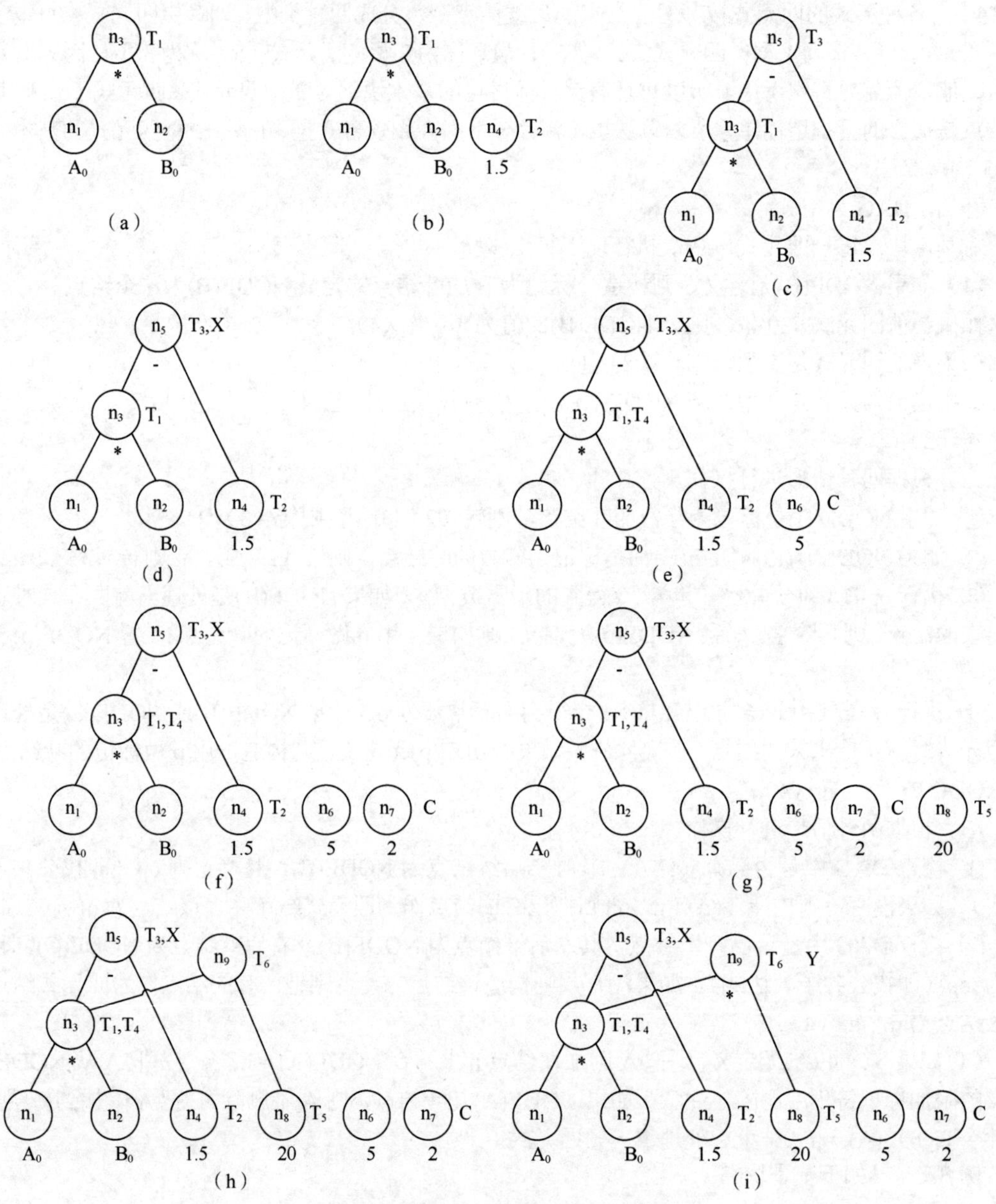

图 8.13　由基本块 G 产生 DAG 的过程

3．利用 DAG 进行优化

利用 DAG 来进行优化的主要思想是，将一基本块中的每一四元式依次表示成对应的 DAG，该基本块就对应一个较大的 DAG，即其中各个四元式 DAG 的合成。据此，再按原来构造 DAG 结点的顺序重写四元式序列，便可得到“合并了已知量”“删除了无用赋值”“删除了多余运算”的等价基本块，即优化了的基本块。

根据 DAG 构造算法和例 8.7，我们容易得出以下结论。

（1）对于任何一个四元式，如果其中运算对象是常数或编译时已知量，则在算法步骤（2）中，将直接执行该运算，用计算出来的常数生成叶结点，而不再产生执行运算的内部结点，如图 8.13（b）和图 8.13（g）所示，即实现合并已知量。

（2）算法步骤（3）的作用是检查公共子表达式，对具有公共子表达式的四元式，它只产生一个计算该表达式值的内部结点，如果该表达式以后再次出现，则不再产生新的内部结点，而只是把赋予该运算结果的各变量标识符添加到那个内部结点的附加标识符集中，如图 8.13（e）所示。

（3）如果某个变量被赋值后，在被引用前又被重新赋值，那么算法步骤（4）除了把此变量名附加到当前所产生的结点外，还把它从具有前一个值的结点上删除，如图 8.13（f）所示，从而达到消除此种无用赋值的目的。

我们可根据上述方式把图 8.13（i）的 DAG 按原来构造其结点的顺序重新写成优化后的四元式，得到如下四元式序列 G′：

① $T_1 = A * B$;
② $T_2 = 1.5$;
③ $T_3 = T_1 - 1.5$;
④ $X = T_3$;
⑤ $T_4 = T_1$;
⑥ $C = 2$;
⑦ $T_5 = 20$;
⑧ $T_6 = T_1 * 20$;
⑨ $Y = T_6$;

把 G′和 G 相比，我们看到如下变化。

（1）G 中四元式①和⑥的 A * B 是公共子表达式，G′对它们只计算一次，删除了多余的 A * B 运算。

（2）G 中四元式②和⑧都是已知量运算，G′已将其合并。

（3）G 中四元式⑤是无用赋值，G′已将其删除。

所以 G′是对 G 实现上述三种优化的结果。

利用 DAG 还可以根据一些标识符在基本块内和基本块外定义与引用有关的信息，进一步进行删除无用赋值的优化。例如，对于例 8.7 中的 DAG，若假定变量 C 及所有临时变量在该基本块外均不被引用，则可根据上述策略产生更为有效的四元式序列：

① $T_1 = A * B$;
② $X = T_1 - 1.5$;
③ $Y = T_1 * 20$;

其中，一切无用赋值均被删除。

8.5 数据流分析及全局优化概述

我们利用 DAG 这个工具进行的优化处理，仅限于在基本块内进行。由前述局部优化方法和循环优化方法可知，为了确切地查找基本块中某些变量的无用赋值，除了需要了解基本块中对这些变量的定值和引用情况外，还应知道在基本块外这些变量是否被引用。

为此，也就需要在整个程序范围内，对程序中的全部变量的定值和引用关系进行分析。通常我们称这一工作为数据流分析。数据流分析不仅为消除无用赋值提供了可靠依据，对循环优化和全局优化也是一种强有力的工具。本节将简要讨论数据流分析的基本概念，并介绍全局优化的一些方法。

1．到达-定值与引用-定值链（ud 链）

在进行数据流分析时，要用到程序中"点"的概念。所谓程序中的一个"点"，是指一个中间语言语句（如四元式）在其代码序列中的位置。从动态上看，当刚要执行此语句时，我们就说控制到达它之前的点；而当此语句被执行完毕时，我们说控制到达它之后的点。如果一个语句对变量 x 定值，则这个语句的位置 d 称为变量 x 的一个定值点；如果一个语句中有对变量 y 的引用，则这个语句的位置 u 称为变量 y 的一个引用点。例如，p 处有语句 x = y op z（通常写为 p:　x = y op z），则 p 是 x 的定值点，是 y 和 z 的引用点。

设 d 是程序中变量 a 的定值点（即在 d 处的语句执行对 a 赋值或输入 a 值的操作），则对程序中某一点 P，如果流图中有一条从 d 到 P 的通路，且此通路不含 a 的其他定值点，那么，我们就说 a 在点 d 的定值到达点 P。假设程序在点 u 引用了 a 值，则我们把能到达点 u 变量 a 的所有定值点的全体，称为 a 在引用点 u 处的引用-定值链，简称 ud 链。在进行循环优化时，要求出循环中所有不变运算，循环不变量就是指循环中没有这个变量定值点。例如，x = y + 5 如果是循环不变运算，则 y 只能是常数或循环不变量，若 y 在循环中没有定值点，而只在循环外有定值点，则循环不变运算 y + 5 可以提到循环外，而不必参与循环而重复执行。我们如何知道变量 y 在点 u 被引用时，它是在何处定值的呢？通过 ud 链的信息。所以说，求出各变量在其引用点上的 ud 链，是进行循环优化的一项重要工作。

（1）到达-定值数据流方程

为了求出到达点 u 的各个变量的所有定值点，我们必须考察能到达 u 所在基本块 B 之前、之中及出口之后的各个定值点，为此，对流图中各基本块 B 引进下列定值点的集合。

① IN[B]：能到达恰在基本块 B 入口之前的各个变量的所有定值点的集合。如果能求得流图中每个基本块 B 的 IN[B]，则基本块 B 中点 u 处变量 a 的所有定值点，即 B 中点 u 处变量 a 的 ud 链可按下列步骤求出。

a．如果在 B 中点 u 的前面有 a 的定值点 d，且这个定值能到达点 u，它就是与点 u 最靠近的那个 a 的定值点 d，即 ud 链为{d}。

b．如果 B 中点 u 的前面没有 a 的定值，则 IN[B]中关于变量 a 的每个定值都能到达 u，所以点 u 处 a 的 ud 链为 IN[B]中关于 a 的定值点的集合，它是 IN[B]的一个子集。

② OUT[B]：能到达恰在基本块 B 出口之后的各个变量的所有定值点的集合。如果能求得流图中每个基本块 B 的 OUT[B]，则基本块 B 入口之前的所有变量定值点的全体（即 IN[B]）是 B 的所有前驱基本块 P 的 OUT[P]的并集，即

$$IN[B]=\bigcup_{P\in Pred(B)} OUT[P]$$

其中 Pred(B)表示 B 的全部直接前驱基本块所组成的集合。显然，如果能求出流图中每个基本块的 OUT[B]，则 IN[B]也容易求出。

③ GEN[B]：在基本块 B 中定值，且能到达 B 的出口之后的所有定值点的集合。

④ KILL[B]：在基本块 B 外定值而所定值的变量在 B 中又重新被定值的那些定值点的集合，即在 B 中重新定值，而使得在 B 外的定值在 B 中被注销的那些定值点的集合。

能到达基本块 B 出口之后的定值点的集合（即 OUT[B]）由两部分组成：一部分是 B 中定值并能到达 B 的出口之后的那些定值点的集合，即 GEN[B]；另一部分是 IN[B]中的定值点的集合中未被 B 中的定值所注销的部分，即 IN[B] - KILL[B]，故有

$$OUT[B] = GEN[B] \cup (IN[B] - KILL[B])$$

于是，所有基本块 B 的 IN[B]和 OUT[B]的计算公式为

$$\begin{cases} IN[B] = \bigcup_{P \in Pred(B)} OUT[P] \\ OUT[B] = GEN[B] \cup (IN[B] - KILL[B]) \end{cases}$$

上面的计算公式是一个联立方程组，称为到达-定值数据流方程。其中 GEN[B]及 KILL[B]可以从相应流图中直接求出，作为已知量。按此数据流方程计算 IN[B]时，又需要用到基本块 B 的各个直接前驱基本块 P 的 OUT[P]。因此对流图中每一个基本块都要列出一个到达-定值数据流方程，这样，若流图中有 N 个基本块，则数据流方程是 2N 个变量 IN[B]和 OUT[B]的线性联立方程组。为了节省存储空间，将方程组每一变量的集合用一个位向量来表示。流图中每一定值点 d 在向量中占 1 位，如果 d 属于某个集合，则该向量的相应位为 1，否则为 0。这样，在求解方程组时，就可把集合的运算转换为相应位向量的逻辑运算：将运算符∪（并集）用∨（或）来代替，运算符-（差）用∧¬（与非）来代替，即 IN[B] - KILL[B]可表示为 IN[B] ∧¬ KILL[B]。

上面所得的线性方程组可用迭代法求解。为此，可分别选取∅和 GEN[Bi]作为 IN[Bi]及 OUT[Bi]的初值。于是迭代求解算法如下所示。

```
① for(i = 1; i <= N; i++)
   {
②      IN[Bi] = ∅;
③      OUT[Bi] = GEN[Bi];
   }
④ CHANGE = true;
⑤ while(CHANGE)
   {
⑥      CHANGE = false;
⑦      for(i = 1; i <= N; i++)
       {
⑧          NEWIN ;
⑨          if(NEWIN != N[Bi])
           {
               CHANGE = true;
               IN[Bi] = NEWIN;
               OUT[Bi] = (IN[Bi] – KILL[Bi]) ∪ GEN[Bi];
           }
       }
   }
```

其中 NEWIN 是一个集合变量，用来记录每一次迭代之后 $IN[B_i]$的新值。CHANGE 是一个布尔变量：在迭代过程中，如果相继两次迭代算出的 $IN[B_i]$值不等，它就被置 true，以指示尚需继续迭代；一旦某次迭代所算出的 $IN[B_i]$值分别和前次迭代相对应（下标对应）的值相等（即迭代过程已收敛），则 CHANGE 被置 false，表示各基本块 B 的 IN[B]的值已不再变化，迭代结束。

例 8.8　对于图 8.14 给出的流图，根据上面求解到达-定值数据流方程的算法，求出各基本块 B 的 IN[B]和 OUT[B]。其中共有 5 个基本块，我们仅考虑变量 i 和变量 j，则它们在流图中定值点为 d_1、d_2、d_3、d_4、d_5。基本块 B_5 没有变量 i 和变量 j 的定值点，故设向量长度为 5。求解过程如下。

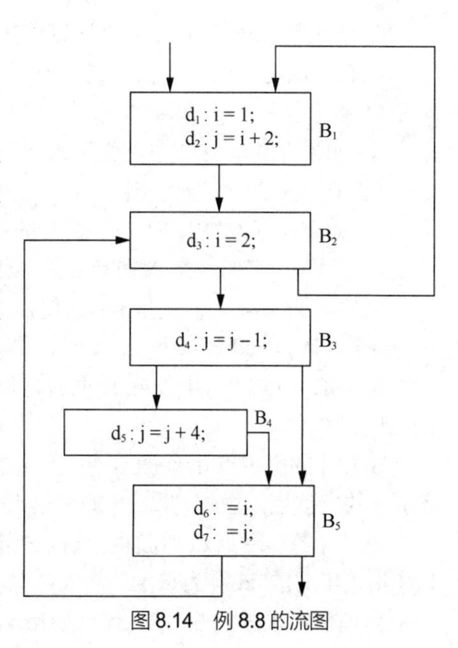

图 8.14　例 8.8 的流图

① 直接由GEN[B]和KILL[B]的定义计算出各基本块的GEN[B_i]和KILL[B_i]的值，其结果如表8.1所示。

表8.1　B_1～B_5的GEN集和KILL集

基本块B	GEN[B]	位向量	KILL [B]	位向量
B_1	$\{d_1, d_2\}$	1100000	$\{d_3, d_4, d_5\}$	0011100
B_2	$\{d_3\}$	0010000	$\{d_1\}$	1000000
B_3	$\{d_4\}$	0001000	$\{d_2, d_5\}$	0100100
B_4	$\{d_5\}$	0000100	$\{d_2, d_4\}$	0101000
B_5	{ }	0000000	{ }	0000000

② 为各IN[B_i]及OUT[B_i]分别赋初值，即

$$IN[B_i] = 00000\ (i = 1,2,\cdots,5)$$
$$OUT[B_1] = GEN[B_1] = 11000$$
$$OUT[B_2] = GEN[B_2] = 00100$$
$$OUT[B_3] = GEN[B_3] = 00010$$
$$OUT[B_4] = GEN[B_4] = 00001$$
$$OUT[B_5] = GEN[B_5] = 00000$$

③ 按B_1、B_2、B_3、B_4、B_5的顺序执行迭代求解算法中从⑦开始的for循环，进行迭代，直到收敛为止，其迭代结果如表8.2所示。

表8.2　迭代计算IN[Bi]及OUT[Bi]

基本块B	初值		第一次		第二次		第三次	
	IN[B]	OUT[B]	IN[B]	OUT[B]	IN[B]	OUT[B]	IN[B]	OUT[B]
B_1	00000	11000	00100	11000	01100	11000	01111	11000
B_2	00000	00100	11000	01100	11111	01111	11111	01111
B_3	00000	00010	01100	00110	01111	00110	01111	00110
B_4	00000	00001	00110	00101	00110	00101	00110	00101
B_5	00000	00000	00111	00111	00111	00111	00111	00111

（2）引用-定值链（ud链）计算及其应用

我们可以应用到达-定值信息来计算各个变量在各引用点的ud链。由前文可知，其计算规则如下。

① 如果在基本块B中，变量A的引用点u之前有A的定值点d，且点d为A所定的值能到达u，则A在点u的ud链为{d}。

② 如果在基本块B中，变量A的引用点u之前没有A的定值点，那么，IN[B]中所有A的定值均可到达u，它们就是A在点u的ud链。

例如，图8.14中，变量i的引用点为d_2和d_6，变量j的引用点为d_4、d_5和d_7。根据计算规则，分别求出它们的ud链如下。

由于B_1中i的引用点d_2前面有定值点d_1，而且i在点d_1的定值到达了d_2，由规则①，i在d_2的ud链为$\{d_1\}$。

B_3中j的引用点d_4前面没有j的定值点，由表8.2可知，IN[B_3] = $\{d_2, d_3, d_4, d_5\}$，其中除d_3外，都是j的定值点，由规则②，j的引用点d_4的ud链为$\{d_2,d_4,d_5\}$。

B_4中j的引用点d_5前面也没有j的定值点，而IN[B_4] = $\{d_3, d_4\}$，其中仅d_4是j的定值点，所以j的引用点d_5的ud链为$\{d_4\}$。

同理可以求出i在d_6的ud链为$\{d_3\}$，j在d_7的ud链为$\{d_4, d_5\}$。ud链信息可用来在程序内进行

常数传播和合并已知量。例如，在图 8.14 中，B_5 中 i 的引用点为 d_6，而 i 在 d_6 的 ud 链为$\{d_3\}$，到达 d_6 的 i 定值点是唯一的，即

```
d3:  i = 1;
```

因此，我们可以把 d_6 中的 i 用 1 来代替，这称为常数传播。我们可以应用 ud 链信息在整个程序范围内进行常数传播和合并已知量，并不局限于一个基本块内，它应属于全局优化范围。在进行循环优化时，为了求出循环中所有的不变运算，就要用到各变量引用点的 ud 链信息。在循环优化进行代码外提时，首先要计算出每个变量在各引用点的 ud 链，然后查找循环中的不变运算，再根据不变运算的外提条件进行处理。

2．活跃变量和定值-引用链（du 链）

前面我们指出，为了正确地查找一个基本块中的无用赋值，不但要考虑有关变量在基本块内是否被引用，还要考虑其在基本块外是否被引用，即这些变量在基本块外是否“活跃”。活跃变量是数据流分析中的一个重要概念，不仅对查找程序中的无用赋值是必需的，而且为循环优化提供了十分有用的信息。

程序中某变量 A 在某点 P，如果存在一条以 P 开始的路径，其中引用了 A 在点 P 的值，则称 A 在点 P 是活跃的。显然，如果变量 A 在基本块 B 的 P 点定值，从 P 到 B 的出口都没有 A 的引用点，且 A 在 B 的出口之后不活跃，则 A 在 P 点的定值必然是一个无用赋值，可以删除。

（1）活跃变量数据流方程

对于每一个基本块 B，求出出口之后的活跃变量集，对删除无用赋值等优化具有重要意义。为此，引进下列变量集的定义。

① L-IN[B]：基本块 B 入口之前的活跃变量集。

② L-OUT[B]：基本块 B 出口之后的活跃变量集。

③ L-DEF[B]：在基本块 B 中定值，且定值之前未在 B 中引用过的变量集。

④ L-USE：在基本块中引用，但在引用之前未在 B 中定值的变量集。

我们需求的是流图中每个基本块的出口之后活跃的变量集 L-OUT[B]。显然，B 的那些后继结点入口之前的活跃变量集的并集即为 L-OUT[B]，所以有

$$\text{L-OUT}[B]=\bigcup_{P\in \text{Succ}[B]} \text{L-IN}[P]$$

其中 Succ(B)表示 B 的全部直接后继基本块所组成的集合。显然，如果能求出流图中每个基本块的 L-IN[B]，则 L-OUT[B]自然容易求出。而 L-IN[B]中的活跃变量由两部分组成：一部分变量在 B 中被引用且在此之前在 B 中未对该变量定值；另一部分变量在基本块出口之后是活跃的且 B 中未对该变量定值。所以有

$$\text{L-IN}[B] = \text{L-USE}[B] \cup (\text{L-OUT}[B] - \text{L-DEF}[B])$$

于是对于一个基本块 B，我们就有如下活跃变量数据流方程：

$$\begin{cases}\text{L-OUT}[B]=\bigcup_{P\in \text{Succ}[B]} \text{L-IN}[P] \\ \text{L-IN}[B]=\text{L-USE}[B]\cup(\text{L-OUT}[B]-\text{L-DEF}[B])\end{cases}$$

显然，L-USE[B]和 L-DEF[B]可以从给定的流图直接求出。和到达-定值数据流方程一样，若流图中有 N 个基本块，它也是 2N 个变量 L-IN[B]和 L-OUT[B]的线性联立方程组。上述活跃变量数据流方程也可用迭代的方法求解，其迭代求解算法如下所示。

```
for(i = 1; i <= N; i++)
    L-IN[Bi] = ∅;
CHANGE = true;
while(CHANGE)
{
    CHANGE = false;
```

```
    for(i = N; i >= 1; i--)
    {
        L-OUT[B]= ∪_{P∈Succ[B]} L-IN[P] ;

        NEWIN = (L-OUT[Bi] - L-DEF[Bi]) ∪ L-USE[Bi];
        if(NEWIN != L-IN[Bi])
        {
            CHANGE = true;
            L-IN[Bi] = NEWIN;
        }
    }
}
```

活跃变量数据流方程和到达-定值数据流方程的求解算法的不同之处在于迭代过程中各基本块的计算次序。在到达-定值数据流方程中，我们利用一个基本块的所有前驱基本块的信息来计算该基本块的信息，所以求解时，按由前向后的顺序依次计算各基本块的信息，使得前驱基本块的计算结果立即被用来计算其后继基本块的结果。但在活跃变量数据流方程中，我们利用一个基本块的所有后继基本块的信息来计算该基本块的信息，所以求解时，按由后向前的顺序依次计算各基本块的信息，使得后继基本块的计算结果立即被用来计算其前驱基本块的结果。

例 8.9 根据图 8.14，按求解活跃变量数据流方程的算法，求出各基本块的 L-OUT[B]和 L-IN[B]。

① 由图 8.14 直接求出各 L-DEF[B_i]和 L-USE[B_i]，其结果如表 8.3 所示。

表 8.3 B_1～B_5 的 L-DEF 集和 L-USE 集

基本块 B	L-DEF[B]	L-USE[B]
B_1	{i, j}	{ }
B_2	{i}	{ }
B_3	{ }	{j}
B_4	{ }	{j}
B_5	{ }	{i, j}

② 给定初值：

$$\text{L-IN}[B_1] = \text{L-IN}[B_2] = \cdots = \text{L-IN}[B_5] = \varnothing$$

③ 按 B_5、B_4、B_3、B_2、B_1 的顺序执行迭代求解算法，各次迭代的结果如表 8.4 所示。由于第三次迭代与第二次迭代的结果已经相同，所以它即为所求的解。

表 8.4 迭代计算 L-IN[B_i]及 L-OUT[B_i]

基本块 B	第一次迭代		第二次迭代		第三次迭代	
	L-OUT	L-IN	L-OUT	L-IN	L-OUT	L-IN
B_5	{ }	{i, j}	{j}	{i, j}	{j}	{i, j}
B_4	{i, j}	{i, j}	{i, j}	{i, j}	{i, j}	{i, j}
B_3	{i, j}	{i, j}	{i, j}	{i, j}	{i, j}	{i, j}
B_2	{i, j}	{j}	{i, j}	{j}	{i, j}	{j}
B_1	{j}	{ }	{j}	{ }	{j}	{ }

（2）定值-引用链（du 链）计算及其应用

前面我们已经介绍过如何计算一个变量 a 在引用点 u 的 ud 链，即能到达该引用点的 a 的所有定值点。与此相反，对于一个变量 a 在某点 d 的定值，我们也可以计算该定值能到达 a 的所有引用点。它称为该定值点的定值-引用链，简称 du 链。

如何来计算任一基本块 B 中任一变量 a 在定值点 d 的 du 链呢？可按如下规则计算。

① a 在 B 中的点 d 定值，如果 B 中 d 后还有 a 的下一定值点 d_1，则 d 和 d_1 间所有 a 的引用点便是 a 在点 d 的 du 链。

② a 在 B 中的点 d 定值，如果 B 中 d 后没有 a 的其他定值点，则 a 在点 d 的 du 链是 B 中 d 后 a 的所有引用点与 B 的 L-OUT[B]中 a 的所有引用点的集合。

由此可知，计算 a 在点 d 的 du 链可归结为如何计算 L-OUT[B]的问题。为此，我们把活跃变量数据流方程中的 L-USE 和 L-DEF 扩充为下列二元组(u, a)的集合。

① L-USE[B]由形如(u, a)的一些元素组成，其中 u 是变量 a 在 B 中的引用点，而 B 中 u 之前没有 a 的定值点。

② L-DEF[B]由形如(u, a)的一些元素组成，其中 a 在基本块外点 u 被引用，a 在 B 中被重新定值。

我们用扩充定义后的 L-USE 及 L-DEF 去替代活跃变量数据流方程原来意义下的 L-USE 及 L-DEF，这样得到的联立方程称为 du 链数据流方程，其求解算法类似于活跃变量数据流方程求解算法。这样从所得到的各 L-OUT[B]中，便能求得在 B 的出口之后活跃的每一个变量 a 的定值点所能到达的全体引用点。

例 8.10　求图 8.14 的 du 链数据流方程的解（假设只考虑其中的变量 j）。

① 首先，从流图中直接求出扩充定义后的 L-DEF 集及 L-USE 集，如表 8.5 所示。

表 8.5　B_1～B_5扩充定义后的 L-DEF 集和 L-USE 集

基本块 B	L-DEF[B_i]	L-USE[B_i]
B_1	{(d_4, j), (d_5, j), (d_7, j)}	{ }
B_2	{ }	{ }
B_3	{(d_5, j), (d_7, j)}	{(d_4, j)}
B_4	{(d_4, j), (d_7, j)}	{(d_4, j)}
B_5	{ }	{(d_7, j)}

② 给定初值：

$$\text{L-IN}[B_i] = \varnothing \quad (i = 1, 2, \cdots, 5)$$

③ 按照给定算法，依 B_5、B_4、B_3、B_2、B_1 的顺序对 L-OUT[B_i]及 L-IN[B_i]进行迭代，各次迭代结果如表 8.6 所示。由于第三次迭代与第二次迭代结果相同，故它即为所求的解。

表 8.6　迭代计算 L-OUT[B_i]和 L-IN[B_i]

基本块 B	第一次迭代		第二次迭代		第三次迭代	
	L-OUT	L-IN	L-OUT	L-IN	L-OUT	L-IN
B_5	{ }	{(d_7,j)}	{(d_4,j)}	{(d_4,j),(d_7,j)}	{(d_4,j)}	{(d_4,j),(d_7,j)}
B_4	{(d_7,j)}	{(d_5,j)}	{(d_4,j),(d_7,j)}	{(d_5,j)}	{(d_4,j),(d_7,j)}	{(d_5,j)}
B_3	{(d_5,j),(d_7,j)}	{(d_4,j)}	{(d_4,j), (d_5,j), (d_7,j)}	{(d_4,j)}	{(d_4,j), (d_5,j), (d_7,j)}	{(d_4,j)}
B_2	{(d_4,j)}	{(d_4,j)}	{(d_4,j)}	{(d_4,j)}	{(d_4,j)}	{(d_4,j)}
B_1	{(d_4,j)}	{ }	{(d_4,j)}	{ }	{(d_4,j)}	{ }

最后，我们可以分别求出变量 j 在定值点 d_2、d_4 和 d_5 的 du 链。

由表 8.6 可知，由于 L-OUT[B_1] = {(d_4,j)}，而 B_1 中的 d_2 后面无 j 的定值点，也没有 j 的引用点，所以 B_1 中 j 的定值点 d_2 的 du 链为{d_4}。

由于 L-OUT[B_3] = {(d_4,j),(d_5,j),(d_7,j)}，而 B_3 中 d_4 后面无 j 的定值点，也没有 j 的引用点，所以 B_3 中 j 的定值点 d_4 的 du 链为{d_4, d_5, d_7}。

同样可求出在 B_4 中 j 的定值点 d_5 的 du 链为{d_4, d_7}。

活跃变量与 du 链信息在代码优化中有许多应用。除了删除程序中无用赋值和代码外提需要应用活跃变量信息外，在代码生成时，寄存器的分配也要用到活跃变量的信息。

在强度削弱优化中还要用到 du 链信息。我们需要找出形如 A = B op C 的四元式，其中 B 是归纳变量，C 是循环不变量。如果已知 B 是归纳变量，就可以应用循环中 B 的定值点的 du 链来找出形如 A = B op C 和 A = C op B 的四元式。

8.6 本章小结

代码优化的目标是生成更高质量的目标代码，提升执行效能。本章主要关注中间代码优化，依次介绍了局部优化、循环优化和有向无环图优化（DAG 优化）的概念和技术原理。其中，DAG 优化是本章的难点和重点，阐述了其基本块 DAG 的表示、DAG 的构造和如何利用构造好的 DAG 进行优化。本章最后介绍了数据流分析，即在整个程序范围内对程序中的全部变量的定值和引用关系进行分析，旨在实现 DAG 基础上的全局优化。

习题

1．对以下程序划分基本块，并画出其程序流图。

```
cin >> C;
A = 0;
B = 1;
L1: A = A + B;
   if(B >= C)
       goto L2;
   B = B + 1;
   goto L1;
L2: cout << A;
   return;
```

2．对以下程序划分基本块，并画出其程序流图。

```
      cin >> A, B;
     F = 1;
     C = A * A;
     D = B * B;
     if(C < D)
          goto L1;
     E = A * A;
     F = F + 1;
     E = E + F;
     cout << E;
     return;
L1:  E = B * B;
     F = F + 2;
     E = E + F;
     cout << E;
     if(E > 100)
          goto L2;
     return;
L2:  F = F – 1;
     goto L1;
```

3．对下列中间代码（四元式）进行优化。

（1）消除多余运算。

```
T1 = C * B;
D = D + T1;
T2 = C * B;
A = D + T2;
```

```
T3 = C * B;
C = D + T3;
```

（2）合并已知量。

```
J = 1;
T1 = 5 * J;
A = T1 – 2;
B = A + J;
```

（3）删除无用赋值。

```
J = 5;
A = 3;
A = 8 + C;
B = A + C;
```

4．有以下基本块 B_1 和 B_2：

```
B1:  A = B * C;          B2:  B = 3;
     D = B / D;               D = A + C;
     E = A + D;               E = A * C;
     F = 2 * E;               F = D + E;
     G = B * C;               G = B * F;
     H = G * G;               H = A + C;
     F = H * G;               I = A * C;
     L = F;                   J = H + I;
     M = L;                   K = B * 5;
                              L = K + J;
                              M = L;
```

分别应用 DAG 对它们进行优化，并就以下两种情况分别写出优化后的四元式序列。

（1）假设只有 G、L、M 在基本块后面还要被引用。

（2）假设只有 L 在基本块后面还要被引用。

5．考察以下矩阵相乘程序：

```
for(i = 1; i <= n; i++)
    for(j = 1; j <= n; j++)
        C[i][j] = 0;

for(i = 1; i <= n; i++)
    for(j = 1; j <= n; j++)
        for(k = 1; k <= n; k++)
            C[i][j] = C[i][j] + A[i][k] * B[k][j];
```

（1）假设其中数组 A、B、C 均按静态存储分配方式分配存储单元，试写出以上程序的四元式中间代码。

（2）对（1）中得到的四元式序列划分基本块，并画出其流图。

6．对以下循环四元式进行代码外提。

```
     I = 1;
L1: if(I > 10)
         goto L2;
     T1 = 2 * J;
     T2 = T1 + 1;
     X = T2;
     I = I + 1;
     goto L1;
L2: …
```

7．将下列循环语句削减运算强度。

```
for(k = 1; ;)
{
    a = k * x;
}
```

其中 k 是循环变量，x 是循环不变量。

8．流图如图 8.15 所示。

（1）求出流图中各结点的必经结点集 D(n)。

（2）求出流图中的回边。

（3）求出流图中的循环。

9．对图 8.16 中间程序段进行合并常量、删除多余运算、代码外提、强度削弱和变换循环控制条件。

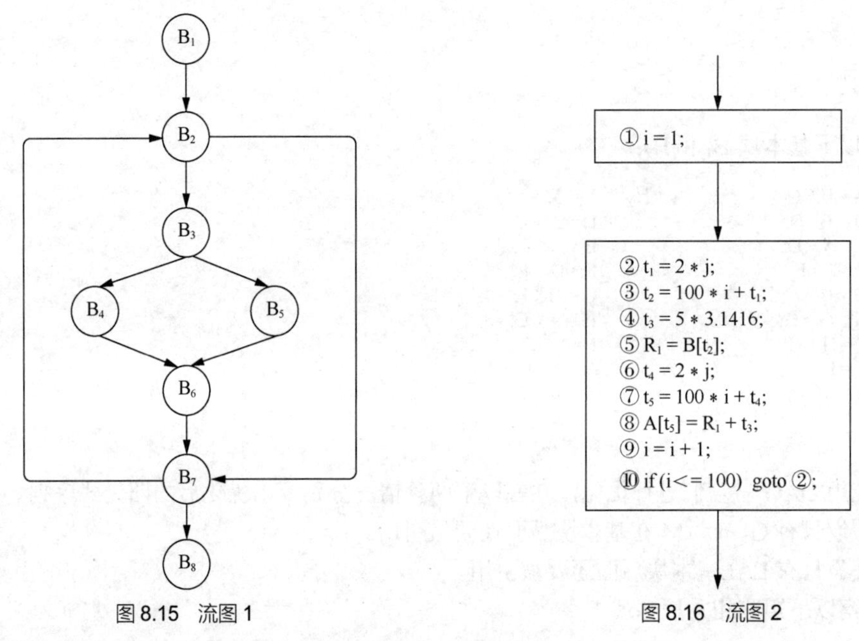

图 8.15 流图 1　　　　图 8.16 流图 2

10．对以下四元式程序，求出其中的循环并进行循环优化。

```
    I = 1;
    cin >> J, K;
L: A = K * 1;
    B = J * 1;
    C = A * B;
    cout << C;
    I = I + 1;
    if (I < 100)   goto L;
    return;
```

11．以下程序段是某程序的最内循环，试对它进行循环优化。

```
    A = 0;
    I = 1;
L1: B = J + 1;
    C = B + I;
    A = C + A;
    if (I == 100)   goto L2;
    I = I + 1;
    goto L1;
L2:···
```

12．对程序（a）和程序（b）分别画出流图并进行下列计算。

（1）各基本块的到达-定值集 IN[B]。

（2）各基本块中变量引用点的 ud 链。

（3）各基本块出口的活跃变量集 OUT[B]。

（4）各基本块中变量定值点的 du 链。

```
        I = 1;
        J = 0;
L1: J = J + 1;
        cin >> I;
        if (I < 100)    goto L2 ;
        cout << J;
        return;
L2: I = I * I;
        goto L1;
```

（a）

```
        N = 0;
L1: I = 2;
L2: if (I < N)    goto L4;
        cin >> N;
L3: N = N + 1;
        goto L1;
L4: J = N / I;
        if (J == 0)    goto L3;
        I = I + 1;
        goto L2;
```

（b）

13．流图如图 8.17 所示。

（1）求出基本块的到达-定值集 IN[B]。

（2）求出基本块中变量引用点的 ud 链。

（3）求出基本块的活跃变量集 OUT[B]。

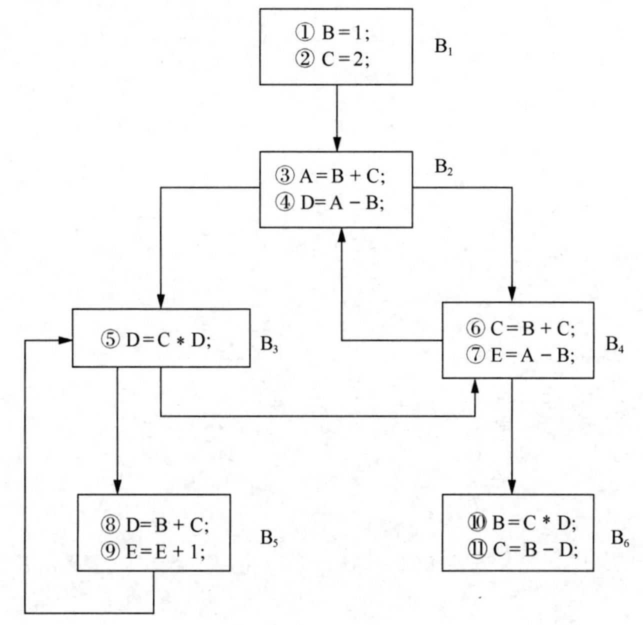

图 8.17　流图 3

第 9 章

目标代码生成

9.1 目标代码生成概述

目标代码生成是编译程序执行的最后一个阶段，它将语法分析后或优化后的中间代码（如四元式、三元式或逆波兰表示）变换成依赖于具体机器的目标代码。目标代码生成器以中间代码作为输入，产生与源程序等价的目标程序，如图 9.1 所示。

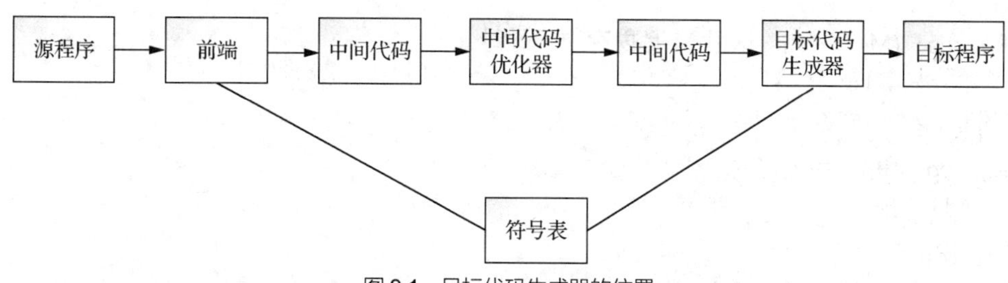

图 9.1　目标代码生成器的位置

在图 9.1 中，“前端”表示的是词法分析至中间代码生成阶段的处理。目标代码生成器的输出是目标程序，同中间代码一样，输出的形式可以是多种类型，一般有如下三种形式。

（1）已定位机器语言代码

这种形式的目标代码最为有效，它们在存储空间中有固定的位置，能被立即执行。但是这种代码的灵活性较差，通常需要把整个源程序一起编译，而不能对源程序分段编译。它的存储利用率也较低。因此目前已很少采用这种代码形式，只有在程序较短，而调试工作量较大的情况下，才偶然采用。

（2）可重定位机器语言代码

这是一种相对的目标代码。执行前必须使用连接装配程序将可重定位机器语言代码与某些运行程序连接起来，给代码定位（即确定代码运行时在存储器中的位置），使其成为可执行代码。这种代码灵活性较高，可将源程序分段编译后产生的若干段可重定位机器语言代码连接在一起，从而避免花费较大的代价去编译整个源程序。采用这种代码形式，在运行时可充分利用存储器资源，因此目前较多编译程序采用这种代码形式，只是在执行连接装配程序时需耗费一些时间。

（3）汇编语言代码

这种目标代码需要经过汇编程序汇编，才能变成可执行的机器语言代码。这种形式的代码比前两种形式的代码容易实现一些，因此不少编译程序采用这种代码形式。但是采用这种代码形式需在编译完毕之后额外增加一个汇编目标程序阶段，所以，尽管它有某些优点，但并不是一种最好的方案。

由目标代码生成器输出的目标程序必须正确且具备高质量。所谓高质量就是能有效地利用目标机器的资源，代码生成程序本身也能高效地工作。因此在代码生成过程中着重考虑两个问题：一是如何使生成的目标代码较短；二是如何充分利用计算机的寄存器，以减少访问存储单元的次数。这两个问题都直接影响目标代码的执行速度。当然，目标程序的质量还涉及机器指令的选择、计算机系统部件的运用等。

为了便于讨论，我们让代码生成程序产生用汇编语言书写的目标程序。

9.2 假想的计算机模型

如前所述，代码生成程序总是针对某一具体的计算机来实现的。但是，我们又不打算把代码生成的讨论局限于某特定的计算机，因此，我们定义一种假想的计算机，使它具有多数实际计算机的某些共同特征。我们以此假想计算机为依据，来讨论目标代码生成的相关问题。

我们以假想的计算机为目标机。假设我们的目标机具有 n 个通用寄存器 $R_0,R_1,\cdots,R_{n-1}$，它们既可以作为累加器，也可以作为变址器。这台目标机含有以下四种类型的指令形式（设其中的 op 为双目运算符 ADD(+)、SUB(−)、MUL(*)、DIV(/)等）。

（1）直接寻址

op R_i,M

表示 (R_i) op (M) $\Rightarrow R_i$，这里 M 是内存单元地址。

（2）寄存器寻址

op R_i,R_j

表示 (R_i) op (R_j) $\Rightarrow R_i$。

（3）变址寻址

op R_i,c(R_j)

表示 (R_i) op $((R_j)+c)$ $\Rightarrow (R_i)$。

（4）间接寻址

① op R_i,*M 表示 R_i op ((M)) $\Rightarrow R_i$。

② op R_i,*R_j 表示(R_i) op $((R_j))$ $\Rightarrow R_i$。

③ op R_i,*c(R_j) 表示(R_i) op $(((R_j)+c))$ $\Rightarrow R_i$。

除此之外，还有些传送类指令和控制类指令，如表 9.1 所示。

表 9.1 目标机指令及其意义

指令	意义	指令	意义
LDA R_i, B	将 B 单元的内容取到寄存器 R_i，即(B) $\Rightarrow R_i$	J<X	如 CT=0 转 X 单元
		J≤X	如 CT=0 或 CT=1 转 X 单元
STA R_i, B	将 R_i 单元的内容取到寄存器 B，即(R_i) $\Rightarrow$B	J=X	如 CT=1 转 X 单元
		J≠X	CT≠1 转 X 单元
		J>X	CT=2 转 X 单元
CMP A, B	将 A 单元的值与 B 单元的值比较，并根据比较情况置值于机器内部特征寄存器 CT，CT 占两个二进制位，根据 A<B 或 A=B 或 A>B 分别置 CT 为 0、1 或 2	J≥X	如 CT=2 或 CT=1 转 X 单元
		JMP X	无条件转向 X 单元

下面讨论目标代码的生成。为简单起见，在生成的目标代码中，变量的内存单元地址直接用变量名来表示，而不去涉及运行时的实际地址，真正的变量内存地址可通过查符号表获得。

9.3 一种简单代码生成程序

本节介绍一种将四元式变换成目标代码的方法，并讨论在一个基本块范围内如何充分利用寄存器。在基本块中，当生成计算某变量值的目标代码时，应尽可能使指令执行结果保留在寄存器中，直到该寄存器必须用来存放别的变量值或者已到达基本块出口为止。对于一个基本块而言，它的直接后继基本块可以有若干个，而每一后继基本块又可能有若干个直接前驱，因此，如果不进行特别处理，各后继基本块就无法知道变量值是否存放在寄存器中，以及存放在哪个寄存器中。为简单起见，在离开基本块时，该简单代码生成程序把各有关变量在寄存器中的现行值存放到内存单元中。

例如，对于四元式 A=B+C，若此时 R_i 和 R_j 中分别有 B 和 C 的值，且 B 的值在以后不再被引用，则可以产生一条形如

```
ADD Ri, Rj
```

的指令；若 C 的值在内存单元中，则可以产生指令

```
ADD Ri, C
```

或

```
LDA Rj, C
ADD Ri, Rj
```

后一种形式特别适用于 C 的值在基本块内还要被引用的情况。由于以后可以从寄存器 R_j 中取得 C 的值，故从总的执行代价上看，仍是合算的。由此可见，为了对某一四元式 A=B op C 产生高效的目标代码，一是要知道运算对象 B 和 C 的值当前在何处存放，二是要知道 B 和 C 的值以后是否还会被引用。所以，在目标代码生成时，需要收集、记录有关的信息，进行大量判断，才有可能产生最合适的目标代码。

1．活跃和待用信息

为了在目标代码生成时充分而合理地使用寄存器，应把在基本块中还将被引用的变量值尽可能保留在寄存器中，而把基本块内不再被引用的变量所占用的寄存器及早释放。因此，每当变换一个四元式 A=B op C 时，我们需要知道 A、B、C 是否还会在基本块内被引用，以及用于哪些四元式中。为此，我们需要为每个四元式的每个变量附加两个信息：活跃和待用。“活跃”表示该变量以后要被引用，用布尔量表示，“真”表示活跃，“假”表示不活跃。“待用”表示最靠近该变量下一引用点的四元式编号，用整数表示。

例如，有基本块，其出口处变量 W 是活跃的，我们很容易用手工方法填写这两个信息。为了直观地表示这两个附加信息，我们在每个变量下方设置一个可填这两个信息的方框。第一项信息用“√”表示活跃，用“×”表示不活跃；第二项信息要么填写待用的四元式编号，要么不填，如图 9.2 所示。

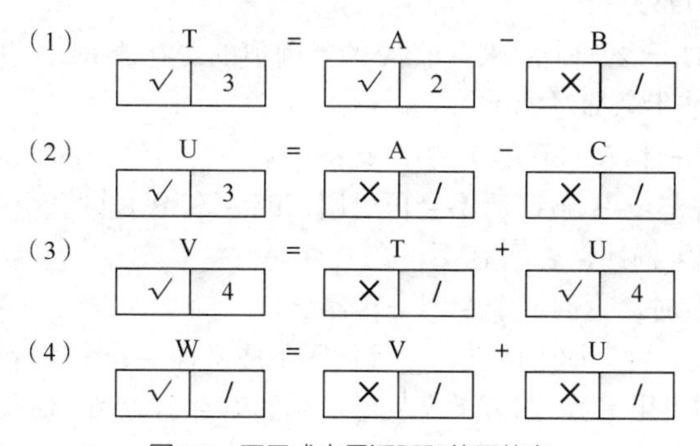

图 9.2　四元式变量活跃和待用信息

我们将给出实现这种填写过程的算法。我们可通过对每一基本块进行反向扫描来获得基本块内各变量的活跃和待用信息。如果编译程序对中间代码未进行优化处理，即未划分若干基本块，在此种情况下，我们仍可以在代码生成阶段通过 8.2 节中求基本块的方法，找出各基本块的入口和出口。只是由于过程调用可能引起副作用，因此在划分基本块时，总是把过程调用作为基本块入口。另外，如果在代码生成之前已做过活跃变量分析，那么我们自然知道在一个基本块的出口处哪些变量是活跃的；但若未进行此种分析，则为稳妥起见，可假定块中的所有非临时变量在出口处都是活跃的。至于块中的临时变量，如果某些临时变量可跨块引用，则它们应是活跃的。假设变量的符号表登记项中有活跃和待用信息，其算法步骤如下。

（1）开始时，把基本块中各变量的符号表登记项中的待用信息栏置为“非待用”，并依各变量在基本块出口处活跃与否，将相应的活跃信息栏置为“活跃”或“非活跃”。

（2）从基本块出口开始，反向扫描基本块中各四元式。设当前正扫描的四元式为

(i) A=B op C

依次执行下述步骤。

① 把符号表中当前记录之变量 A、 B 和 C 的活跃信息和待用信息附加到四元式(i)上。

② 把符号表中 A 的活跃信息和待用信息分别置为“非待用”和“非活跃”。

③ 把符号表中 B 和 C 的待用信息置为 i，活跃信息均置为“活跃”。

重复步骤（2），直到处理完基本块入口四元式为止。

在执行上述算法时，步骤（2）②与步骤（2）③执行顺序不能颠倒。这是因为在四元式 A=B op C 中，运算结果 A 也可能就是 B 或 C。对于形如 A=B 或 A=op B 的四元式，执行上述算法的步骤完全相同，只是不涉及 C。按上述算法填写符号表，其结果与手工填写完全相同。

2．寄存器描述和地址描述

为了在目标代码生成中充分利用寄存器，生成尽可能简短的代码，将使用寄存器描述和变量地址描述来跟踪寄存器的内容和变量的地址。

寄存器描述记住每个寄存器当前存的是哪些变量的值。假定起初寄存器描述中所有寄存器为空（在简单代码生成程序中这是可行的）。随着基本块的代码生成逐步前进，在任何时刻，每一个寄存器内部都存在着零个或多个变量的值，例如四元式 A=B 中变量 A 和 B 就可占用同一寄存器。我们建立一个寄存器描述数组 RVALUE，用来动态地记录各寄存器使用情况。如 RVALUE[R_1]是用来记录寄存器 R_1 是空闲的，还是已分配给某些变量。

变量地址描述可动态记录每个变量当前值存放的位置。这个位置可以是寄存器、内存单元，甚至既可以是寄存器，又可是某内存单元。因此，我们建立一个变量地址描述数组 AVALUE 来记录各变量当前值所存放位置。例如，AVALUE[A]是记录变量 A 的值是在寄存器中还是在内存中，或是既在寄存器又在内存中。

3．GETREG()函数过程

GETREG(i:A=B op C)给出一个用来存放 A 的当前值的寄存器 R_i，其中用到了四元式(i)上的待用信息。GETREG()的算法步骤简述如下。

（1）如果变量 B 的当前值在寄存器 R_i 中，此寄存器不含其他变量的值，同时变量 B 在此四元式后不活跃且在执行四元式 A=B op C 后不会再引用，或 A 和 B 是同一个变量名，则选取寄存器 R_i 作为返回值。修改 B 的地址描述，表示 B 不再在 R_i 中。

（2）当步骤（1）失败时，返回一个空闲寄存器 R_i。

（3）若步骤（1）、步骤（2）均未成功，而且代码生成又需要一个寄存器（如指令寻址要求，或 A 的值在基本块中还将被引用等），则可考虑从已占用的寄存器 R_i 中选择。选择寄存器一般应遵循如下原则：R_i 中所存放的值，同时也存放在某内存单元中，或者 R_i 中的值虽然未存放在内存单元中，但都是块内最远处引用的值。在后一种情况下，如果 R_i 中的值还没有出现在适当单元 M 中，则由指令

STA R_i, M

把 R_i 中的值存入内存单元 M，修改M的地址描述，返回 R_i。如果 R_i 存有 n 个变量的值，则对每个需要存储的变量都产生 STA 指令。

（4）若块中不引用 A 值，或者已无适当的寄存器可供选用，则只有取某一内存单元返回。

上述算法是对前面约定的简单指令系统而言的。指令系统复杂，会使 GETREG()算法也因之复杂。

4．代码生成算法

代码生成算法取构成一个基本块的四元式序列作为输入。对每一个四元式

```
(i) A=B OP C
```

依次执行如下操作。

（1）调用函数 GETREG(i:A=B OP C)，返回值为寄存器 R_i，供 A 存放现行值。

（2）利用地址描述数组 AVALUE[B]和 AVALUE[C]，确定出变量的现行值存放位置 B′和 C′。如果 B 和 C 的现行值既在内存中又在某寄存器中，则显然应取寄存器作为 B′和 C′。

（3）如果 $B' \neq R_i$，则生成目标代码

```
LDA Ri, B′
OP Ri, C′
```

否则，只需产生目标代码

```
OP Ri, C′
```

此时，若 $A \neq B$，应从 B 的地址描述数组中删去 R_i。

（4）更新 A 的地址描述，使得 A 的值在 R_i 中；同时还应更新 R_i 寄存器描述，使得 R_i 中只有 A 的当前值。

（5）若 B 和（或）C 的当前值在块中不再被引用，且在基本块出口之后不活跃（通过附加到四元式(i)上的待用信息及活跃信息来查明），而其当前值又存放在寄存器中，则可以从寄存器描述符中删去相应变量，以表明这些寄存器不再为 B 和（或）C 占用。

在处理完基本块中各四元式时，应将那些在块出口之后活跃的变量的值存入内存。为此，应首先根据活跃信息，查明哪些变量在出口之后活跃，再利用寄存器描述符和地址描述符查明它们存放当前值的处所。显然，只需对那些当前值不在内存单元活跃的变量产生相应的 STA 指令。

例 9.1　假设可用寄存器为 R_0 和 R_1，有四元式序列 G：

T_1=B－C
T_2=A－T_1
T_3=D＋1
T_4=E－F
T_5=T_3 * T_4
W=T_2/T_5

其中 W 在出口处活跃。对该序列所生成的目标代码和相应 RVALUE 以及 AVALUE 如表 9.2 所示。

表 9.2　目标代码

四元式	目标代码	RVALUE	AVALUE
T_1=B－C	LDA R_0, B SUB R_0, C	R_0含T_1	T_1在R_0中
T_2=A * T_1	LDA R_1, A MUL R_1, R_0	R_0含T_1 R_1含T_2	T_1在R_0中 T_2在R_1中
T_3=D＋1	LDA R_0, D ADD R_0, “1”	R_0含T_3 R_1含T_2	T_3在R_0中 T_2在R_1中

T_4=E－F	STA R_1, M
	LDA R_1, E
	SUB R_1, F
		R_1含T_4
		R_0含T_3
			T_2在M中
			T_4在R_1中
			T_3在R_0中

T_5=T_3 * T_4	MUL R_0, R_1	R_0含T_5 R_1含T_4	T_5在R_0中 T_4在R_1中 T_2在M中
W=T_2/T_5	LDA R_1, M DIV R_1, R_0 STA R_1, W	R_0含T_5 R_1含W	T_5在R_0中 W在R_1中

5．其他类型四元式的目标代码

例 9.1 使我们比较清楚地了解了 A=B op C 类型的四元式的目标代码翻译过程。对其他类型的四元式，可以写出类似的代码生成算法，以生成各四元式相应的目标代码。下面给出这些四元式的目标代码和简要说明。

（1）四元式 A= OP B

依照目标代码生成的算法，所生成的目标代码为

```
LDA Ri, B
OP Ri, Ri
```

其中 R_i 就是分配给 A 的寄存器。如果 B 的当前值已在 R_i 中，则不必生成前一条指令。

（2）四元式 A=B

对这样的四元式，如果 B 的当前值在某个寄存器中，则不生成目标代码，只需在该寄存器的 RVALUE 中增加一个 A；否则生成如下目标代码：

```
LDA Ri, B
```

其中 R_i 是新分配给 A 的寄存器。

（3）四元式 A=B[I]

对这个四元式，可将[ ]看成运算符 op，其处理过程类似于代码生成算法。再根据指令可使用变址访问的特点，该四元式一般具有如下目标代码：

```
LDA Rj, I
LDA Ri, B(Rj)
```

其中 R_i 就是新分配给 A 的寄存器。如果 I 的当前值已在寄存器 R_j 中，则第一条目标代码可省去；否则 R_j 就是分配给 I 的寄存器。

（4）四元式 A[I]=B

该四元式与前述四元式的差异是，下标变量的位置计算在[]的左边。其方法与（3）的目标代码类似。但结果 B 的值既存于寄存器中，又存于内存单元中，因此可得如下目标代码：

```
LDA Ri, B
LDA Rj, I
STA Ri, A(Rj)
```

其中 R_j 是新分配给 A[I]的寄存器。同上一四元式的目标类似，如果 I 的当前值已在 R_j 中，则第二条目标代码可省去；否则 R_j 就是分配给 I 的寄存器。

（5）四元式 goto X

该四元式的目标代码不含寄存器，生成的目标代码如下：

```
JMP X′
```

其中 X′是标号 X 的四元式的目标代码的首地址。

（6）四元式 if A rop B goto X

该四元式的目标代码如下：

```
LDA Ri, A
CMP Ri, B
Jrop X′
```

其中 X′与（5）中四元式的目标代码中的 X′意义相同。如果 A 的当前值在寄存器 R_i 中，则第一条目标代码可省去。如果 B 的当前值在寄存器 R_k 中，则目标代码中的 B 写成 R_k。目标代码中的 rop 指<、≤、=、≠、>或≥。

（7）四元式 A=P↑

该四元式将指针 P 所指的内容送 A，利用间址型指令可生成如下目标代码：

```
LDA Ri, *P
```

其中 R_i 是新分配给 A 的寄存器。

（8）四元式 P↑=A

该四元式将 A 的当前值送 P 所指的内存单元，生成的目标代码如下：

```
LDA Ri, A
STA Ri, *P
```

其中 R_i 是新分配给 P↑的寄存器。如果 A 的当前值原来在寄存器 R_i 中，则不生成第一条目标代码。

9.4　寄存器分配

为了更有效地生成目标代码，需要仔细考虑如何更有效地利用寄存器。以寄存器作为运算对象的指令短于而且执行速度快于那些以内存单元作为运算对象的同样指令。在 9.3 节中，我们给出了充分利用寄存器的代码生成算法，但其局限性在于：所分配的寄存器的使用仅限于此基本块内，当控制离开基本块时，还要把那些活跃的变量值存入内存单元。从全局来看，由于程序的大部分执行时间消耗在内循环中，一个很自然的全局寄存器分配策略是把循环中经常使用的值放在固定寄存器中。由于可供目标代码在运行时使用的寄存器个数总是有限的，我们需考虑应采取什么样的全局寄存器分配策略，才能将数量确定的一组寄存器固定分配给变量以取得最大效益。这需要确定一个标准，考察的通常是执行代价的大小。

1．执行代价的节省

为了合理地使用寄存器，必须考虑循环范围内的寄存器分配，因为循环是程序中执行最多的代码，内循环更是如此。为了给出寄存器分配标准，我们引入指令执行代价的概念，将每条指令的执行代价定义为该指令访问内存单元的次数加 1。举例如下。

（1）指令 op R_i, R_j 执行代价为 1，因为它没有访问内存单元。

（2）指令 op R_i, M 执行代价为 2，因为它访问了存放 M 的内存单元一次。

（3）指令 op R_i, *R_j 执行代价为 2，因为它取 R_j 中的内容作为地址，然后访问该地址内存单元一次。

（4）指令 op R_i, *M 执行代价为 3，因为它先访问 M 单元，再取其内容为地址，然后访问该地址内存单元一次。

于是，可以对循环中的每个变量计算一下，如果在循环中把某寄存器固定分配给该变量使用，执行代价可节省多少。根据计算结果，把可用寄存器固定分配给节省执行代价最多的那几个变量使用，从而使这几个寄存器充分发挥提高运算速度的作用。下面介绍各变量节省执行代价的计算方法。

假定 V 是循环 L 的一个变量，如果在 L 中给 V 分配固定寄存器，则对于 L 中每一基本块 B，相对于原简单代码生成算法产生的目标代码，所节省执行代价可按下述方法计算。

（1）在原算法中，如果变量 V 在基本块 B 中被定值，其值才放入寄存器 R_i。现在把寄存器 R_i 固定分配给变量 V 使用，因此，变量 V 在基本块中被定值之前，每引用 V 一次，就可少访问一次内存，执行代价就节省 1。在一次循环 L 中可节省执行代价为

$$\sum_{B\in L}\mathrm{USE}(V, B)$$

（2）在原算法中，如果变量 V 在基本块 B 中被定值，并且在基本块 B 出口之后是活跃的，那么在出基本块 B 时，要把它在寄存器 R_i 中的值存放到内存单元。现在把寄存器 R_i 固定分配给变量

V 使用，在出基本块 B 时就无须把变量 V 的值送入内存，故执行代价节省 2。因此，变量 V 在循环 L 中可节省的执行代价为

$$\sum_{B\in L} LIVE(V, B)*2$$

所以，对循环 L 中某变量 V 固定分配一个寄存器，每执行一次循环，可节省的执行代价的近似公式为

$$\sum_{B\in L}[USE(V, B)+ LIVE(V, B)*2]$$

其中

USE(V, B)=基本块 B 中对 V 定值前引用 V 的次数

LIVE(V, B)={1:如果 V 在基本块 B 中定值，并且在 B 出口之后是活跃的;0:其他情况}

我们说上面的公式是近似的，因为它忽视了以下两个因素。

（1）如果 V 在循环入口是活跃的，那么在进入循环之前，必须把 V 的值从内存取到寄存器 R_i，其执行代价为 2；另外，假设 B 是循环出口块，C 是 B 循环块的一个直接后继块，若 V 在 C 入口之前是活跃的，则当 B 退出循环时，应将 V 的当前值由 R_i 送入内存，其执行代价为 2。这两处代价在整个循环中只计算一次，故这两处代价可忽略不计。

（2）每次执行未必执行到各个基本块，而且每一次循环执行到的基本块也可能不相同。而上面的公式忽略了这个因素，默认每循环一次各基本块都执行一次。

总而言之，上面的公式仅是一个近似公式，而且仅适用于我们假想的计算机模型。对于其他类型的目标计算机，应根据它的相关操作的执行代价，重新推出相应的近似公式。它们在外形上可能与上面的公式相似，但也可能差别甚大。

2．循环中寄存器分配及代码生成

在循环中我们不是把寄存器平均分配给各个变量使用，而是按照节省执行代价的计算结果，把可用的几个寄存器固定分配给节省执行代价最多的那几个变量使用，从而使这几个寄存器充分发挥提高运算速度的作用。下面我们用一个实例来说明如何在循环中实现寄存器分配及代码生成。

例 9.2 图 9.3 所示为一个内循环流图，其中条件转移和无条件转移指令均用箭头表示。各基本块入口之前和出口之后的活跃变量已列在图中，并分别用字母在方框上下标出。假定固定分配寄存器组为 R_0、R_1 和 R_2，现在我们来确定这些寄存器应固定分配给循环中的哪三个变量。

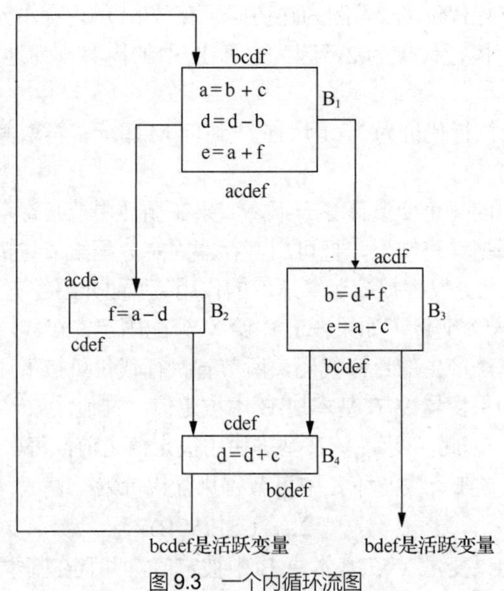

图 9.3　一个内循环流图

对于变量 a，由于在 B_1 中 a 定值点之前无引用点，在 B_2 和 B_3 中均有一个引用点，且在引用之前未对 a 再定值，在 B_4 中无 a 的引用点，故有

USE（a, B_1）=0

USE（a, B_2）=USE（a, B_3）=1

USE（a, B_4）=0

又因 a 在 B_1 中定值，且在 B_1 的出口之后活跃，而在 B_2、B_3 及 B_4 的出口之后均不活跃，故可知

LIVE（a, B_1）=1

LIVE（a, B_2）=LIVE（a, B_3）=LIVE（a, B_4）=0

利用近似公式可求出

$$\sum_{B\in L}[\text{USE}(a, B) + \text{LIVE}(a, B) * 2]=1+1+2*1=4$$

与之类似，可以计算出其他变量 b、c、d、e、f 可节省的执行代价的值，如表 9.3 所示。

表 9.3　可节省的执行代价之和

基本块	a		b		c		d		e		f	
	USE	2*LIVE	USE	2*LIVE	USE	2*LIVE	USE	2*LIVE	USE	2*LIVE	USE	2*LIVE
B_1		2	2		1		1	2		2	1	
B_2	1						1					2
B_3	1			2	1		1			2	1	
B_4				2	1		1					
Σ	4		6		3		6		4		4	

由表 9.3 可以看出，变量 b 和 d 应优先分配到固定寄存器。至于其余变量，由于 a、e 和 f 的值均为 4，故只能把尚未被独占的最后一寄存器固定分配给 a、e 和 f 中的某一个，比方说分配给 a，这样固定寄存器 R_0、R_1 和 R_2 分别存放 a、b 和 d 的值。其余变量要用寄存器，只能在代码生成过程中视需要和可能被分配其余寄存器。

分配好寄存器以后，就可以生成目标代码。生成代码的算法和 9.3 节中的简单代码生成算法类似，其区别如下。

（1）对循环中那些已经分配到固定寄存器的变量，在目标代码中以分配给它的寄存器来表示。例如，例 9.2 中 a、b、d 用 R_0、R_1 和 R_2 分别表示。

（2）分配到固定寄存器的变量，如果在循环之前是活跃变量，那么，在循环入口之前，要生成把它们的值分别取到相应寄存器中的目标代码。例如，b 和 d 应先分别被取至 R_1 和 R_2。

（3）分配到固定寄存器的变量，如果在循环出口是活跃的，那么，在循环出口之后，要生成将它的值存入内存单元的目标代码。

（4）在循环中每个基本块的出口，对未分配到固定寄存器的变量，仍按以前的算法生成目标代码，把它们在寄存器中的值存放到内存单元中。但对已经分配到固定寄存器的变量，就不需要生成这样的目标代码。

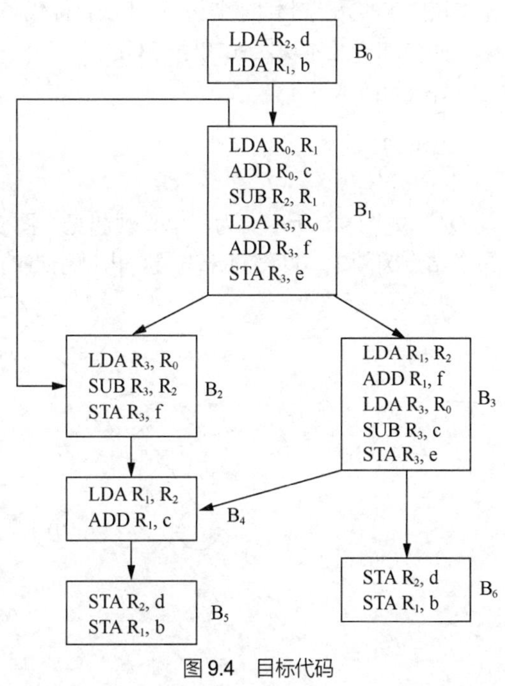

图 9.4　目标代码

按照上述原则，对图 9.3 所示的四元式生成的目标代码如图 9.4 所示。在图 9.4 中，B_0 是新加入的循环入口之前的基本块，B_5 和 B_6 是新加入的循环出口

之后的基本块。

上述原则还可进一步扩展。对已分配到固定寄存器的变量，如果它在循环中的某个基本块出口之后已不是活跃的，则可将固定分配给它的寄存器暂时作为一般寄存器使用，这样也可使寄存器得到充分利用。例如，图 9.4 中 B_2 和 B_3 中的变量 a 就是这种情况。按照这种扩展的原则，B_2 所生成的目标代码为

```
SUB R0, R2
STA R0, f
```

而 B_3 所生成的目标代码为

```
LDA R1, R2
ADD R1, f
SUB R0, c
STA R0, e
```

也就是说，把已经分配给 a 的寄存器作为一般寄存器使用，就省去了将 R_0 中的值送入 R_3 的目标代码。

在对内循环分配固定寄存器并生成代码之后，便可以对外循环应用相同的思想进行处理。设外循环 L_1 包含内循环 L_2，对已在内循环 L_2 中分得固定寄存器的变量，在 L_1--L_2（在外循环 L_1 内，内循环 L_2 外）中就不一定为它们分配固定的寄存器。然而，如果某一变量 A 在 L_1--L_2 分得了固定寄存器 R_i，而在 L_2 没有分得，则在 L_2 的入口之前，应产生将 A 的当前值从 R_i 送入内存单元的目标代码；在 L_2 出口之后进入 L_1--L_2 之前，应产生将 A 的值由内存单元取至 R_i 中的目标代码。反之，如果 A 在 L_2 中分得了固定寄存器而在 L_1--L_2 中没有分得，则在 L_2 的入口之前，应产生将 A 的值取至 R_i 的目标代码，且在 L_2 的出口之后应产生将 R_i 内容送入内存单元的目标代码。

9.5 由 DAG 生成目标代码

第 8 章给出了把基本块转换成 DAG 的过程，以及在这个过程中进行局部优化的方法。本节讨论由 DAG 形式的中间代码产生较优化目标代码的方法。通常情况下，按照基本块生成目标代码的算法，根据基本块内各四元式排列的顺序所产生的目标代码并不是最有效的。为了说明这一点，试看下面的例子。

考察如下基本块四元式序列 G：

T_1=A + B
T_2=C + D
T_3=E − T_2
T_4=T_1 − T_3

其 DAG 如图 9.5 所示。为简单直观起见，图 9.5 中 DAG 表示方法与第 8 章中略有不同，结点标记写在结点圆圈中，叶结点未编号，内部结点的编号写在各结点下面。

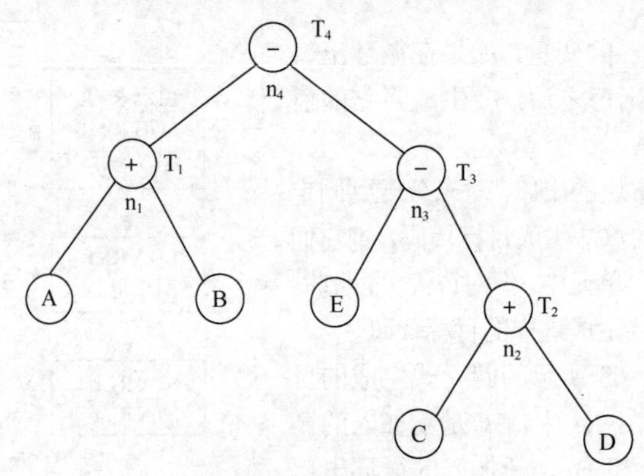

图 9.5　基本块 G 的 DAG

对此基本块四元式序列 G，应用代码生成算法所产生的目标代码如下：

```
LDA R0, A
ADD R0, B
LDA R1, C
ADD R1, D
STA R0, T1
LDA R0, E
SUB R0, R1
LDA R1, T1
SUB R1, R0
STA R1, T4
```

我们假定生成代码时，只有寄存器 R_0 和 R_1 可用，并假定 T_4 在基本块出口之后是活跃的。从四元式序列 G 所产生的目标代码可以看出，上述代码序列有一个明显的缺点，就是在算出 T_1 以后，不能及时用后继结点计算，先要把它的值存放到内存单元中，等到计算 T_4 时，再把它的值由内存单元取到寄存器中，这显然是很麻烦的。我们可以利用图 9.5 所示的 DAG，把四元式序列 G 改写成四元式序列 G′：

T_2=C+D
T_3=E−T_2
T_1=A+B
T_4=T_1−T_3

同样，利用前述算法生成 G′的目标代码如下：

```
LDA R0, C
ADD R0, D
LDA R1, E
SUB R1, R0
LDA R0, A
ADD R0, B
SUB R0, R1
STA R0, T4
```

比较 G 和 G′的目标代码可知，G′的目标代码比 G 的目标代码短，因为 G′的目标代码省去了两条存取指令：

```
STA R0, T1
LDA R1, T1
```

从该例可以看出，由不同的四元式序列生成目标代码，将直接影响目标代码的质量。

为什么会出现上述这种情况呢？其原因是，四元式总是先完成它的右运算对象的计算，再完成它的左运算对象的计算，最后执行此运算本身，也就是说，每一运算总是紧跟在它的左运算对象计算之后。这样，也就可能省去那些不必要的存取指令，产生更有效的目标代码。对于给定 DAG，我们可根据先计算右运算对象、后计算左运算对象的特点，生成更有效的四元式序列。我们以图 9.5 为例来说明这个问题。由图 9.5 可以看出，我们的最后目的显然是计算 T_4。根据上述原则，为了计算 T_4，须先算出右运算对象 T_3，但由于 T_3 不是叶结点，故为计算 T_3，又得计算 T_2。此时，由于 n_2 的左右两个直接后继结点都是叶结点，故可首先对 n_2 产生四元式 T_2=C+D。再回到 T_3 的计算（即结点 n_3），此时，计算其右运算对象 T_2 的四元式已产生，而其左运算对象为一已知量 E，故可对 n_3 产生四元式 T_3=E−T_2。最后回到 T_4 的计算，此时，计算其右运算对象 T_3 的四元式已产生，故应产生计算其左运算对象 T_1 的四元式，即 T_1=A+B。至此，计算 T_4 所需的左右两运算对象的计算序列均已产生完毕，只需对 n_4 产生四元式 T_4=T_1−T_3，即完成了整个基本块四元式序列的重新排列。

按照上述思想，对基本块中四元式序列重新排序，可生成较优的目标代码。下面就是 DAG 中结点重新排序算法。

设 DAG 有 N 个内部结点，T 是一个具有 N 个分量的线性表，算法描述如下。

（1）置初值：

FOR k=l TO N DO T[k]=null;

i=N;

（2）WHILE 还未列入 T 的内部结点 DO

BEGIN

（3）选一个没有列入 T 且所有父结点已列入 T，或者没有父结点的内部结点 n;

（4）T[i]=n; i=i−l;

（5）WHILE n 的最左子结点 m 的所有父结点已列出，且 m 不是叶结点 DO

BEGIN

（6）T[i]=m; i=i−l;

（7）n=m;

  END

END

最后，由 T[1], T[2], …, T[N]给出的结点顺序即为重新排序的结果。对于叶结点，如计算内部结点要引用其值，则直接引用其标记；如计算内部结点上附有其他标识符，则应产生以其标记对这些附加标识符赋值的目标。

对图 9.5 的 DAG，容易看出，应用上述算法，得到各内部结点次序为 n_2, n_3, n_1, n_4。按这个结点次序排列的图 9.5 DAG 四元式序列就是前述四元式序列 G′。

例 9.3 以下四元式序列 G 的 DAG 如图 9.6 所示，给出一个有效的新的四元式序列 G′。

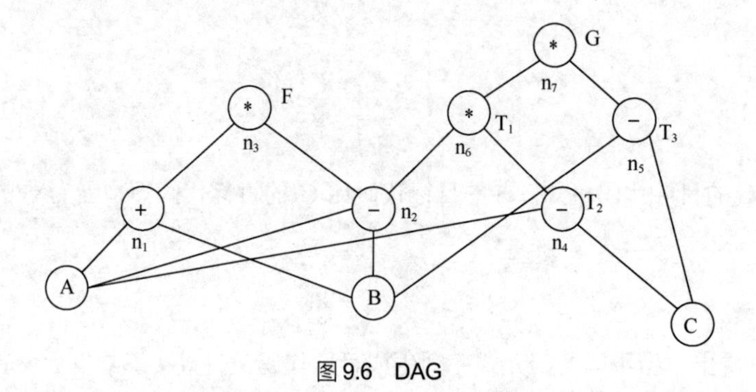

图 9.6 DAG

T_1=A + B
T_2=A − B
F=T_1 * T_2
T_1=A − B
T_2=A − C
T_3=B − C
T_1=T_1 * T_2
G=T_1 * T_3

依照前述 DAG 中结点重新排序算法，求出内部结点顺序为

$$n_5,\quad n_4,\quad n_2,\quad n_6,\quad n_7,\quad n_1,\quad n_3$$

按上述结点顺序可把图 9.6 所示的 DAG 重新表示成四元式序列 G′：

T_3=B − C
T_2=A − C
S_1=A − B
T_1=S_1 * T_2
G=T_1 * T_3
S_2=A + B
F=S_2 * S_1

如果应用前述简单代码生成算法，分别生成四元式序列 G 和 G′的目标代码，则会进一步看到 G′的目标代码优于 G 的目标代码。

如果基本块 DAG 是一棵树，那么还可以构造出一个算法，对此树的结点进行最佳排序，产生该树最短目标代码。在此，我们不准备介绍这方面的内容，有兴趣的读者可参阅有关文献。

9.6　窥孔优化

逐条的代码生成策略产生的目标代码中，常常会出现一些冗余的指令和可再优化的结构，这种目标代码的质量可以通过对目标程序进行优化而改进。做一些简单的变换就可以大大改进目标程序的运行时间和空间要求，所以知道哪些变换切实可行是重要的。

目标代码局部改进的简单有效技术是窥孔优化。所谓窥孔优化，就是每次只考虑目标代码中的几条指令（不一定是连续的），在可能的情况下将其替换为较短或执行较快的指令序列。窥孔优化既可用来改进目标代码质量，也可在中间代码一级上使用，改进中间代码质量。

在窥孔优化中，孔可以看成是目标程序上一个小活动窗口。窥孔优化的特点是每个改进都可能引来新改进机会。为了获益最大，也可能需要对目标代码重复扫描。窥孔优化是简单的，但也是最有效的。较典型的窥孔优化有删除冗余指令、删除不会执行的死代码、控制流优化、代数化简、强度削弱以及充分利用机器指令特点等。

1．删除冗余指令

如果发现如下指令序列：

① LDA　R_0, A

② STA　A, R_0

则可以删除指令②。因为每当要执行指令②时，指令①已保证 A 的值在寄存器 R_0 中了。当然，如果指令②有标号，则①、②不一定顺序执行，这时②就不能删除。这表明，当①和②在同一基本块内时，这种变换是安全可行的。按照简单代码生成算法，生成的目标代码是不会出现以上情况的。

2．删除不会执行的死代码

（1）未被列入任何基本块的代码为不可能到达的死代码，在划分基本块时可以删除。

（2）goto 语句后面的四元式，如果前面没有标号，那么该四元式一定不会执行，在划分基本块时可以把它从程序中删除。

（3）在条件转移语句 if E goto L 中，E 为布尔量，由于常数传播等原因，在编译时便能确定 E 取 true 或取 false。E 取 true 时，false 分支代码便可删除；取 false 时，true 分支代码便可删除。

3．控制流优化

对于指令序列中出现的连续多次转移动作，可以减少转移次数，以减少运行时执行转移指令的时间。

例如，指令序列

```
goto L1 ;
⋮
L1: goto L2 ;
```

可变换成

```
goto L2
⋮
L1: goto L2
```

又如，指令序列

```
if a<b goto L1 ;
⋮
L1：goto L2;
```

可转换成

```
if a<b goto L2;
⋮
L1：goto L2;
```

4．代数化简

中间代码中常常会出现一些代数恒等式，例如，以下恒等式可以删除。

```
x=x * 1
x=x + 0
```

5．强度削弱

强度削减是用等价的执行较快的机器操作代替执行慢的操作。某些机器指令比其他一些指令执行得快。例如，x^2 运算用 x*x 实现比调用指数运算子程序显然快得多。定点数乘以 2 的幂或除以 2 的幂，以移位指令实现肯定会快些。浮点数除以常数改用乘以常数近似实现也会快些。

6．充分利用机器指令特点

机器可能有高效实现某些专门操作的硬指令。找出允许使用这些指令的情况，可以使执行时间明显缩短。例如，某些机器上有自动增 1 和自动减 1 的指令，在参数传递的压栈和退栈时，采用这些指令可以大大提高目标代码的质量。

9.7 本章小结

目标代码生成是编译程序执行生命周期的最后一个阶段。目标代码的生成和目标计算机是密切相关的，也就是说目标计算机的结构、能力会直接影响生成目标代码的难易程度和质量。本章首先重点阐述如何将中间代码四元式变换为目标代码，并且讨论在一个基本块范围内如何充分利用寄存器的问题；然后阐述了如何基于 DAG 产生优化目标代码；最后介绍窥孔优化，实现进一步的目标代码优化，如删除冗余指令、控制流优化以及代数化简等。

习题

1．假设可用寄存器为 R_0 和 R_1，对如下四元式序列用简单代码生成算法生成目标代码，并列出代码生成过程中的寄存器描述和地址描述。

（1）$T_1=B-C$
$T_2=A*T_1$
$T_3=D+1$
$T_4=E-F$
$T_5=T_3*T_4$
$W=T_2/T_5$

（2）$T_1=A*B$
$T_2=T_1+C$
$T_3=C*D$
$T_4=T_2-T_3$

$T_5=T_4*T_5$

2．有以下四元式序列：

$T_1=A+B$
$T_2=T_1-C$
$T_3=D+E$
$T_3=T_2*T_3$
$T_4=T_1*T_3$
$T_5=T_3-E$
$F=T_4*T_5$

（1）应用 DAG 结点重新排序算法重新排序。

（2）假设可用寄存器为 R_0 和 R_1，应用简单代码生成算法分别生成排序前后的四元式序列目标代码，并比较其优劣。

3．对图 9.3 所示的循环，如果把可用寄存器 R_0、R_1 和 R_2 分别分配给变量 a、b 和 c 使用，试用简单代码生成算法生成各基本块的目标代码，并按照执行代价比较以上生成的目标代码和图 9.4 中目标代码的优劣。

第 10 章

编译程序实例分析

通过前面几章的学习，读者已经从理论上了解如何构造一个编译程序，但编译是一门理论和实践紧密结合的学科，本章通过对 C--程序进行词法分析、语法分析和简单的语义处理，帮助读者将编译理论和编译系统联系起来。

10.1　C--语言的编译程序

C--语言的编译程序主要完成编译的前端实现，对该语言进行词法分析、语法分析和简单的语义处理。编译程序既可以通过手动方式编写，也可以利用编译程序自动生成器进行编写。C--语言的编译程序的设计流程图如图 10.1 所示。本章简单介绍如何利用编译程序自动生成器实现 C--语言的编译程序。

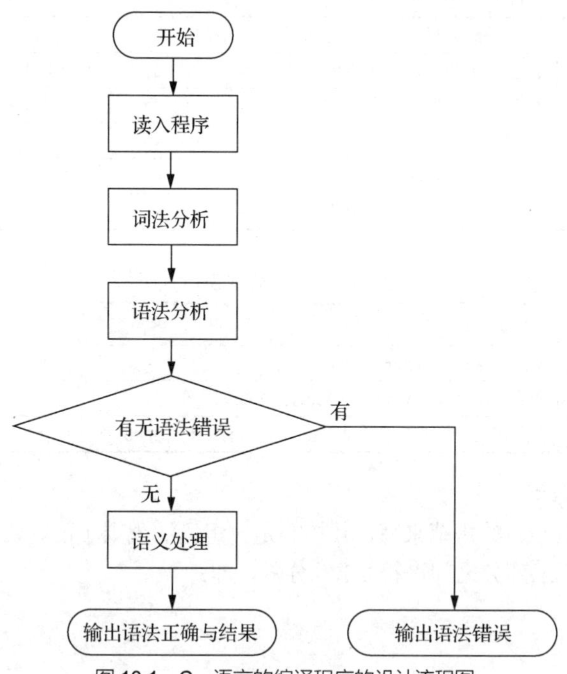

图 10.1　C--语言的编译程序的设计流程图

10.2　编译程序自动生成器简介

10.2.1　Lex

1. Lex 介绍

Lex 是一种生成扫描器的工具。扫描器是一种识别文本中的词汇模式的程序。这些词汇模式（或常规表达式）在一种特殊的句子结构中定义。

当 Lex 接收到文件或文本形式的输入时，它试图将文本与常规表达式进行匹配。Lex 一次读入一个输入字符，直到找到一个匹配的模式，就执行相关的动作（可能包括返回一个标记）。另一方面，如果没有可以匹配的常规表达式，Lex 将停止进一步的处理，显示一个错误消息。

一个.lex 文件（Lex 文件的扩展名为.lex 或.l）通过 Lex 公用程序传递，并生成 C 语言的输出文件。这些文件被编译为词法分析器的可执行版本。

Lex 常规表达式由符号组成。符号一般是指字符和数字，但是 Lex 中还有一些具有特殊含义的其他符号。Lex 常规表达式常用符号及含义如表 10.1 所示，Lex 常规表达式举例如表 10.2 所示。

表 10.1 Lex 常规表达式常用符号及含义

符号	含义
A～Z，0～9，a～z	构成了部分模式的字符和数字
.	匹配任意字符，除了\n
-	用来指定范围。例如，A～Z 指从 A 到 Z 的所有字符
[ ]	一个字符集合，匹配括号内的字符。如果第一个字符是^，那么它表示否定模式。例如，[abC] 匹配 a、b 和 C 中的任何一个字符
*	匹配 0 个或多个上述模式
+	匹配 1 个或多个上述模式
?	匹配 0 个或 1 个上述模式
$	作为模式的最后一个字符匹配一行的结尾
{ }	指出一个模式可能出现的次数。例如，A{1,3}表示 A 可能出现 1 次或 3 次
\	用来转义元字符，覆盖字符在此表中定义的特殊意义，只取字符的本意
^	否定
|	表达式间的逻辑或
()	将一系列常规表达式分组

表 10.2 Lex 常规表达式举例

常规表达式	含义
joke[rs]	匹配 jokes 或 joker
A{1,2}shis+	匹配 AAshis、Ashis、AAshis、Ashis
(A[b-e])+	匹配在 A 出现位置后从 b 到 e 的所有字符中的 0 个或 1 个

2. Lex 源程序的写法

Lex 源程序必须按照 Lex 的规范来写，其核心是一组词法规则（正规表达式）。一般而言，一个 Lex 源程序分为三部分，三部分之间以符号%%分隔，即：

```
[第一部分：定义段]
%%
[第二部分：词法规则段]
%%
[第三部分：辅助函数段]
```

（1）定义段又可分为两部分。

第一部分以符号%{开始，以符号%}结尾，里面为以 C 语言语法写的一些定义和声明，如文件包含、宏定义、常数定义、全局变量及外部变量定义、函数声明等。这一部分被 Lex 翻译器处理后会全部复制到文件 lex.yy.c 中。

第二部分是一组正规定义和状态定义。正规定义是为简化后面的词法规则而给部分正规表达式定名。举例如下。

```
letter      [A-Za-z]
digit       [0-9]
id          {letter}({letter}|{digit})*
```

（2）词法规则段列出的是词法分析器需要匹配的正规表达式，以及匹配该正规表达式后需要进行的相关动作。举例如下。

```
while       {return (WHILE);}
do          {return (DO);}
{id}        {yylval = installID (); return (ID);}
```

（3）辅助函数段用 C 语言语法来写，辅助函数一般是在词法规则段中用到的函数。这一部分一般会被直接复制到 lex.yy.c 中。

3．Lex 源程序中常用到的变量及函数

yyin 和 yyout：这是 Lex 中已定义的输入文件指针和输出文件指针。这两个变量指明了 Lex 生成的词法分析器从哪里获得输入和输出到哪里，默认键盘输入，屏幕输出。

yytext 和 yyleng：这也是 Lex 中已定义的变量，直接用就可以了。

yytext：指向当前识别的词法单元（词文）的指针。

yleng：当前词法单元的长度。

yylex()：词法分析器驱动程序，用 Lex 翻译器生成的 lex.yy.c 必然含有这个函数。

yywrap()：词法分析器遇到文件结尾时会调用 yywrap()来决定下一步怎么做。若 yywrap()返回 0，则继续扫描；若返回 1，则返回文件结尾的 0 标记。

由于词法分析器总会调用 yywrap()，因此辅助函数中最好提供 yywrap()。如果不提供，则在用 C 编译器编译 lex.yy.c 时，需要链接相应的库，库中会给出标准的 yywrap()函数（标准函数返回 1）。

10.2.2　YACC

1．YACC 介绍

YACC 是一种工具，将任何一种编程语言的所有语法翻译成针对此种语言的 YACC 语法解析器。它用 BNF 来书写。按照惯例，YACC 文件的扩展名为.y。

2．YACC 源程序的写法

同 Lex 源程序的写法一样，YACC 源程序也分为三部分，即：

```
[第一部分：定义段]
%%
[第二部分：语法规则段]
%%
[第三部分：辅助函数段]
```

（1）定义段包括文字块和逐字复制到生成的 C 程序开头部分的代码，通常包括声明和#include 行，可能有%union、%start、%token、%type、%left、%right 和%nonassoc 声明，也可以包含普通的 C 语言风格的注释。所有这些都是可选的。在简单的语法分析程序中，定义段可能完全是空的。

（2）语法规则段由语法规则和动作组成。语法规则中转移目标或非终结符号放在左边，后跟一个冒号（:），然后是产生式的右边，之后是对应的动作（用{}包含）。举例如下。

```
program: program expr '\n' { printf("%d\n", $2); }
                ;
expr: INTEGER { $$ = $1; }
            | expr '+' expr { $$ = $1 + $3; }
            | expr '-' expr { $$ = $1 - $3; }
;
```

（3）辅助函数段。YACC 将用户子例程段的内容完全复制到 C 程序中，通常包括从动作调用的例程。该部分是函数部分。YACC 解析出错时，会调用函数 yyerror()，用户可自定义函数的实现。main()函数调用 YACC 解析入口函数 yyparse()。举例如下。

```
int main(void)
{
        yyparse();
        return 0;
}
```

10.2.3 Parser Generator

1．Parser Generator 介绍

Parser Generator 由英国 Bumble-Bee Software 公司开发，是一款在 Windows 环境下编写 Lex/YACC 程序的工具。这个工具可使用 YACC 和 Lex 生成 VC++、Borland C++、Other C/C++及相关 Java 代码。

2．Parser Generator 配置与使用

（1）Parser Generator 的环境配置步骤如下。

① 首先启动 Parser Generator，选择“Project”→“LibBuilder”。

② 在“LibBuilder”对话框中选中“Visual C++(32-bit)”，单击“Properties”按钮，参照表 10.3 修改各属性。

表 10.3　属性配置

Script file name	\Cpp\Script\msvc32.lbs
Name	Visual C++(32-bit)
Directory	msvc32
Compiler Version	Version 6
Unicode	True
Treat wchar_t as Built-in Type	False
Compiler Bin Directory	安装路径\Microsoft Visual Studio\Vc98\bin
Compiler Bin Directory(2)	安装路径\Microsoft Visual Studio\Common\MSDev98\bin
Compiler Include Directory	安装路径\Microsoft Visual Studio\Vc98\include
Compiler Include Directory(2)	无
Compiler Library Directory	安装路径\Microsoft Visual Studio \Vc98\lib

③ 将“Libraries”下的库文件全部选中后单击“OK”按钮，如图 10.2 所示。

④ 在“LibBuilder”对话框中单击“Build”按钮（编译过程可能需要几分钟），如图 10.3 所示。

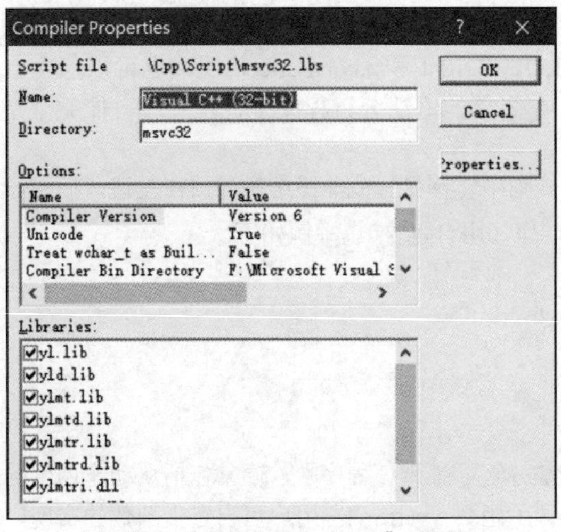

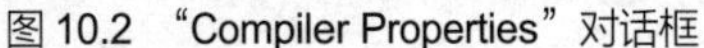
图 10.2 “Compiler Properties”对话框

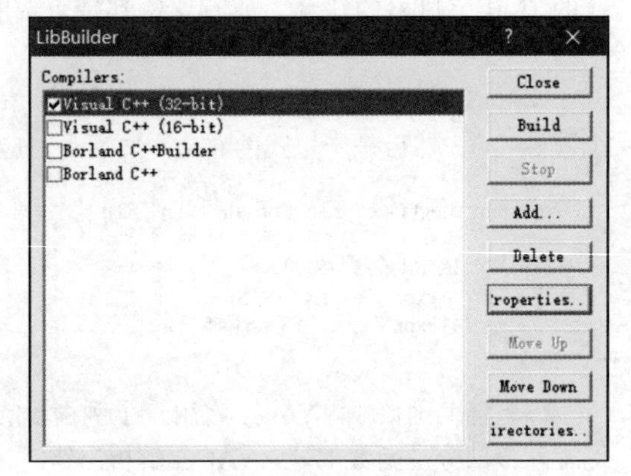

图 10.3 “LibBuilder”对话框

编译完成后我们就可以使用 Parser Generator 编写 Lex 程序或 YACC 程序了。

（2）Parser Generator 工程的建立过程如下。

① 启动 Parser Generator，选择“Project”→“ParserWizard”。

② 工程设定（语言可以选择 C、C++或 Java，本章中选择 C）如图 10.4 所示，单击“下一步”按钮。

③ 工程设定（默认创建带 main()函数的 YACC 文件和 Lex 文件）如图 10.5 所示，单击“下一步”按钮。

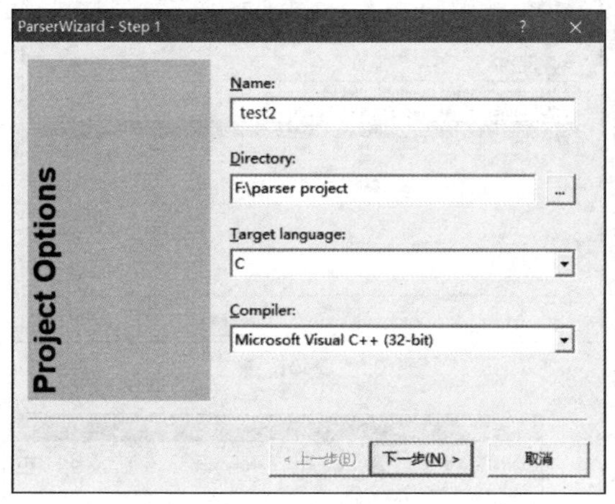

图 10.4　ParserWizard-Step1

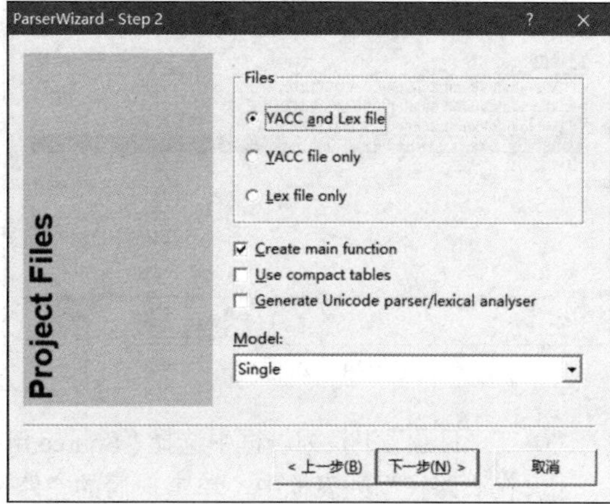

图 10.5　ParserWizard-Step2

④ YACC 文件设定如图 10.6 所示，单击“下一步”按钮。

⑤ Lex 文件设定如图 10.7 所示，单击“完成”按钮。

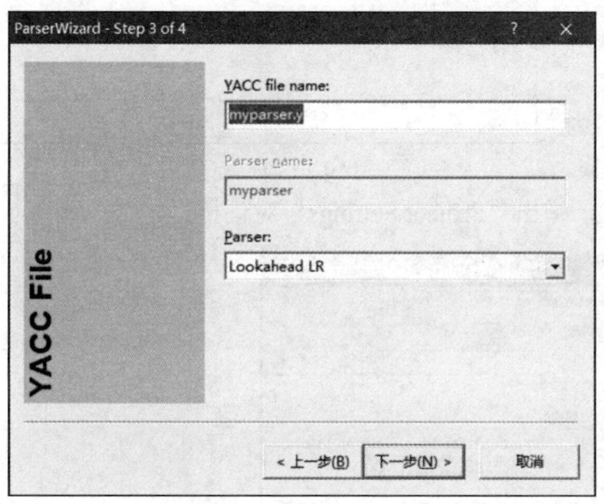

图 10.6　ParserWizard-Step3

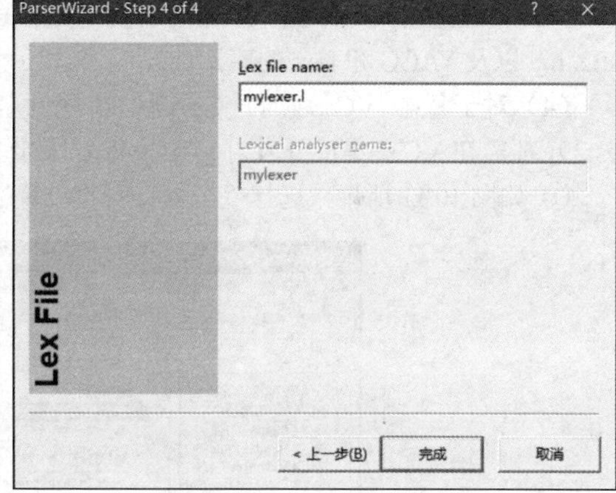

图 10.7　ParserWizard-Step4

⑥ 编辑好代码后，选择“Project”→“RebBuild All”，创建好的工程下自动生成选定的语言文件。

（3）为了在 VC++集成开发环境中快捷地使用 Parser Generator，需要进行以下环境设置（在 VC++中执行以下步骤，每个步骤只执行一次）。

① 选择“工具”→“选项”，弹出“选项”对话框。

② 选择“目录”选项卡。

③ 在“目录”下拉列表框中选择“Include files”。

④ 在“路径”列表框中，单击最后的空路径，并填入 Parser Generator 的 INCLUDE 子目录的路径，如图 10.8 所示。

⑤ 在“目录”下拉列表框中选择“Library files”。

⑥ 在“路径”列表框中，单击最后的空路径，并填入 Parser Generator 的 CPP\LIB\MSVC32 子目录的路径，如图 10.9 所示。

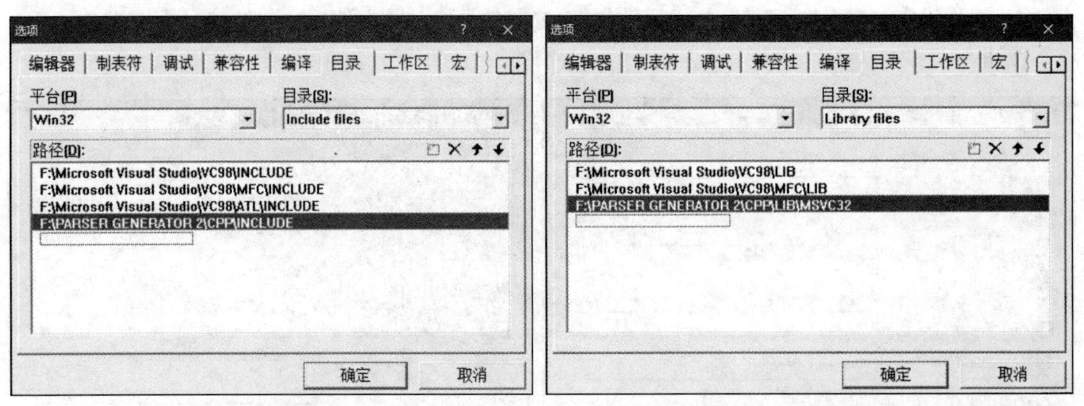

图 10.8 环境设置一　　图 10.9 环境设置二

⑦ 在“目录”下拉列表框中选择“Source files”。

⑧ 在“路径”列表框中，单击最后的空路径，并填入 Parser Generator 的 SOURCE 子目录的路径，如图 10.10 所示。

⑨ 单击“确定”按钮，“选项”对话框将接受设置并关闭。

VC++现在已可以找到包含文件 YACC.h 和 LEX.h，以及 YACC 和 Lex 的库文件。

（4）对于每个 VC++项目（示例中的项目名为 test2），都需在 VC++集成开发环境中执行以下步骤。

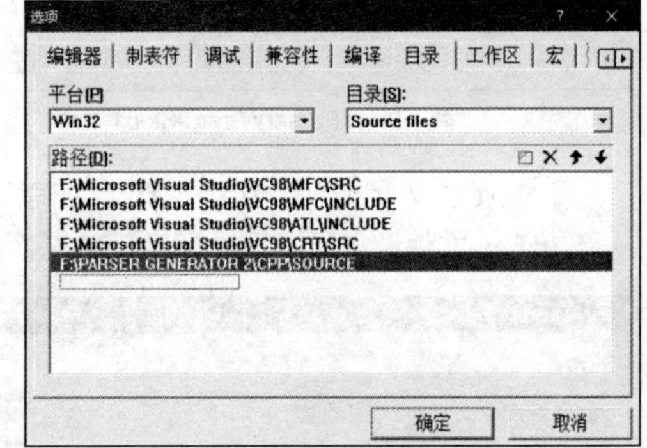

图 10.10 环境设置三

① 如图 10.11 所示，选择“工程”→“设置”，弹出“Project Settings”对话框。

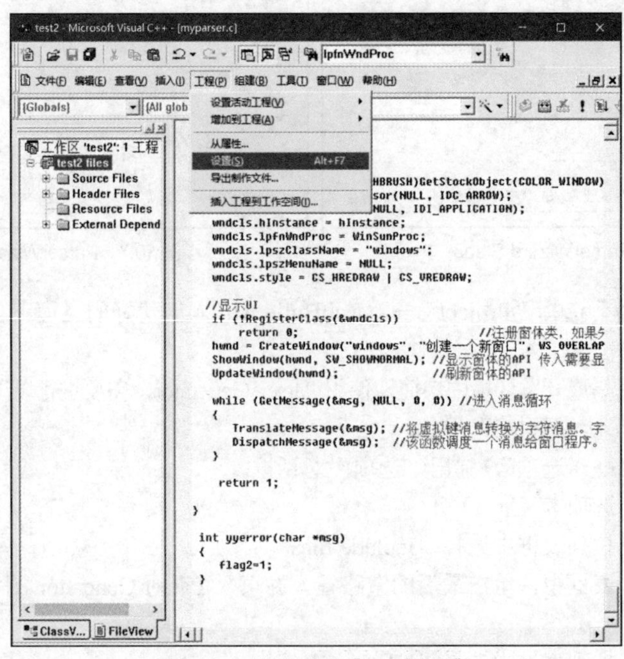

图 10.11 选择“工程”→“设置”

② 在“设置”下拉列表框中选择“Win32 Debug”。

③ 选择“C/C++”选项卡。

④ 在“分类”下拉列表框中选择“常规”。

⑤ 在“预处理程序定义”文本框中，在当前文本后面输入“YYDEBUG”，如图 10.12 所示。

⑥ 选择“连接”选项卡。

⑦ 在“分类”下拉列表框中选择“常规”。

⑧ 在“对象/库模块”文本框中，在当前文本后面输入“yld.lib”，如图 10.13 所示。

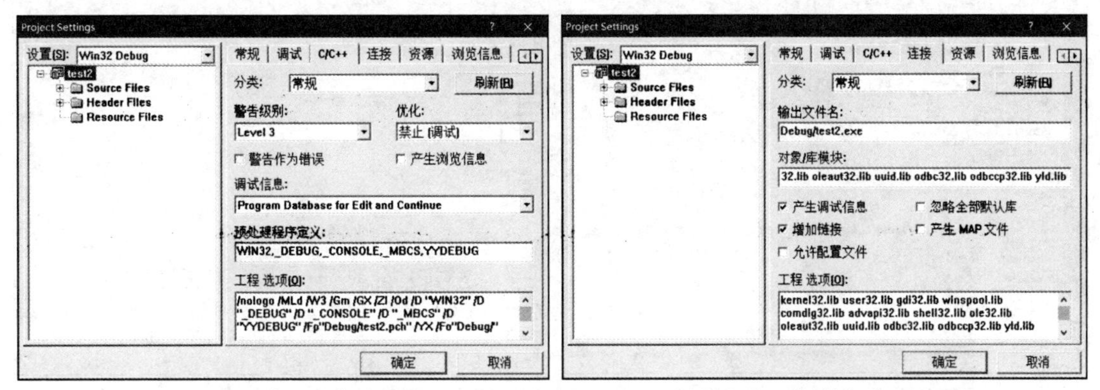

图 10.12 “C/C++”选项卡　　　　图 10.13 “连接”选项卡设置一

⑨ 在“设置”下拉列表框中选择“Win32 Release”，如图 10.14 所示。

⑩ 重复步骤⑧。

⑪ 单击“确定”按钮，“Project Settings”对话框将接受设置并关闭。

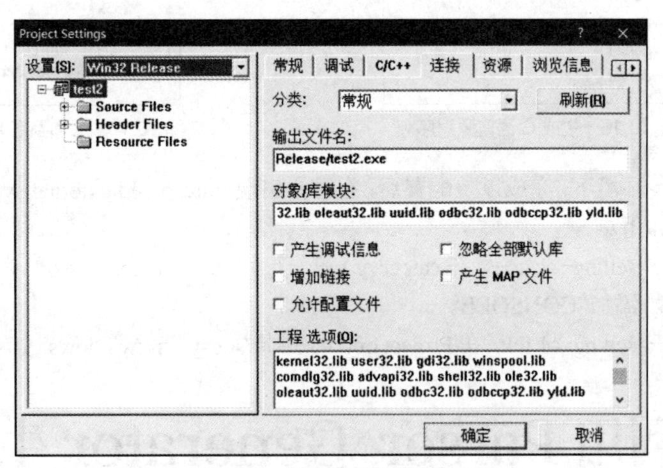

图 10.14 “连接”选项卡设置二

（5）VC++现在已可以从特定的库中接受 YACC 和 Lex 所需的函数和变量。下面给出一个具体的应用实例，其具体步骤如下。

① 在 Parser Generator 的编辑窗口中输入 Lex 源程序与 YACC 源程序（扩展名分别为.l 与.y)，如图 10.15 所示。

② 选择“Project”→“Compile File”编译源程序，生成相应的 C 语言源程序（.cpp），如图 10.16 所示。

③ 将 Parser Generator 生成的文件（.cpp 或.c）添加到 VC 的新建工程中，用 VC++编译程序编译 C 语言源程序，生成可执行程序（.exe），如图 10.17 所示。

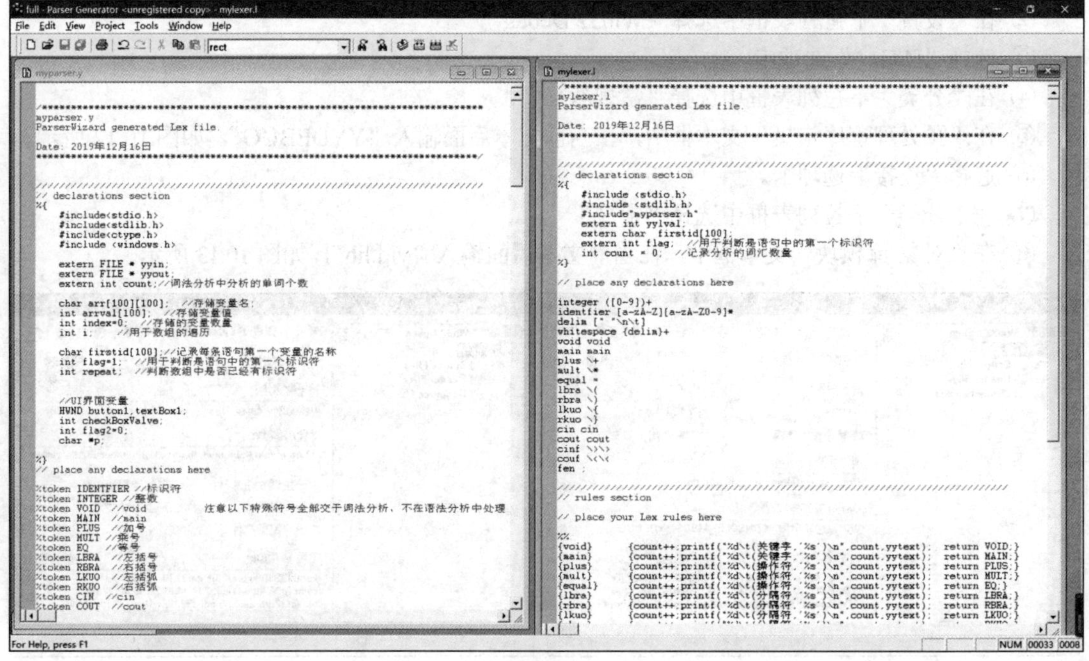

图 10.15　Lex 源程序与 YACC 源程序

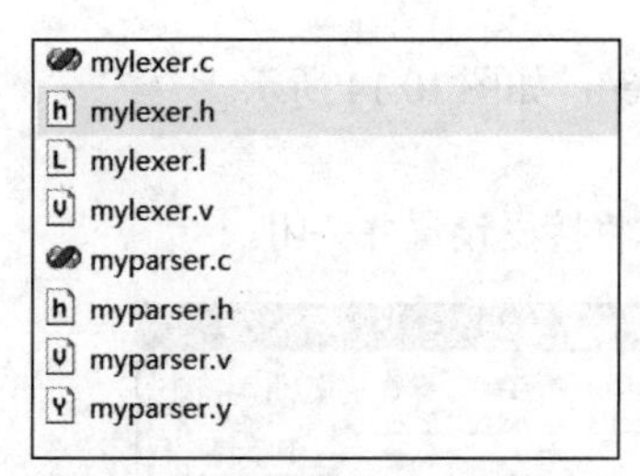

图 10.16　生成 C 语言源程序

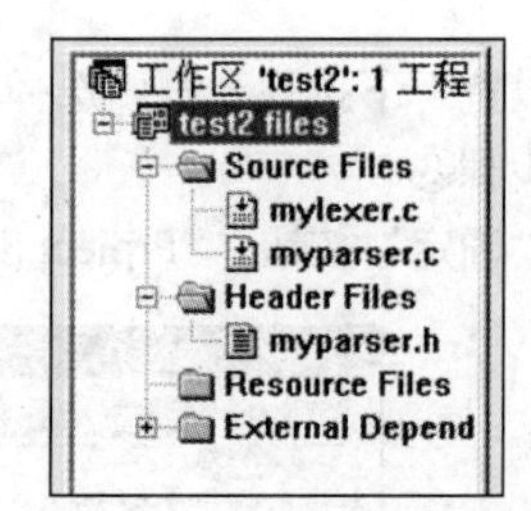

图 10.17　添加到新建工程

（6）在 Windows 环境下，完成以上配置后，有时会出现 unresolved external symbol _WinMain@16 的错误，解决方法如下。

① 进入 project->setting->c/c++，在 category（第一行）中选择 preprocessor，在 processor definitions 中删除_WINDOWS，添加_CONSOLE。

② 进入 project->setting->Link，在 Project options 中将/subsystem:windows 改为/subsystem:console。

10.3 利用 Parser Generator 生成编译程序

10.3.1 Lex 源程序设计

1. Lex 定义段

首先在定义段添加声明，部分声明内容如下。

```
#include <stdio.h>
#include <stdlib.h>
```

```
int count = 0;   //记录分析的词汇数量
```

BNF 中用于词汇匹配的文法为

<整数>∷=<整数串><数字>|<数字>

<整数串>∷=<整数串><数字>|<非 0 数字>

<非 0 数字>∷=1|2|3|…|9

<数字>∷=0|<非 0 数字>

<字母>∷= A|B|C|…|Z|a|b|c|…|z

根据这些文法，通过分析后消除递归，我们容易得到如下单词匹配模式。

整数： integer 0|[1-9]([0-9])*

标识符：identfier [a-zA-Z][a-zA-Z0-9]*

对于程序中的空格与换行，利用如下匹配模式。

分隔符：delim [" "\n\t]

空白： whitespace {delim}+

2．词法规则段

对应词法规则段的模式如下（以匹配整数为例）。

```
{integer}      {count++; printf("%d\t(整数,‘%s’)\n",count,yytext); return INTEGER;}
```

其中 yytext 在前面介绍 Lex 时已经提及，是指向当前识别的词法单元的指针，即 yytext 里面保存的是匹配到的一个字符串，这里这个字符串表示的是一个整数。count 是定义段声明的变量，存储了当前已经匹配到的字符个数，只用于输出显示，并没有其他的实际作用。

3．辅助函数段

辅助函数段部分不添加新的功能函数，只令 yywrap()返回 1。

10.3.2 YACC 源程序设计

BNF 中用于语法分析的语句为

<程序>∷=void main() <语句块>

<语句块>∷={<语句串>}

<语句串>∷=<语句串><语句>|ε

<语句>∷=<赋值语句>|<输入语句>|<输出语句>

<赋值语句>∷=<标识符> = E;

E∷=T|E+T

T∷=F|T*F

F∷= (E)|<标识符>

<输入语句>∷=cin>><标识符>;

<输出语句>∷=cout<<<标识符>;

1．YACC 定义段

由 BNF 可知，C--语言含有“void”“main”“()”“{}”“;”等特定的组成部分，所以，为了便于程序判断这些词汇，我们利用词法分析程序进行分析，如果检测到程序中存在这些特定的词汇，则通过返回值的方式将其告知语法分析程序。将以上过程体现在程序中，具体来说，就是在语法分析中利用%token 定义一个记号，如%token VOID，然后当词法分析中识别了 void 这个词汇，return VOID 语句就会返回 VOID 这个记号；语法分析程序通过接收这个返回的值得知当前已经识别到了 void，并将其代入后续的语法分析。而词法分析程序能够利用语法分析中定义的记号的原理是，语法分析的.y 文件在编译时除了会生成.c 文件，还会生成相应的.h 文件，而这个.h 文件中存储有对于 token 变量的宏定义。本章中.y 文件定义 token 的语句如图 10.18 所示，生成的.h 文件中内容如图 10.19 所示。

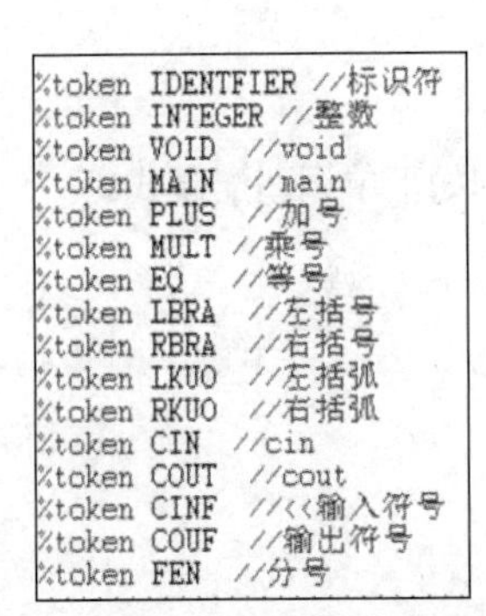

```
%token IDENTFIER //标识符
%token INTEGER //整数
%token VOID  //void
%token MAIN  //main
%token PLUS  //加号
%token MULT //乘号
%token EQ   //等号
%token LBRA  //左括号
%token RBRA  //右括号
%token LKUO  //左括弧
%token RKUO  //右括弧
%token CIN  //cin
%token COUT  //cout
%token CINF  //<<输入符号
%token COUF  //输出符号
%token FEN  //分号
```

图 10.18 .y 文件中定义的 token

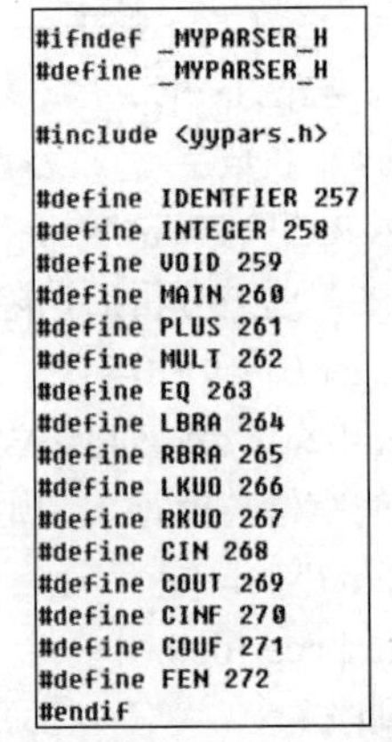

```
#ifndef _MYPARSER_H
#define _MYPARSER_H

#include <yypars.h>

#define IDENTFIER 257
#define INTEGER 258
#define VOID 259
#define MAIN 260
#define PLUS 261
#define MULT 262
#define EQ 263
#define LBRA 264
#define RBRA 265
#define LKUO 266
#define RKUO 267
#define CIN 268
#define COUT 269
#define CINF 270
#define COUF 271
#define FEN 272
#endif
```

图 10.19 生成的.h 文件中内容

由图 10.18 可知，token 记号的实质就是一个常数，而词法分析返回的就是这个在语法分析中定义的常数。所以只需要在词法分析的定义段包含这个.h 头文件，就可以直接返回对应的 token 记号。因此，目前为止，词法分析的定义段如图 10.20 所示。

```
// declarations section
%{
    #include <stdio.h>
    #include <stdlib.h>
    #include"myparser.h"
    int count = 0;  //记录分析的词汇数量
%}
```

图 10.20 Lex 中的声明

2．语法规则段

语法规则段编写的是某种语言对应的文法，本节利用了其 BNF 表示形式。定义段中利用词法分析将一些特定词汇的识别结果返回给语法分析程序，并将其代入后续的语法分析。分析完了特定词汇，接下来就是利用 YACC 的语法分析规则对剩余的程序进行判别，例如，1+3*4+2*(2+4)这种表达式是否符合语法规则，或者某条赋值语句、输入输出语句是否符合语法规则。

为了便于分析，这里将用于语法分析的 BNF 分为三部分：程序块分析部分、语句分析部分、表达式分析部分。

① 程序块分析需要用到的文法有：

<程序>∷=void main() <语句块>

<语句块>∷={<语句串>}

<语句串>∷=<语句串><语句>|ε

<语句>∷=<赋值语句>|<输入语句>|<输出语句>

由于程序编写的需要，要对文法中出现的每个词汇用对应的英文名称表示，例如，用 program 表示程序，用 block 表示语句块，等等。将出现的所有字符用相应的英文表示后，便得到了如下内容。

```
program:   VOID MAIN LBRA RBRA block;
block:     LKUO string RKUO ;
string:    string sentence|;
sentence:  assign|input|output ;
```

以上内容便是需要写入语法分析器的代码，只不过仍需按照一定的格式要求进行调整。最后在程序中的代码如图 10.21 所示。

```
program  :VOID MAIN LBRA RBRA block
         ;
block    :LKUO string RKUO
         ;
string   :string sentence
         |
         ;
sentence:assign
         |input
         |output
         ;
```

图 10.21　程序中的代码

② 仿照此方法，我们对语句分析的 BNF 进行代码编写。

<赋值语句>∷=<标识符> = E;

<输入语句>∷=cin>><标识符>;

<输出语句>∷=cout<<<标识符>;

结果为

```
assign:     IDENTFIER EQ expr FEN;
input:      CIN CINF IDENTFIER FEN;
output:     COUT COUF IDENTFIER FEN;
```

③ 同理，对最后的表达式分析进行代码编写。

E∷=T|E+T

T∷=F|T*F

F∷= (E)|<标识符>

结果为

```
expr:       expr PLUS term |term;
term:       term MULT factor |factor;
factor:     LBRA expr RBRA |IDENTFIER |INTEGER;
```

3．辅助函数段

当 Lex 词法分析程序与 YACC 语法分析程序同时出现时，我们将 main()主函数写进语法分析，即写进.y 文件中。main()函数需要处理的任务很简单：打开存放有待判别的程序的文本文件，并读取其中的内容，然后调用 yyparser()函数进行语法分析，分析结束后关闭文件。

由于程序在进行语法分析前首先进行了词法分析，所以文件读入任务本应该是由 Lex 程序完成的，而我们前面在介绍 Lex 时也提到过两个变量 yyin 和 yyout，这是 Lex 中已定义的输入文件指针和输出文件指针。这两个变量指明了 Lex 生成的词法分析器从哪里获得输入和输出到哪里。利用这两个变量就可以从指定的文件中读取文本，但是它们是属于 Lex 的变量，而我们读取文件是在 YACC 语法分析中实现的，要在 YACC 中使用这两个变量，必须在 YACC 的定义段中进行外部变量的声明，如图 10.22 所示。

```
extern FILE * yyin;
extern FILE * yyout;
```

图 10.22　yyin 和 yyout 的声明

文件读入后，语法分析驱动函数 yyparse()将会调用 yylex()这个词法分析驱动函数获取记号。记号由记号名和属性值构成。记号名一般作为 yylex()的返回值（这里记号名就是前面提到的由%token 等定义的终结符号，这些终结符号在 YACC 内部会被宏定义成一些常数）。属性值则由 YACC 内部定义的变量 yylval 来传递。yylval 的类型与属性值栈元素的类型相同：默认状态下，yylval 为 int 类型，若使用#define YYSTYPE double 将属性值栈元素定义为 double 类型，则 yylval 就是 double 类型。语法分析程序会根据从词法分析程序中接收到的各种记号，进行相应的语法规则的分析，分析完一条语法规则，有时会进行相应的语义处理。

语法分析成功结束时，yyparse()返回 0；发现错误时，则返回 1，并且调用 yyerror()函数输出错误信息。

10.3.3 语义分析

编译程序实例要求实现语义分析功能：如果用表达式对多个变量赋值，那么在进行一系列数学运算（本章中主要为加法与乘法）后，若程序中有输出语句要求输出某个变量的值，则程序应该通过添加一些语义处理步骤正确地将变量值输出。

例如，输入文本中的程序如下。

```
void main()
{
    a=2;
    b=5;
    c=a*b+a*b;
    cout<<c;
}
```

则程序需要具有正确识别不同的变量并赋值的能力，以准确地输出变量 c 的实际值（程序中为 20）。

观察语法规则，不难发现需要进行语义处理的语法主要为赋值语句和表达式语句的语法判别部分。

表达式语句的语义处理较为简单，如图 10.23 所示。

```
/*
E::=T|E+T
T::=F|T*F
F::= (E)|<标识符>
*/
expr      :expr PLUS term {$$=$1+$3; }
          |term
          ;
term      :term MULT factor {$$=$1*$3;}
          |factor
          ;
factor    :LBRA expr RBRA  {$$=$2;}
          |IDENTFIER
          |INTEGER
          ;
```

图 10.23 表达式语句的语义处理

图 10.23 所示为利用$$、$1、$2 等符号进行赋值。最为关键的部分便是对赋值语句的语义处理。

上面已经提到，赋值语句表示为 assign: IDENTFIER EQ expr FEN，即“标识符=表达式”，表达式的值根据表达式语句的语义处理方式不难得到，难点在于，语法分析从上层的词法分析中识别出了标识符，如果对于 IDENTFIER EQ expr FEN 仅仅简单地使用“{$1=$3}”进行赋值语句的语义处理，例如，对于“a=2”，将数值 2 赋值给变量（标识符）a，当分析到“c=a*b+a*b”这一句时，我们希望将先前赋予 a 的值 2 代入表达式进行运算，遗憾的是，此时的语法分析程序只是识别出了标识符 a，却不知道 a 的值是多少，原因在于用“{$1=$3}”对 a 赋值时并未做到对变量 a 赋值，而只是对标识符 a 赋了值。（这个地方可能有些难以理解，可以尝试从这个角度看：C 语言中我们学过，如果写了“a=2”的赋值语句，那么除非对变量 a 重新赋值，否则 a 的值将永远为 2；但是这里的语义处理程序不同，它并不像 C 语言那么智能，它不能永久地保存这个值，实际上，这个值仅保存在每一条语句的归约阶段。再说得通俗一点就是，被赋予值的标识符的记忆能力有限，仅在当前语句的识别阶段知道自己的值是什么。）

解决该问题的方法是引入数组。既然语义处理记不住赋的值，就借助外部的数组来记住给谁赋的值，赋的什么值。数组的引入如图 10.24 所示。

```
char arr[100][100];  //存储变量名;
int arrval[100];  //存储变量值
int index=0;  //存储的变量数量
int i;     //用于数组的遍历
```

图 10.24　数组的引入

只要在赋值语句 IDENTFIER EQ expr FEN 后添加的语义处理代码内容是将被赋值的变量以及赋予的值保存进数组，即数组 arr[100][100]存储变量，另一个数组 arrval[100]存储值，那么就可以将赋值结果永久性地保存下来。

最后一个问题在于数组存储的这个变量从何而来。我们可以很自然地联想到从词法分析中返回。可以使用 yylval 这个既可以用于词法分析也可以用于语法分析的变量，当词法分析匹配标识符 identfier 时，令 yylval=yytext，然后令 arr 数组存储 yylval 值即可。但是对于“c=a*b+a*b”这种语句，首先返回的是 c，我们希望 arr[index]=yylval（index 代表数组中已经存储的变量的个数），但是语法分析会在后面分析到 a 和 b 两个标识符，从而将 yylval 的值覆盖，这种情况下，就会变成 arr[index]=b，最后存入数组中的不是标识符 c，而是最后识别到的标识符 b。

因此，我们需要引入一个新的数组 char firstid[100]，用于记录每条语句第一个变量的名称，这样就能准确保存标识符 c。

然后，当进行表达式的计算时，如果识别出了标识符，只需要在数组中利用 strcmp()函数找到标识符对应的值。程序中具体的处理过程如图 10.25 所示。

```
factor  :LBRA expr RBRA  {$$=$2;}
        |IDENTFIER {for(i=1;i<=index;i++)
                      {
                          if(strcmp(arr[i],yylval)==0) //数组中已经有标识符, 则进行覆盖
                          {
                           $1=arrval[i];  //给变量赋予数组中的值

                              break;
                          }
                      }
                    $$=$1; //这句很重要, 按理说生成器会默认生成, 但是由于重新给$1赋值了, 故需要写在给$1赋值之后
                  }
        |INTEGER
        ;
```

图 10.25　赋值的语义处理

如此，程序便实现了语义处理功能。

最后，对于输出语句，其语义处理的过程如图 10.26 所示。

```
output  :COUT COUF IDENTFIER FEN {printf("识别为输出语句\n");
                         for(i=1;i<=index;i++)
                         {
                            if(strcmp(arr[i],firstid)==0) //数组中已经有标识符,则进行覆盖
                            {
                                printf("该语句输出结果为 %d\n",arrval[i]);  //输出变量值
                                break;
                            }
                         }
                         flag=1;
                      }
        ;
```

图 10.26　输出语句的语义处理

10.4 部分核心代码

下面给出部分核心代码，读者可以根据这些代码写出自己的编译程序。

首先给出 mylexer.l 源程序，可以实现词法分析器的自动生成。

```
/**********************************************************************
        mylexer.l
        ParserWizard generated Lex file.
```

```
    Date: 2019 年 12 月 16 日
*****************************************************************/

//////////////////////////////////////////////////////////////////////////
// 声明段
%{
    #include <stdio.h>
    #include <stdlib.h>
    #include"myparser.h"
    extern int yylval;
    extern char    firstid[100];
    extern int flag;                //用于判断是语句中的第一个标识符
    int count = 0;                  //记录分析的词汇数量
%}

// 在此处放置声明

integer ([0-9])+
identfier [a-zA-Z][a-zA-Z0-9]*
delim [" "\n\t]
whitespace {delim}+
void void
main main
plus \+
mult \*
equal =
lbra \(
rbra \)
lkuo \{
rkuo \}
cin cin
cout cout
cinf \>\>
couf \<\<
fen ;

//////////////////////////////////////////////////////////////////////////
// 规则段

// 在此处放置 Lex 规则

%%
{void}      {count++;printf("%d\t(关键字,'%s')\n",count,yytext);      return VOID;}
{main}      {count++;printf("%d\t(关键字,'%s')\n",count,yytext);      return MAIN;}
{plus}      {count++;printf("%d\t(运算符,'%s')\n",count,yytext);      return PLUS;}
{mult}      {count++;printf("%d\t(运算符,'%s')\n",count,yytext);      return MULT;}
{equal}     {count++;printf("%d\t(运算符,'%s')\n",count,yytext);      return EQ;}
{lbra}      {count++;printf("%d\t(分隔符,'%s')\n",count,yytext);      return LBRA;}
{rbra}      {count++;printf("%d\t(分隔符,'%s')\n",count,yytext);      return RBRA;}
{lkuo}      {count++;printf("%d\t(分隔符,'%s')\n",count,yytext);      return LKUO;}
{rkuo}      {count++;printf("%d\t(分隔符,'%s')\n",count,yytext);      return RKUO;}
{cin}       {count++;printf("%d\t(函数,'%s')\n",count,yytext);        return CIN;}
{cout}      {count++;printf("%d\t(函数,'%s')\n",count,yytext);        return COUT;}
{cinf}      {count++;printf("%d\t(运算符,'%s')\n",count,yytext);      return CINF;}
{couf}      {count++;printf("%d\t(运算符,'%s')\n",count,yytext);      return COUF;}
{fen}       {count++;printf("%d\t(分隔符,'%s')\n",count,yytext);      return FEN;}
{integer}   {count++;printf("%d\t(整数,      '%s')\n",count,yytext);   yylval=atoi(yytext); return INTEGER;}
{identfier} {count++;    printf("%d\t(标识符,'%s')\n",count,yytext);   /*printf("识别的标识符%d\n",yylval);*/
                //如果是语句中的第一个标识符
                if(flag==1)
                {   strcpy(firstid,yytext);
                    flag=0;
                }
                yylval=yytext;
                return IDENTFIER;}
```

```
{whitespace}       {}            //相当于词法分析跳过了空格
//////////////////////////////////////////////////////////////////////////////
// 程序段
%%
int yywrap()
{
    return 1;
}
```

下面给出 myparser.y 源程序，可以实现语法分析器的自动生成（注意：主函数应和 myparser.y 源程序放在一起，不能将主函数放在单独的文件里）。

```
/*****************************************************************
myparser.y
ParserWizard generated Lex file.
Date: 2019 年 12 月 16 日
*****************************************************************/

//////////////////////////////////////////////////////////////////////////////
// 声明段
%{
    #include<stdio.h>
    #include<stdlib.h>
    #include<ctype.h>
    #include <windows.h>

    extern FILE * yyin;
    extern FILE * yyout;
    extern int count;              //词法分析中分析的单词个数

    char arr[100][100];            //存储变量名
    int arrval[100];               //存储变量值
    int index=0;                   //存储的变量数量
    int i;                         //用于数组的遍历

    char firstid[100];             //记录每条语句第一个变量的名称
    int flag=1;                    //用于判断是语句中的第一个标识符
    int repeat;                    //判断数组中是否已经有标识符


    //UI 界面变量
    HWND button1,textBox1;
    int checkBoxValve;
    int flag2=0;
    char *p;

%}
// 在此处放置声明

%token IDENTFIER               //标识符
%token INTEGER                 //整数
%token VOID                    //注意以下特殊符号全部交于词法分析，不在语法分析中处理
%token MAIN                    //main
%token PLUS                    //加号
%token MULT                    //乘号
%token EQ                      //等号
%token LBRA                    //左括号（
%token RBRA                    //右括号）
%token LKUO                    //左括弧｛
%token RKUO                    //右括弧｝
%token CIN                     //cin
%token COUT                    //cout
%token CINF                    //<<输入符号
%token COUF                    //>>输出符号
```

```
%token FEN                              //分号

////////////////////////////////////////////////////////////////////////////
// 规则段

// 在此处放置 Lex 规则

%%

/*
注意：顺序是倒着的
<语句>∷=<赋值语句>|<输入语句>|<输出语句>
<语句串>∷=<语句串><语句>|
<语句块>∷={<语句串>}
<程序>∷=void main() <语句块>
*/

program:    VOID MAIN LBRA RBRA block         //{printf("语法分析正确!! 程序无语法错误\n");}
;

block: LKUO string RKUO                       //{printf("识别为语句块\n");}
;

string: string sentence                       //{printf("识别为语句串\n");} 每一个单独的语句都会被识别为语句串
|                                             //{printf("识别为空语句\n");}
;

sentence:   assign
|input
|output
;

/*
<赋值语句>∷=<标识符> = E;
<输入语句>∷=cin>><标识符>;
<输出语句>∷=cout<<<标识符>;
*/
//赋值语句：将值存入数组
assign :IDENTFIER EQ expr FEN {
//将变量与值存储进数组的过程；需要针对一些边界情况进行讨论
        if(index==0)
        {
            strcpy(arr[1],firstid);
            arrval[1]=$3;
            //printf("服了值为%d\n",$3);
            index++;
            }
        else
        {
            repeat=0;
            for(i=1;i<=index;i++)
            {
                if(strcmp(arr[i],firstid)==0)    //数组中已经有标识符，则进行覆盖
                {
                    arrval[i]=$3;
                    repeat=1;
                    break;
                }
            }
            if(!repeat)   //此标识符是第一次出现，就添加到数组中
            {
                index++;
                strcpy(arr[index],firstid);
                arrval[index]=$3;
            }
       }
```

```
        flag=1;}
;

input:  CIN CINF IDENTFIER FEN {printf("识别为输入语句\n");}
;

output:COUT COUF IDENTFIER FEN {printf("识别为输出语句\n");
        for(i=1;i<=index;i++)
        {
            if(strcmp(arr[i],firstid)==0) //数组中已经有标识符，则进行覆盖
            {
                printf("该语句输出结果为 %d\n",arrval[i]); //输出变量值
                break;
            }
        }
        flag=1;
        }
;
/*
E∷=T|E+T
T∷=F|T*F
F∷= (E)|<标识符>
*/
expr:   expr PLUS term {$$=$1+$3;}
|term
;
term:   term MULT factor {$$=$1*$3;}
|factor
;
factor: LBRA expr RBRA {$$=$2;}
|IDENTFIER {for(i=1; i<=index; i++)
                {
                        if (strcmp(arr[i],yylval)==0)       //数组中已经有标识符，则进行覆盖
                        {
                            $1=arrval[i];   //给变量赋予数组中的值
                            break;
                        }
                }
$$=$1;//这句很重要，按理说生成器会默认生成，但是由于重新给$1 赋值了，故需要写在给$1 赋值之后
                    }
|INTEGER
;
///////////////////////////////////////////////////////////////////////////////
// 程序段
%%

//UI 设计
LRESULT CALLBACK WinSunProc(HWND hwnd, UINT uMsg, WPARAM wParam, LPARAM lParam) //回调函数定义
{
    int nTextLength;
    TCHAR sztextC[1024];
    FILE *fp;
    int i;
    HDC hdc;            //设备环境句柄
    PAINTSTRUCT ps;     //存储绘图环境的相关信息
    TCHAR szText[100] = TEXT("欢迎使用语法分析器!!");      //显示内容
    TCHAR szText2[100] = TEXT("请在下方的文本框中输入需要判断的程序:");
    TCHAR err[100] = TEXT("错误");
    TCHAR cor[100] = TEXT("正确");
    switch (uMsg)
    {
    case WM_CREATE:
    button1 = CreateWindow("BUTTON", "测试", WS_VISIBLE | WS_CHILD | WS_BORDER | BS_PUSHBUTTON, 10,
```

```
260, 100, 30, hwnd, NULL, (HINSTANCE)GetWindowLong(hwnd, GWL_HINSTANCE), NULL);                //创建按键
    textBox1 = CreateWindow("EDIT", "", WS_VISIBLE | WS_CHILD | WS_BORDER | ES_MULTILINE | ES_WANTRETURN,
10, 50, 200, 200, hwnd, NULL, (HINSTANCE)GetWindowLong(hwnd, GWL_HINSTANCE), NULL);
    //创建文本框
    break;

        case WM_PAINT: //处理窗口产生无效区域时发来的消息
        hdc = BeginPaint(hwnd, &ps);
        //输出文字
        TextOut(hdc, 10, 10, szText, lstrlen(szText) * sizeof(TCHAR));
        TextOut(hdc, 10, 30, szText2, lstrlen(szText2) * sizeof(TCHAR));
        //结束绘图并释放环境句柄
        EndPaint(hwnd, &ps);
        break;
        case WM_COMMAND:
        if ((HWND)lParam == button1) //判断消息是否来自按键 1
        {
            //每一次测试都是进行一次新的语法分析，需要初始化变量
            //测试前进行预处理
            system("cls"); //清空控制台
            //初始化变量
            //arr[100][100];            //存储变量名
            //arrval[100];              //存储变量值
            index=0;                    //存储的变量数量
            //char firstid[100];
            flag=1;                     //用于判断是语句中的第一个标识符
            flag2=0;
            count=0;

            //将文本框中的文本写入文件
            nTextLength = GetWindowTextLength(textBox1);   //读取 edit 长度
            GetWindowText(textBox1, sztextC, nTextLength + 1);       //读取 edit text

        //将文本框中的字符写入文本
        p = sztextC;
        //printf("%s",p);
        fp = fopen("example.txt", "w");
        if (fp != NULL)
        {
            for ( i = 0; i < nTextLength; i++)
            {
                fprintf(fp, "%c", p[i]);
            }
            fclose(fp);
        }
            //语法分析器读入文件
            yyin = fopen("example.txt", "r");
            yyparse();

            //对文件中的程序段进行语法判别
            if (flag2)  //语法错误
            {
            MessageBox(NULL, err, "提示", MB_OK);   //弹出提示窗体，代表写入成功
                printf("语法错误！");
            }
            else //语法正确
            {
            MessageBox(NULL, cor, "提示", MB_OK);  //弹出提示窗体，代表写入成功
            }
            fclose(yyin);
        }
        break;
```

```
        case WM_DESTROY:          //窗口销毁系统消息
        PostQuitMessage(0);       //发送退出消息，GetMessage()收到消息后将返回 0，主函数退出消息循环
        break;
        default:
        return DefWindowProc(hwnd, uMsg, wParam, lParam);        //不处理的消息交给系统处理
      }
      return 0;
}
```

下面给出主函数的参考代码。

```
int main(){
    //UI 设计
    HINSTANCE hInstance;
    WNDCLASS wndcls;                //定义窗体类
    HWND hwnd;                      //定义句柄用来保存成功创建窗口后返回的句柄
    MSG msg;                        //定义消息结构体变量
    wndcls.cbClsExtra = 0;          //结构体后附加的字节数，一般为 0
    wndcls.cbWndExtra = 0;          //窗体实例附加的字节数，一般为 0
    wndcls.hbrBackground = (HBRUSH)GetStockObject(COLOR_WINDOW); //背景颜色
    wndcls.hCursor = LoadCursor(NULL, IDC_ARROW);          //光标句柄
    wndcls.hIcon = LoadIcon(NULL, IDI_APPLICATION);        //图标句柄，任务栏显示的图标
    wndcls.hInstance = hInstance;                          //模块句柄
    wndcls.lpfnWndProc = WinSunProc;                       //函数指针，指向处理窗口消息的函数入口
    wndcls.lpszClassName = "windows";                      //自定义类名，不要与其他类名重复
    wndcls.lpszMenuName = NULL;                            //菜单名的字符串
    wndcls.style = CS_HREDRAW | CS_VREDRAW;                //指定窗口风格
    //显示 UI
    if (!RegisterClass(&wndcls))
    return 0;                       //注册窗体类，如果失败直接返回 0 结束程序
    hwnd = CreateWindow("windows", "创建一个新窗口", WS_OVERLAPPEDWINDOW, 100, 100, 500, 500, NULL,
NULL, hInstance, NULL); //创建窗体
    ShowWindow(hwnd, SW_SHOWNORMAL);    //显示窗体的 API 传入需要显示的窗体句柄和显示方式
    UpdateWindow(hwnd);                 //刷新窗体的 API
    while (GetMessage(&msg, NULL, 0, 0))  //进入消息循环
    {
    TranslateMessage(&msg);     //将虚拟键消息转换为字符消息。字符消息被送到调用线程的消息队列中，在下一次线
程调用函数 GetMessage()或 PeekMessage()时被读出
    DispatchMessage(&msg);      //该函数调度一个消息给窗口程序。通常调度从 GetMessage()取得的消息。消息被调度
到的窗口程序即是 MainProc()函数
    }
    return 1;
 }
    void yyerror(char *msg)
    {
        flag2=1;
 }
```

10.5 软件测试及其结果分析

下面给出部分测试用例，以及测试的结果。读者可以根据文法，写出自己的测试用例。

（1）测试用例 1，运行结果如图 10.27 所示。

```
void main(){}
```

（2）测试用例 2，运行结果如图 10.28 所示。

```
void main(){ cin>>a3; }
```

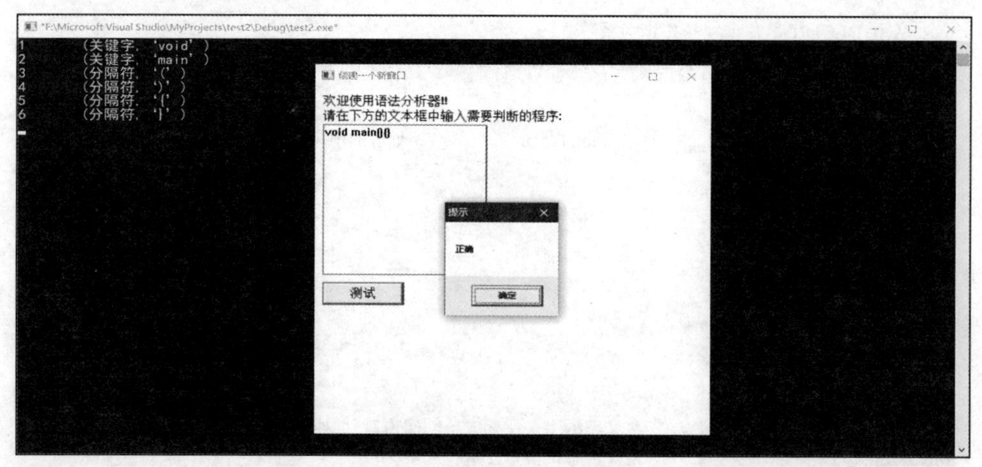

图 10.27　测试用例 1 运行结果

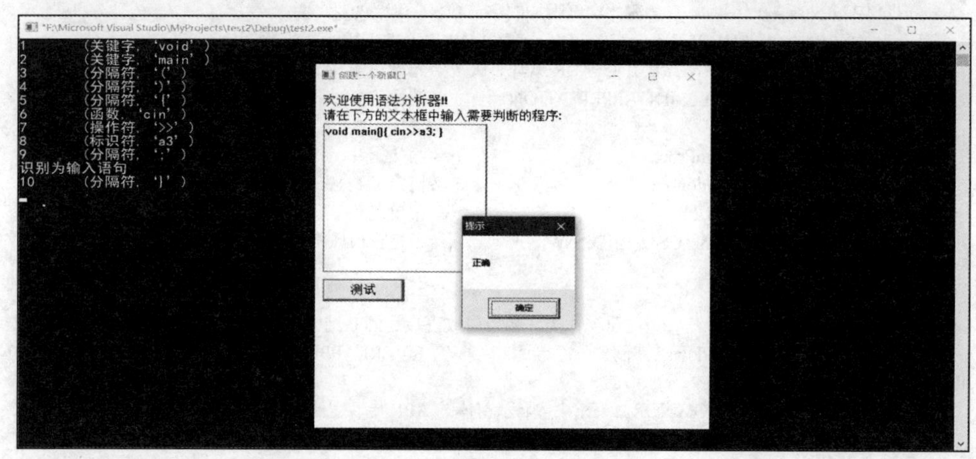

图 10.28　测试用例 2 运行结果

（3）测试用例 3，运行结果如图 10.29 所示。

```
void main()
{
    cin>>a3;
    a5=a4+a3*a4;
    cout<<a5;
}
```

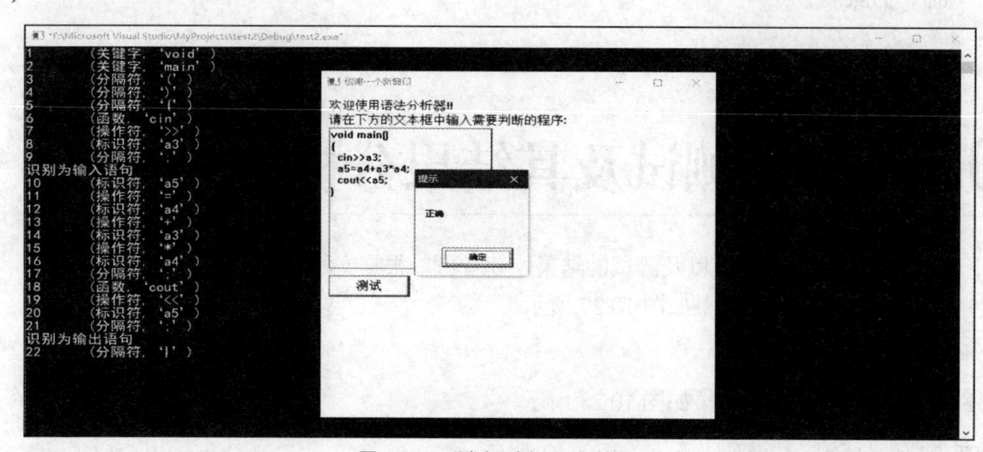

图 10.29　测试用例 3 运行结果

（4）测试用例 4，运行结果如图 10.30 所示。

```
void main()
{
    cin>a3;
    a5=a4+a3*a4;
    cout<<a5;
}
```

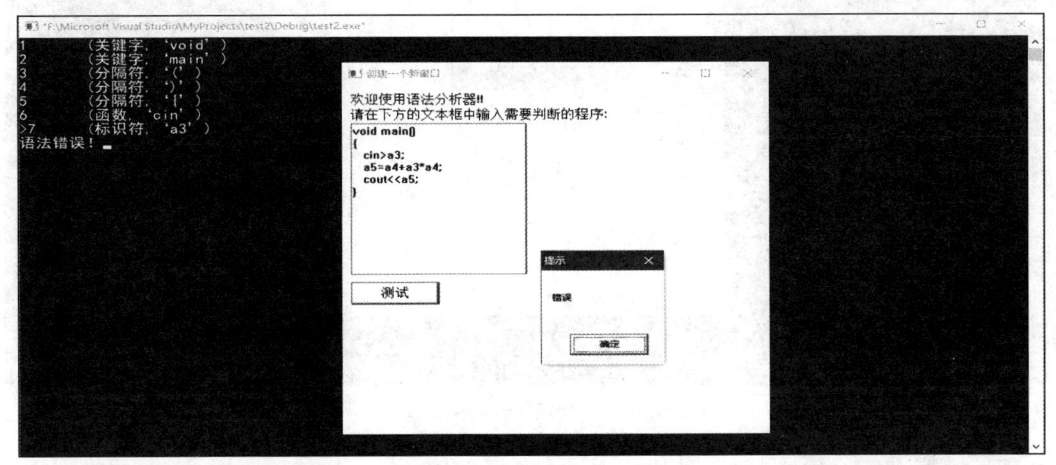

图 10.30　测试用例 4 运行结果

（5）测试用例 5，运行结果如图 10.31 所示。

```
void main()
{
    cin>>a3;
    a5a4+a3*a4;
    cout<<a5;
}
```

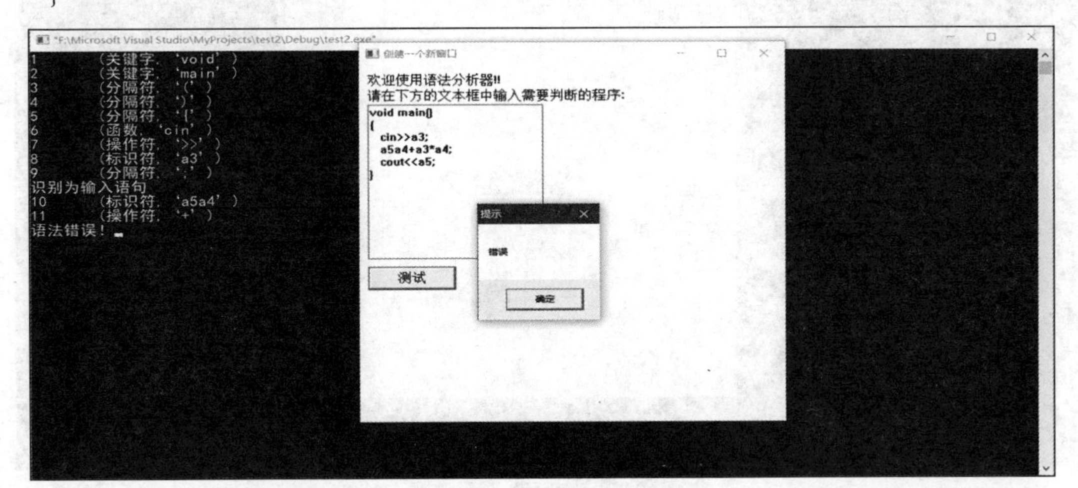

图 10.31　测试用例 5 运行结果

（6）测试用例 6，运行结果如图 10.32 所示。

```
void main()
{
    cin>>a3;
    a5=a4+a3*a4
    cout<<a5;
}
```

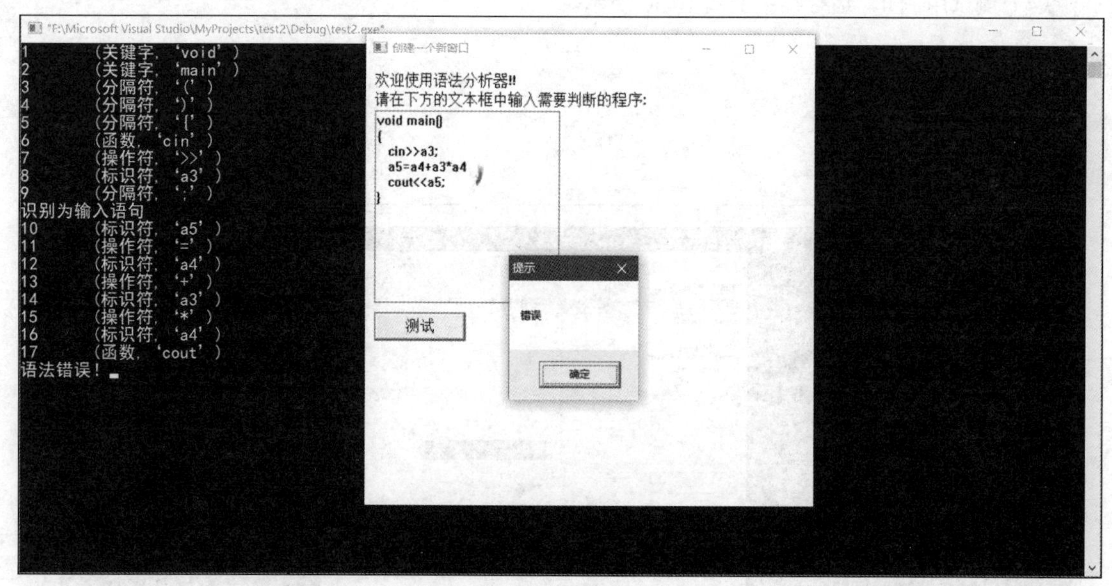

图 10.32　测试用例 6 运行结果

（7）测试用例 7，运行结果如图 10.33 所示。

```
void main()
{
    a2=3;
}
```

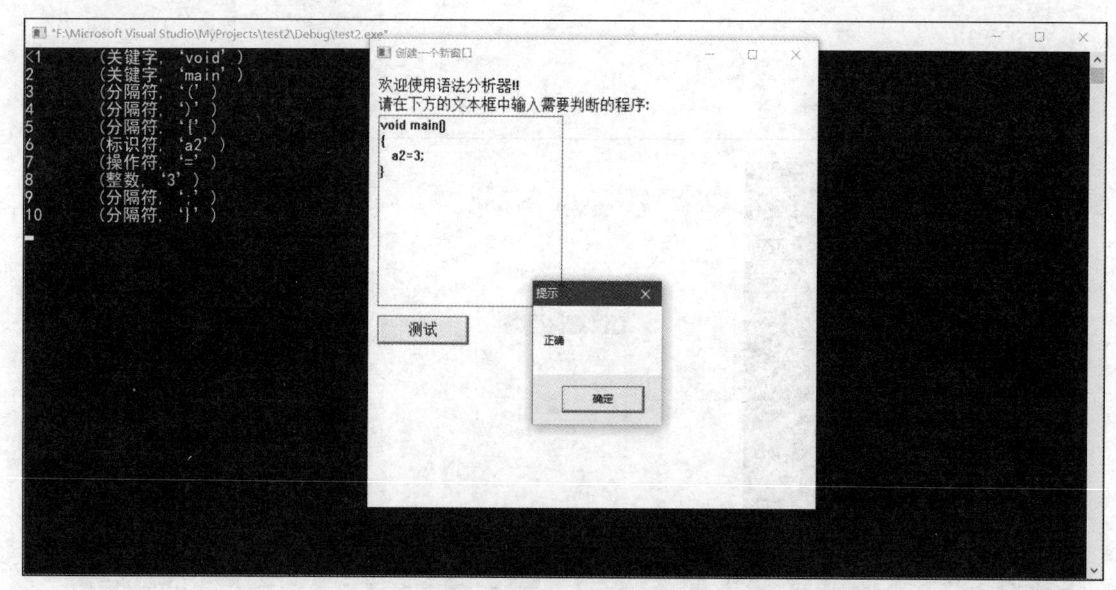

图 10.33　测试用例 7 运行结果

（8）测试用例 8，运行结果如图 10.34 所示。

```
void main(){
    a=2+4*3;
    b=3*(6+1);
    c=a+b;
    cout<<c;
}
```

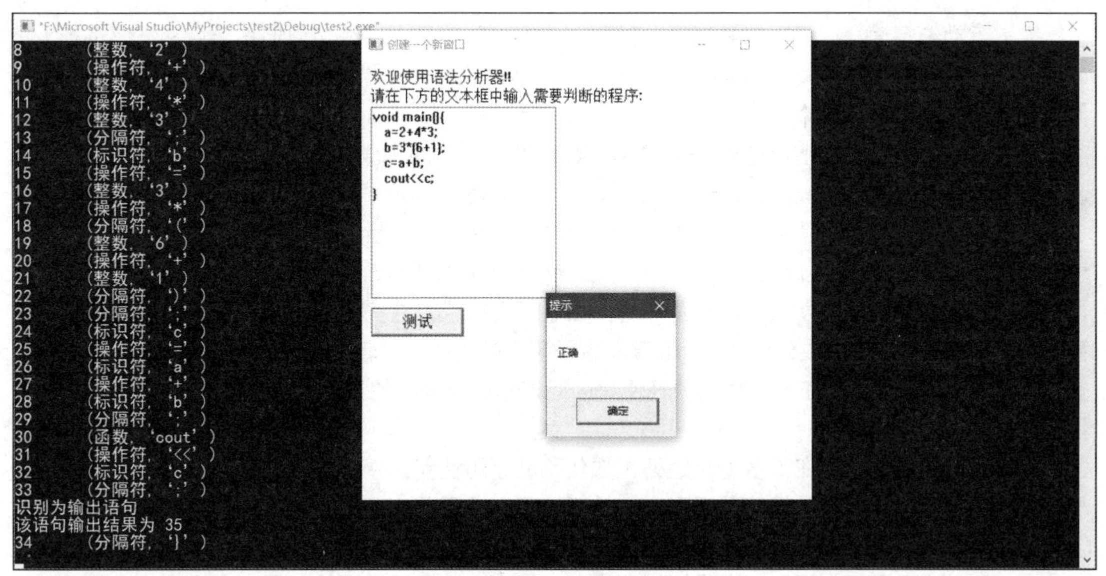

图 10.34　测试用例 8 运行结果

（9）测试用例 9，运行结果如图 10.35 所示。

```
void main(){
    a=2;
    b=3;
    c=a+b*a+b;
    cout<<c;
}
```

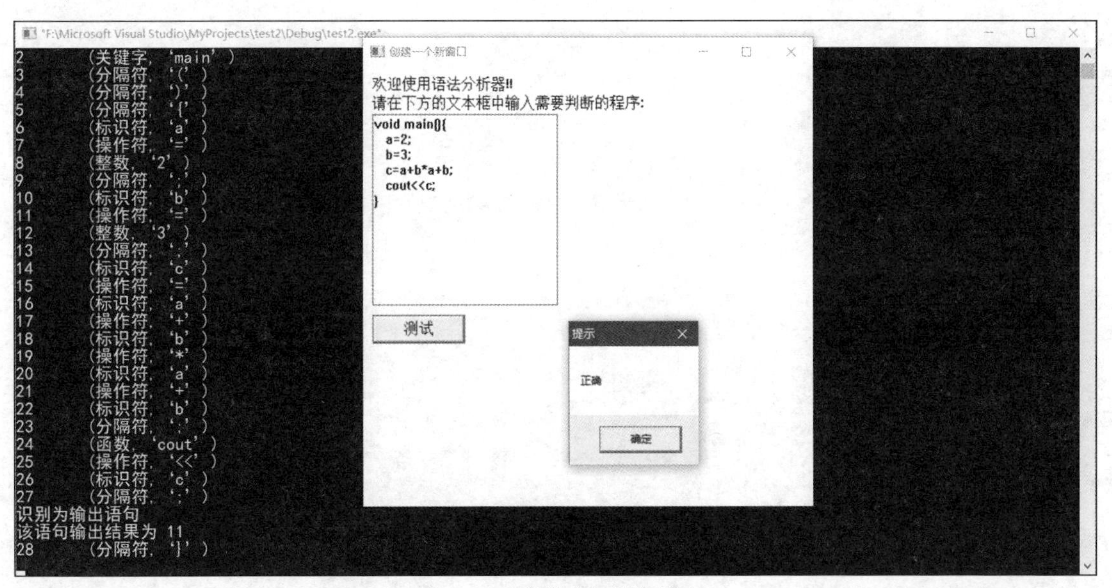

图 10.35　测试用例 9 运行结果

10.6　本章小结

本章给出了一个简单的 C--语言的编译程序实例，主要完成了词法分析、语法分析和简单的语义处理。词法分析和语法分析是编译原理课程中重要的理论知识，具有举足轻重的作用。

人工手动编写词法分析程序和语法分析程序，存在代码量大、编写周期长、后期需要进行大量调试的问题；而通过使用 Parser Generator 等工具自动生成词法分析器和语法分析器，可以大大减少代码量，提高代码生成效率。

Parser Generator 实际上也是对 Lex 与 YACC 这两个工具的集成，通过 Lex 编写词法分析器，通过 YACC 编写语法分析器，辅助开发人员编写大工程的编译程序。

利用 Lex 和 YACC，使用者可以不去深究词法分析和语法分析的底层原理，利用简单的词汇表达式和语法规则的 BNF 生成词法分析器和语法分析器，同时进行一定的语义处理。对于工程项目而言，这无疑大大提高了开发效率，也意味着降低了开发门槛。这些工具都具有智能与轻便的特点，智能之处在于可以自动生成分析器，而轻便不仅体现在使用的工具轻便（本书使用的 Parser Generator 安装包仅 2MB），更体现在设计代码的轻便。因此，建议有兴趣的读者查看一下 Lex 和 YACC 的源代码。

本章给出的实例也存在诸多不足之处，如代码的复用性差。本次设计针对的是 C--语言的词法与语法分析，该语言本就是虚构的语言，它的语法规则并无普遍的适用性，因此编写的代码也具有较强的针对性，包括一些变量的设计都是针对这门特定的语言，将代码复用到其他的语法分析中难度较大。同时由于时间有限，开发设计周期短，总会存在部分逻辑上的问题没有考虑到，导致一些设计上的缺陷。同时，针对一些极端的判例程序亦有可能输出错误结果甚至崩溃。希望读者在本章实例的基础上继续修改完善。